中等职业教育国家规划教材
全国中等职业教育教材审定委员会审定

化工制图习题集

化工类专业适用

第六版

胡建生　主编
陈清胜　赵　丹　参编
武海滨　主审

化学工业出版社
·北　京·

内 容 简 介

本书为胡建生主编的中等职业教育国家规划教材《化工制图》（第六版）配套用书，突出化工行业特点，强化化工专业制图的内容。本书全面采用2020年11月之前实施的现行国家标准。本书配置教师备课用习题答案、教师讲解习题用答案、学生参考用习题答案，每道题均配有二维码并由任课教师掌控。本书配置两款教学软件，方便教师选用。

本书的配套资源丰富实用，所有内容均在《(中化6）化工制图教学软件》压缩文件包内。使用本书作为教材的教师，请以学校和本人实名申请加入“化工制图群”（854687759），从群文件中免费下载《(中化6）化工制图教学软件》。

本书适用于中职学校（全日制普通中专、职业高中、技工学校等）化工类专业的制图教学，亦可供其他相近专业或职业培训使用。

图书在版编目（CIP）数据

化工制图习题集/胡建生主编. —6版. —北京：化学工业出版社，2023.2（2024.11重印）

中等职业教育国家规划教材

ISBN 978-7-122-42674-1

Ⅰ.①化… Ⅱ.①胡… Ⅲ.①化工机械-机械制图-中等专业学校-习题集 Ⅳ.①TQ050.2-44

中国版本图书馆CIP数据核字（2022）第244251号

责任编辑：葛瑞祎　刘　哲

责任校对：边　涛　　　　装帧设计：尹琳琳

出版发行：化学工业出版社（北京市东城区青年湖南街13号　邮政编码100011）

印　　装：大厂回族自治县聚鑫印刷有限责任公司

889mm×1194mm　1/16　印张 8½　字数 204 千字　2024年11月北京第6版第3次印刷

购书咨询：010-64518888　　　　售后服务：010-64518899

网　　址：http://www.cip.com.cn

凡购买本书，如有缺损质量问题，本社销售中心负责调换。

定　　价：29.00元

第六版前言

本书为胡建生主编的中等职业教育国家规划教材《化工制图》（第六版）配套用书，适用于中等职业学校（全日制普通中专、职业高中、技工学校等）化工类专业的制图教学，亦可供其他相近专业或职业培训使用。本书具备以下一些特点：

1）按国家标准规定编写中职教科书。2022年3月1日开始实施的强制性国家标准《儿童青少年学习用品近视防控卫生要求》（GB 40070—2021），将中等职业学校教科书列入其适用范围。本版修订扩大了教材版本，增大了正文和图中文字的字号，适当增大了插图幅面，有利于保护中职学生的视力。

2）更新国家标准。凡在2020年11月前实施的国家标准，全部在本书中予以贯彻，充分体现了本书的先进性。

3）为本书配置三种形式的习题答案。为方便教与学，习题集配置以下三种答案：

① 教师备课用习题答案。为便于教师备课，提供一整套PDF格式的“习题答案”。

② 教师讲解习题用答案。根据不同题型，将所有习题的答案处理成单独答案、包含解题步骤的答案，增加配置152个三维模型、轴测图、动画演示等多种形式，按章节链接在教学软件中，教师在教学中可随机打开某一道题的答案，结合三维模型进行讲解、答疑。

③ 学生参考用习题答案。习题集约320余道题，每道题至少对应一个二维码，共配有445个二维码，其中有133个类似微课讲解的二维码（即一题双码）。二维码由任课教师掌控，教师可将某道题的二维码发送给任课班级的某个学生，学生扫描二维码即可看到解题步骤或答案。本书中标有Ⓠ符号的，提示此题有单独答案的二维码，标有Ⓗ符号的，提示此题有讲解配音的二维码；同时标有两种符号的，即一题双码。

4）本书配置两款教学软件。为方便教师教学，配置了两款教学软件，即《(中化6) 化工制图教学软件（CAXA版）》和《(中化6) 化工制图教学软件（AutoCAD版）》。使用“中望机械CAD”的教师下载《(中化6) 化工制图教学软件（AutoCAD版)》，即可无障碍使用。同时，重新制作了教学软件，更改了字体，加大了字号，使用起来更清晰。

本书的配套资源都在《(中化6) 化工制图教学软件》压缩文件包内。凡使用本书作为教材的教师，请以学校和本人实名申请加入“化工制图群”（854687759），从群文件中下载《(中化6) 化工制图教学软件》，即可免费使用。

本书由胡建生教授主编。参加编写的有：胡建生（编写第一章、第二章、第三章、第四章），陈清胜（编写第六章、第八章），赵丹（编写第五章、第七章）。本书由武海滨教授主审。

习题集中难免有疏漏之处，欢迎广大读者特别是任课教师提出意见或建议，并及时反馈给我们。习题集主编QQ：1075185975；责任编辑QQ：455590372。

编　者

目　录

解题注意事项

（1）需尺规绘图完成的“作业”，必须使用绘图工具准确地作图，不可徒手勾画。经任课教师同意，允许用彩色笔完成“练习题”，以增加解题的明显性。

（2）在习题集上完成题目时，各种线型的粗细，可参照本习题集中各图例的线型粗细画出。在进行尺规图作业前，一定要仔细阅读作业指导书，根据作业指导书中的要求和提示完成作业，避免出现不应有的错误。在进行尺规图作业时，粗实线宽度宜采用0.7mm。

（3）作图时的一些字母标记，应书写工整，不可潦草。标记应采用下列形式标出：

① 投影面用大写字母V、H、W表示，投影轴用大写字母X、Y、Z表示；

② 空间（轴测图上）的点，用大写字母表示，如A、B、C等；

③ 点的水平投影用小写字母表示，如a、b、c等；

④ 点的正面投影用小写字母右上角加一撇表示，如a'、b'、c'等；

⑤ 点的侧面投影用小写字母右上角加两撇表示，如a''、b''、c''等；

⑥ 在投影图中，不可见的点需加圆括号表示，如(a)、(b')、(c'')等。

（4）在习题集上完成练习题目时，最好在该页纸的下边垫一张绘图纸，既可方便作图，又可保护下边的纸张不被损坏。

第一章　制图的基本知识和技能

1-1　选择填空（一）

班级　　　　姓名　　　　学号

1-1-1　填空题。

（1）将 A0 幅面的图纸裁切三次，应得到（　　）张图纸，其幅面代号为（　　）。

（2）要获得 A4 幅面的图纸，需将 A0 幅面的图纸裁切（　　）次，可得到（　　）张图纸。

（3）A4 幅面的尺寸（$B\times L$）是（_____×_____）；A3 幅面的尺寸（$B\times L$）是（_____×_____）。

（4）用放大一倍的比例绘图，在标题栏的比例项中应填写（　　　）。

（5）1∶2 是放大比例还是缩小比例？（　　　）

（6）若采用 1∶5 的比例绘制一个直径为 $\phi40$ 的圆，其绘图直径为（　　　）。

（7）国家标准规定，图样中汉字应写成（　　　　）体，汉字字宽约为字高 h 的（　　）倍。

（8）字体的号数，即字体的（　　　）。“4”号是国家标准规定的字高吗？（　　　）

（9）国家标准规定，可见轮廓线用（　　　　）表示；不可见轮廓线用（　　　　）表示。

（10）在机械图样中，粗线和细线的线宽比例为（　　）。

（11）在机械图样中一般采用（　　　）作为尺寸线的终端。

（12）图样上标注的尺寸，一般由（　　　　　　）、（　　　　　）、（　　　　　）组成。

（13）零件的真实大小应以图样上（　　　　）为依据，与图形的大小及绘图的准确度有关吗？（　　　）

1-1-2　选择题。

（1）制图国家标准规定，图纸幅面尺寸应优先选用（　　）种基本幅面尺寸。

A. 3　　B. 4　　C. 5　　D. 6

（2）制图国家标准规定，必要时图纸幅面尺寸可以沿（　　）边成整数倍加长。

A. 长　　B. 短　　C. 斜　　D. 各

（3）某产品用放大一倍的比例绘图，在其标题栏比例项中应填（　　）。

A. 放大一倍　　B. 1×2　　C. 2/1　　D. 2∶1

（4）绘制机械图样时，应采用机械制图国家标准规定的（　　）种图线。

A. 7　　B. 8　　C. 9　　D. 10

（5）机械图样中常用的图线线型有粗实线、（　　）、细虚线、细点画线等。

A. 轮廓线　　B. 边框线　　C. 细实线　　D. 轨迹线

（6）在绘制图样时，其断裂处的分界线，一般采用国家标准规定的（　　）线绘制。

A. 细实　　B. 波浪　　C. 细点画　　D. 细双点画

（7）制图国家标准规定，字体高度的公称尺寸系列共分为（　　）种。

A. 5　　B. 6　　C. 7　　D. 8

（8）制图国家标准规定，字体的号数，即字体的高度，单位为（　　）米。

A. 分　　B. 厘　　C. 毫　　D. 微

1-2 选择填空（二）

班级　　姓名　　学号

1-2-1 填空题。

（1）在机械图样中标注直径时，应在尺寸数字前加注“R”还是“ϕ”？（　）

（2）标注球直径时，应在尺寸数字前加注（　　）。

（3）标注半径尺寸时，（　　　　）必须通过圆心。

（4）圆弧和直线连接时，连接点在什么地方？（　　　　）

（5）圆弧和圆弧连接时，连接点在什么地方？（　　　　）

（6）斜度是用比例法画出（　　　　　）获得的。

（7）锥度是用比例法画出（　　　　　）获得的。

（8）机械图样中的角度尺寸一律（　　　　）方向注写。

（9）写出下列长度单位符号的名称。

m（　　）dm（　　）cm（　　）mm（　　）

dmm（　　）cmm（　　）μm（　　）

（10）机械图样中的尺寸一般以（　　）为单位时，不需标注其计量单位符号，若采用其他计量单位时必须标明。

（11）写出下列长度单位的换算关系。

1 毫米（mm）=_______忽米（cmm）=________微米（μm）

1 微米（μm）=_______忽米（cmm）=________毫米（mm）

（12）国家标准规定，标注板状零件厚度时，必须在尺寸数字前加注厚度符号（　）。

（13）零件的每一尺寸，一般只标注（　），并应注在反映该形状最清晰的图形上。

1-2-2 选择题。

（1）机械零件的真实大小应以图样上（　）为依据，与图形的大小及绘图的准确度无关。

A．所注尺寸数值　　B．所画图样形状

C．所标绘图比例　　D．所加文字说明

（2）机械图样上所注的尺寸，为该图样所示零件的（　），否则应另加说明。

A．留有加工余量尺寸　　B．最后完工尺寸

C．加工参考尺寸　　D．有关测量尺寸

（3）标注圆的直径尺寸时，一般（　）应通过圆心，箭头指到圆弧上。

A．尺寸线　　B．尺寸界线

C．尺寸数字　　D．尺寸箭头

（4）标注（　）尺寸时，应在尺寸数字前加注直径符号 ϕ。

A．圆的半径　　B．圆的直径

C．圆球的半径　　D．圆球的直径

（5）图纸中数字和字母分为（　）两种字型。

A．大写和小写　　B．简体和繁体

C．A 型和 B 型　　D．中文和英文

（6）国家标准规定的汉字系列为 1.8、2.5、3.5、5、（　）、10、14、20。

A．6　　B．7　　C．8　　D．9

（7）国标规定，要书写更大的汉字，字高应按（　）的比率递增。

A．3　　B．2　　C．$\sqrt{3}$　　D．$\sqrt{2}$

1-3 尺规图作业（线型练习）

作业指导书（一）

一、作业目的

1）熟悉主要线型的规格，掌握图框及标题栏的画法。

2）练习使用绘图工具。

二、内容与要求

1）按教师指定的图例，绘制各种图线。

2）用 A4 图纸（无装订边）竖放，不注尺寸，比例 1∶1。

三、绘图步骤

1. 画底稿（用 2H 或 3H 铅笔）

1）画图框及对中符号［见教材图 1-3（b）］，在右下角画出“标题栏”（见教材图 1-5）。

2）按图例中所注的尺寸，开始作图。

3）校对底稿，擦去多余的图线。

2. 铅笔加深（用 HB 或 B 铅笔）

1）依次加深粗实线圆→细虚线圆→细点画线圆。

2）先加深出水平方向的直线，再加深垂直方向的直线。

3）画 45°的斜线（细实线），斜线间隔约3mm。

4）用长仿宋体字填写标题栏。

四、注意事项

1）绘图前，预先考虑图例所占的面积，将其布置在图纸有效幅面（标题栏以上）的中心区域。

2）粗实线宽度采用 0.7mm。为了保证线型符合标准，细虚线和细点画线的线段与间隔，在画底稿时，就应正确画出。

3）细点画线的线段与“点”要一次画出，不要画好线段再加“点”。

五、图例（右图及下页）

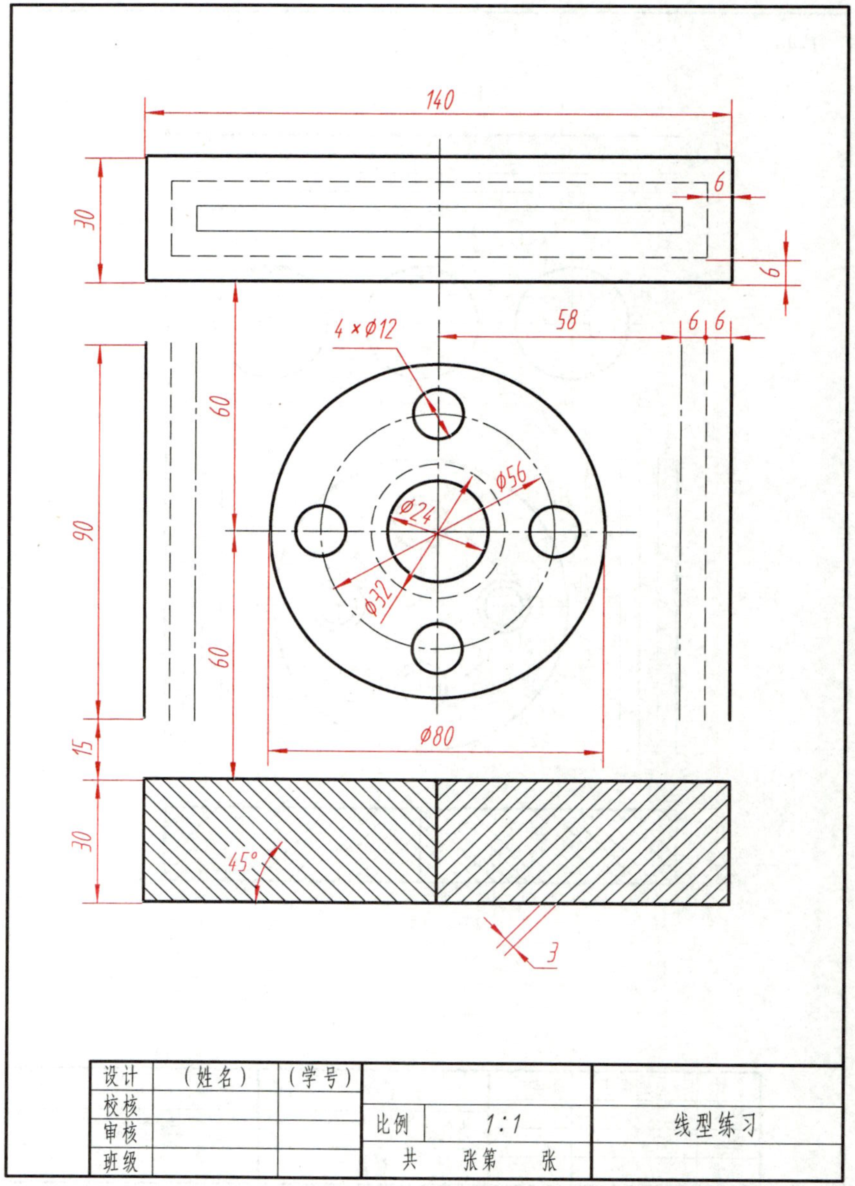

1-4 尺规图作业图例

1-4-1

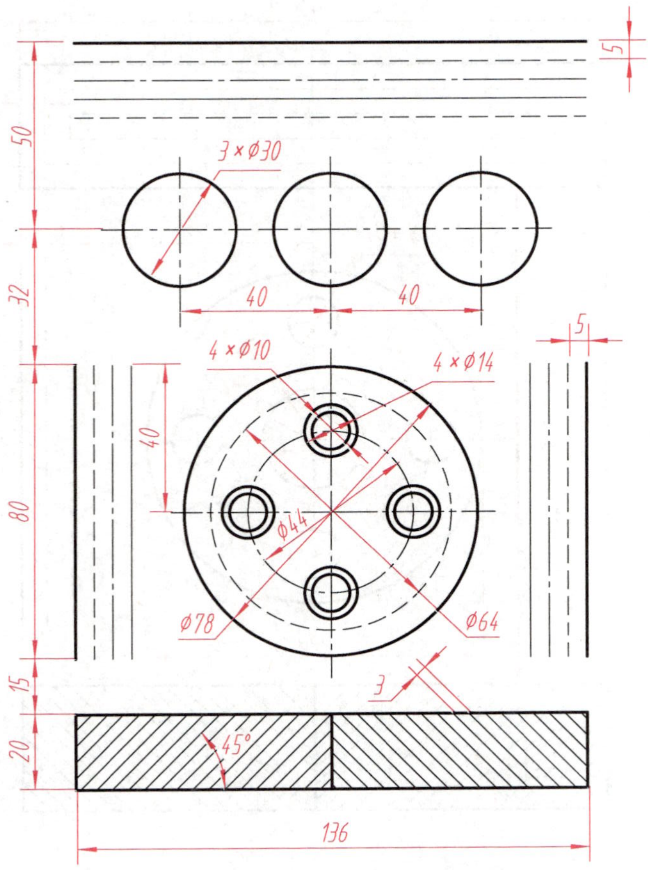

设计	（姓名）	（学号）		线型练习
校核			比例 1:1	
审核			共 张第 张	
班级				

1-4-2

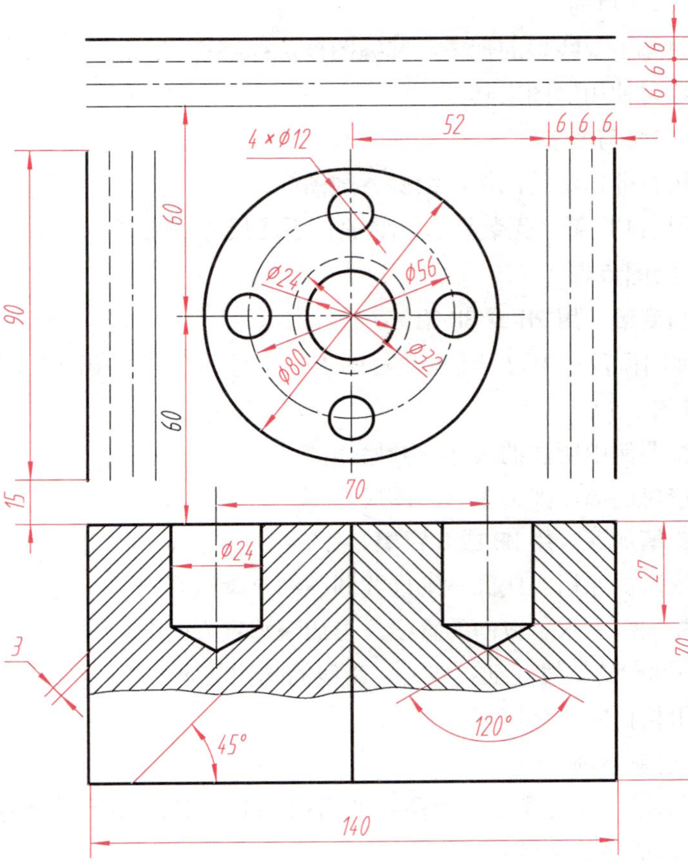

设计	（姓名）	（学号）		线型练习
校核			比例 1:1	
审核			共 张第 张	
班级				

1-5 判断尺寸标注的正确与否

班级　　　　姓名　　　　学号

1-5-1　找出直径标注“错误”图例中的错误之处，说明其错误原因。

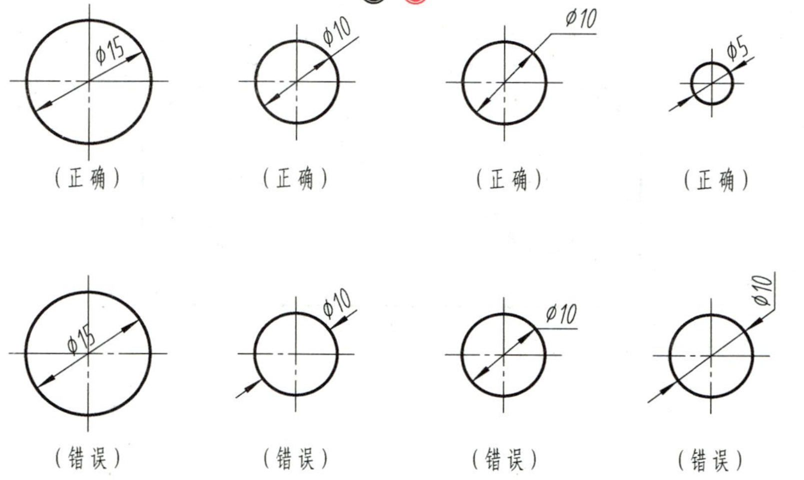

1-5-2　判断角度标注是否正确，在错误的部位画“○”。

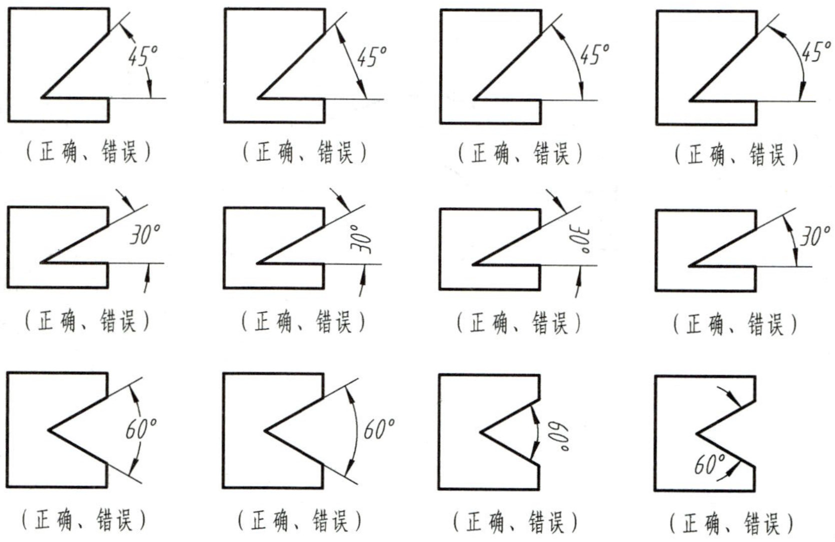

1-5-3　找出半径标注“错误”图例中的错误之处，在错误的部位画“○”。

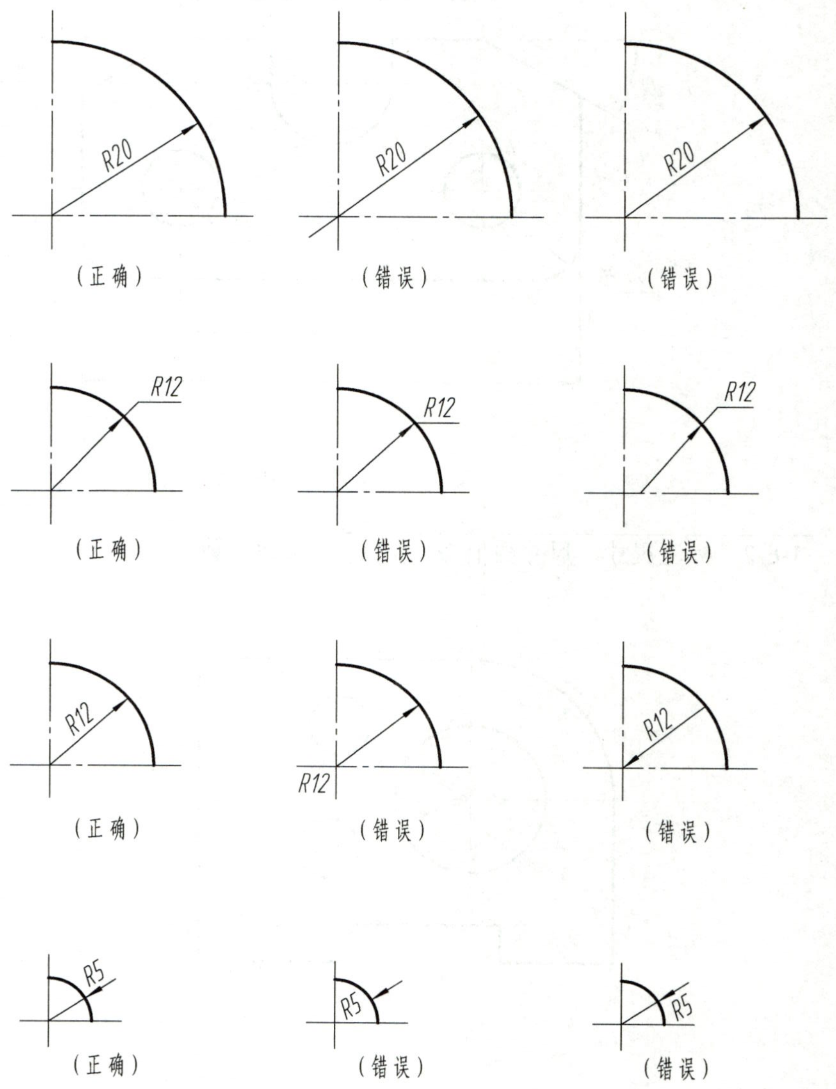

1-6 尺寸注法练习

班级　　　　姓名　　　　学号

1-6-1 检查左图中尺寸注法存在的错误，在右图中重新标注尺寸。

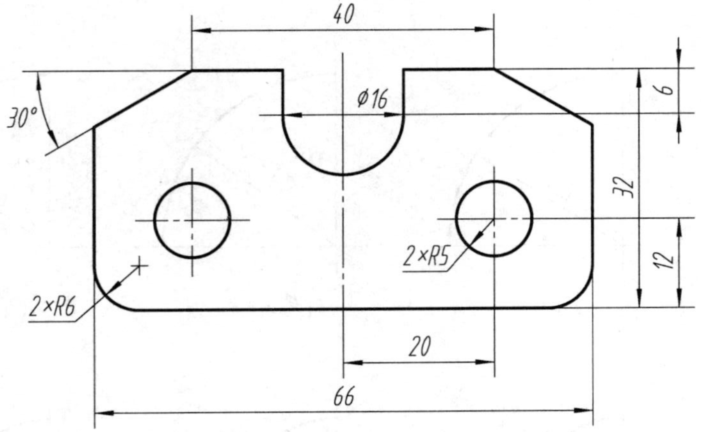

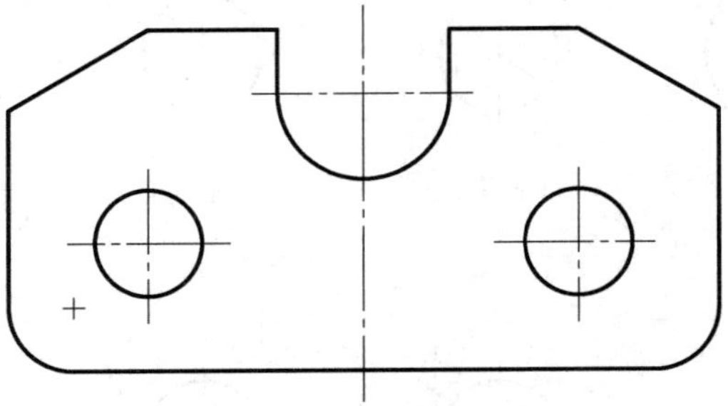

1-6-2 标注尺寸，尺寸数值按 1∶1 量取整数。

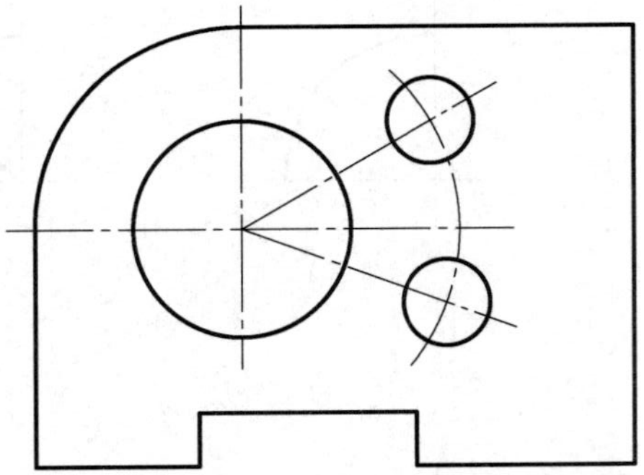

1-6-3 标注尺寸，尺寸数值按 1∶1 量取整数。

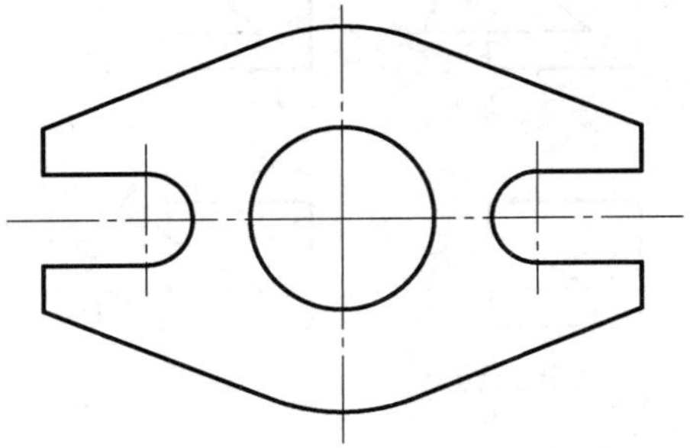

1-7　标注下列图形中的尺寸，尺寸数值按 1∶1 量取整数

1-7-1

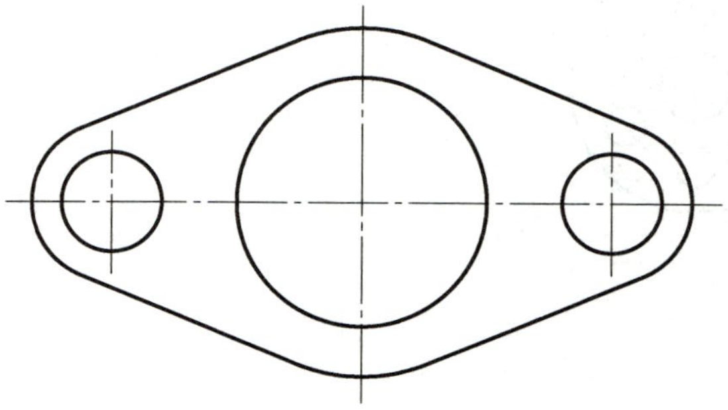

1-7-2

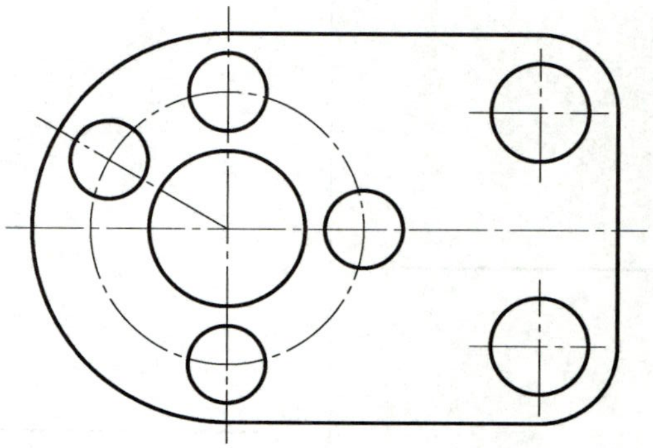

1-7-3

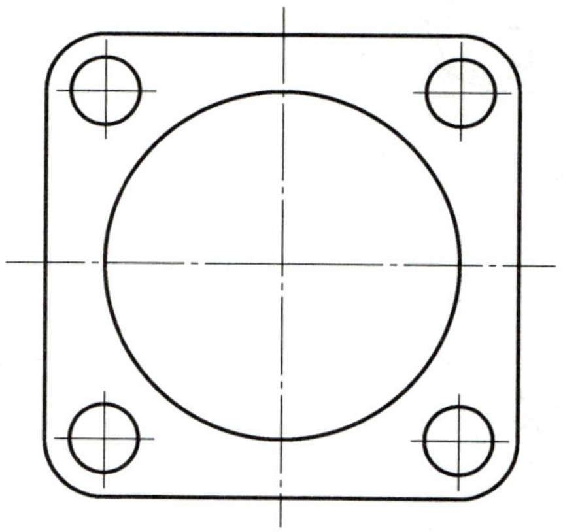

1-7-4

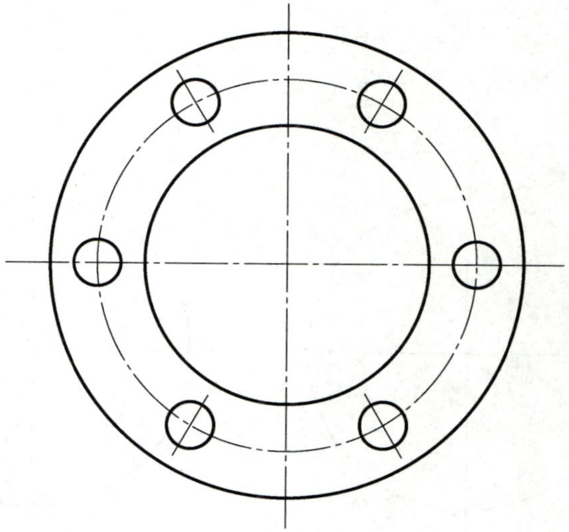

1-8 等分作图

班级　　姓名　　学号

1-8-1 作直线 AB 的垂直平分线。

1-8-2 以 AB 为底边作等边三角形。

1-8-3 按给定的尺寸（比例 1：1）抄画图形。

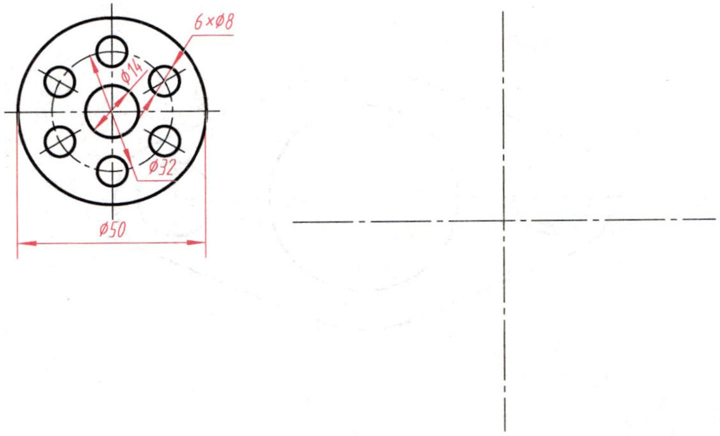

1-8-4 按小图的指定位置，利用圆规完成等分作图，可保留作图线。

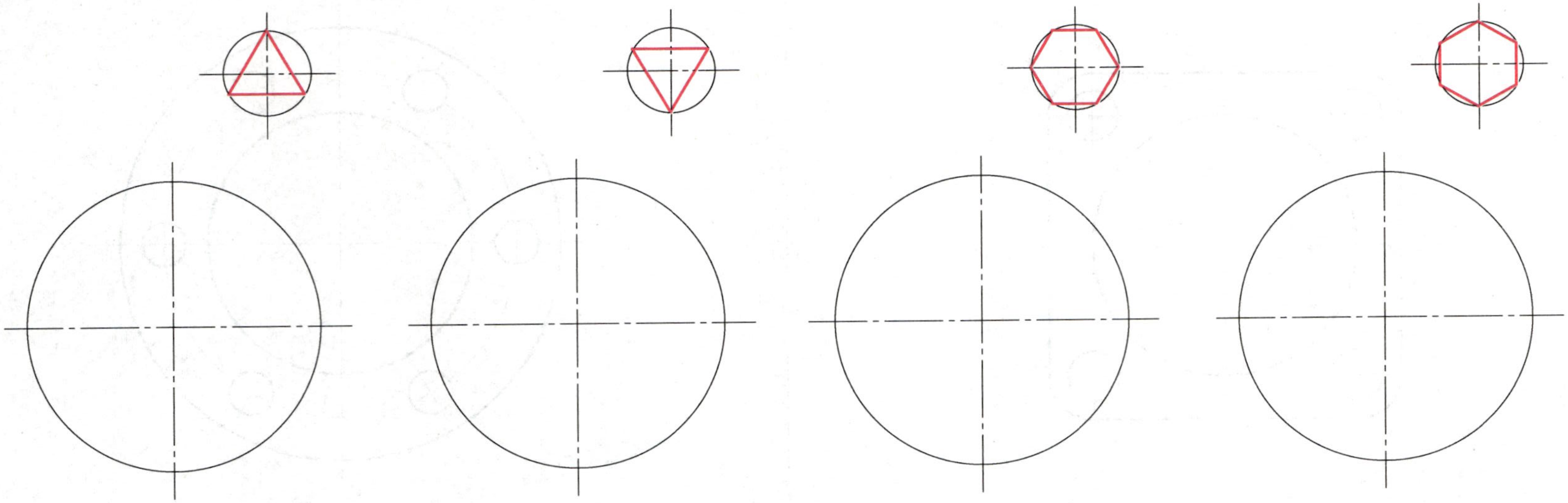

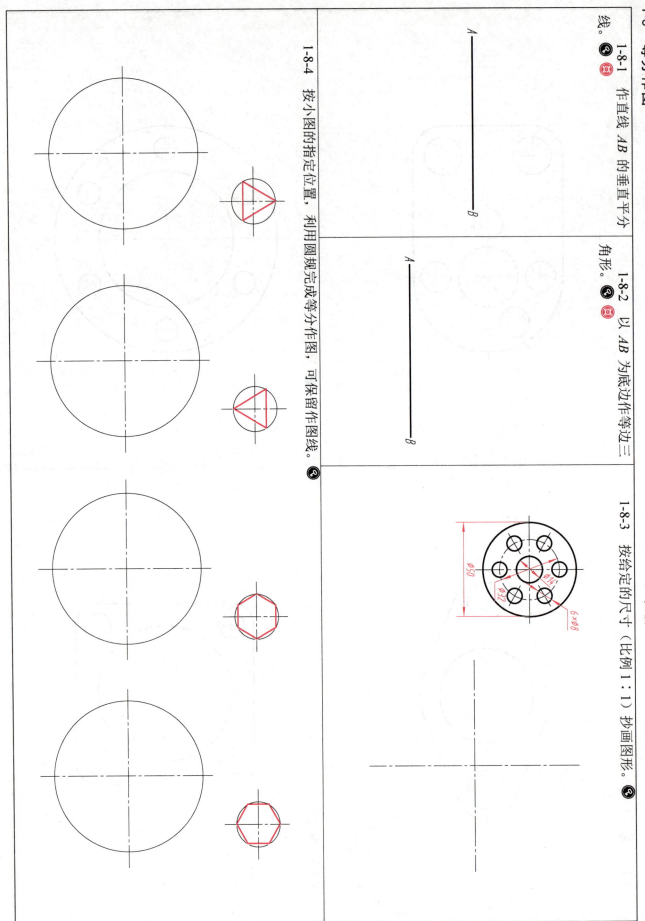

1-9 圆弧连接（一）

1-9-1　参照小图中的尺寸，完成下列图形的线段连接（比例 1∶1），标出连接弧圆心和切点，保留作图线。

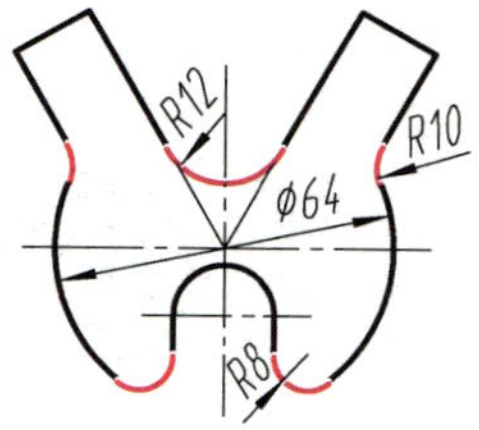

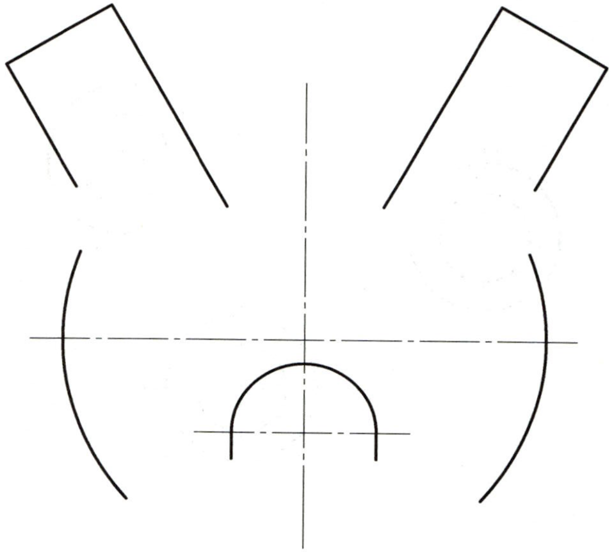

1-9-2　参照小图中的尺寸，完成下列图形的线段连接（比例 1∶1），标出连接弧圆心和切点，保留作图线。

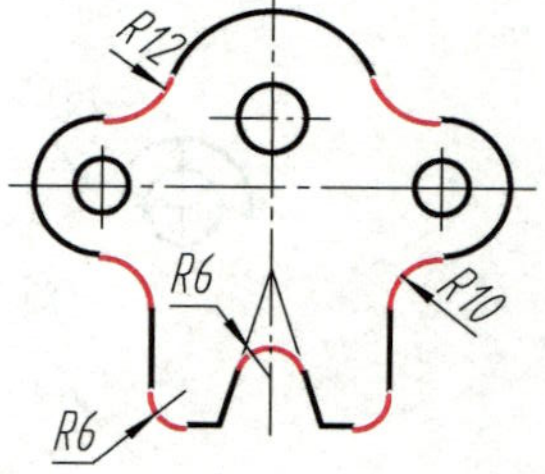

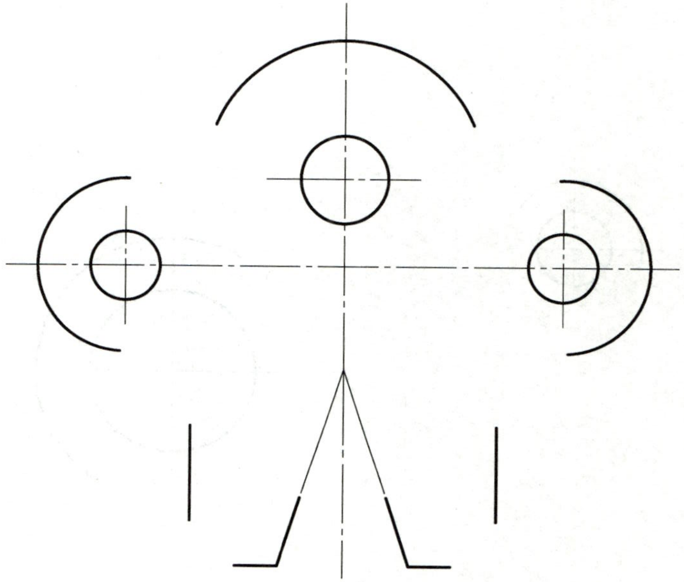

1-10 圆弧连接（二）

1-10-1 参照小图中的尺寸，完成下列图形的线段连接（比例 1 : 1），标出连接弧圆心和切点，保留作图线。

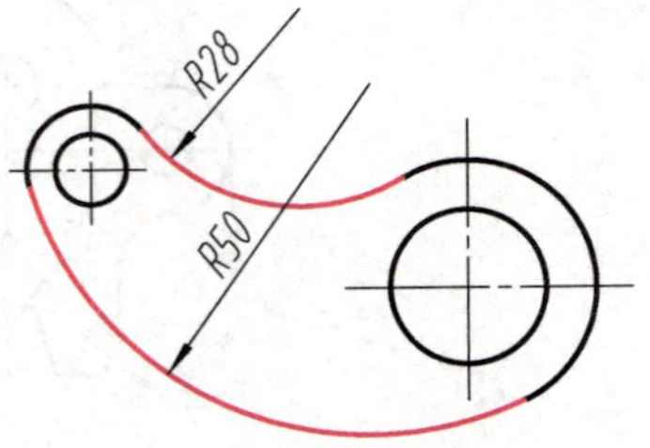

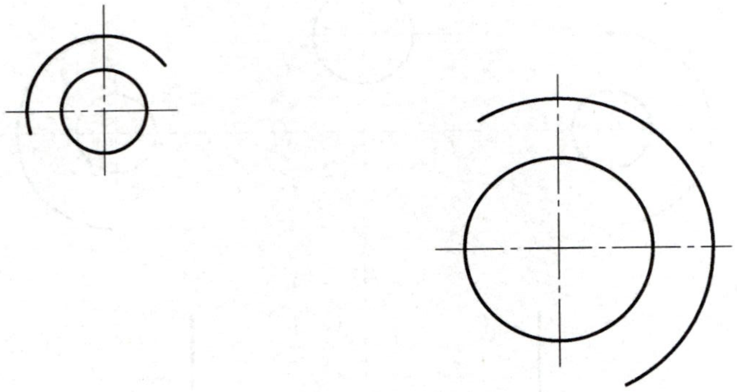

1-10-2 参照小图中的尺寸，完成下列图形的线段连接（比例 1 : 1），标出连接弧圆心和切点，保留作图线。

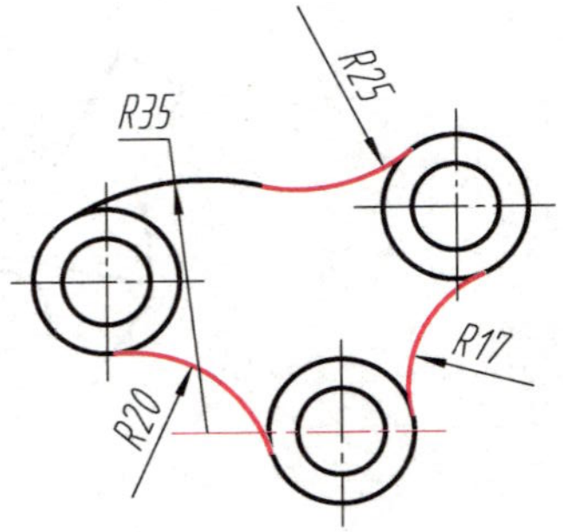

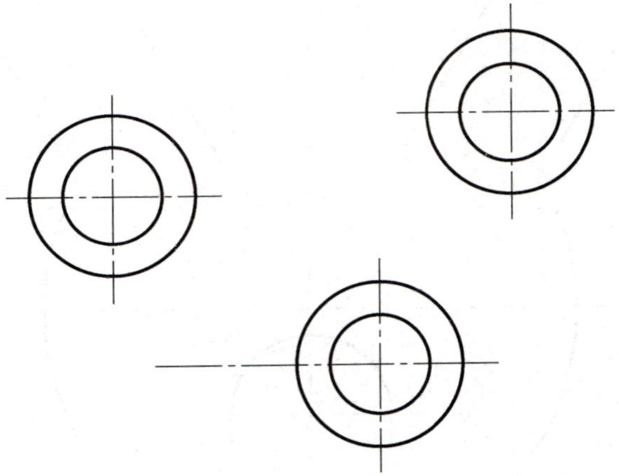

1-11 斜度和锥度

班级　　　　　　姓名　　　　　　学号

1-11-1 按 1：1 的比例绘制下列图形，标注尺寸和斜度。

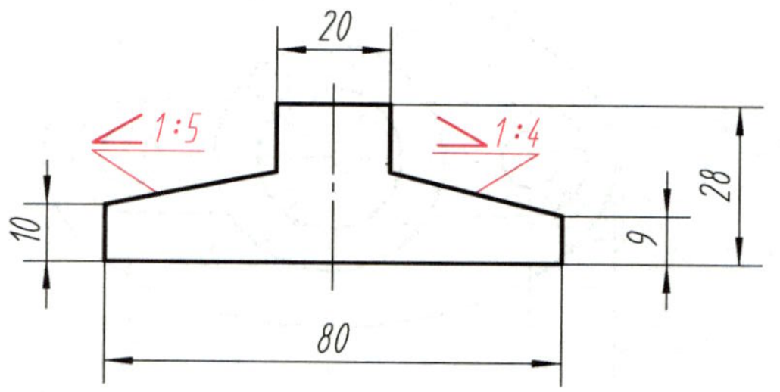

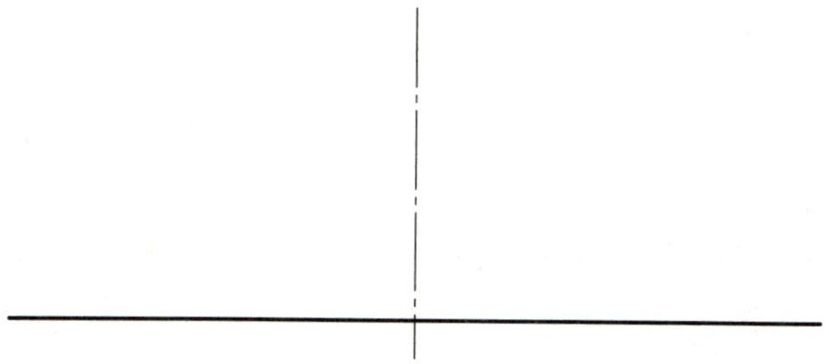

1-11-2 按 1：1 的比例绘制下列图形，标注尺寸和锥度。

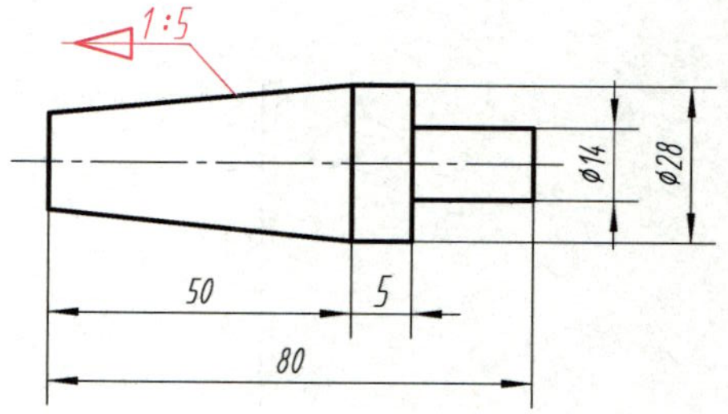

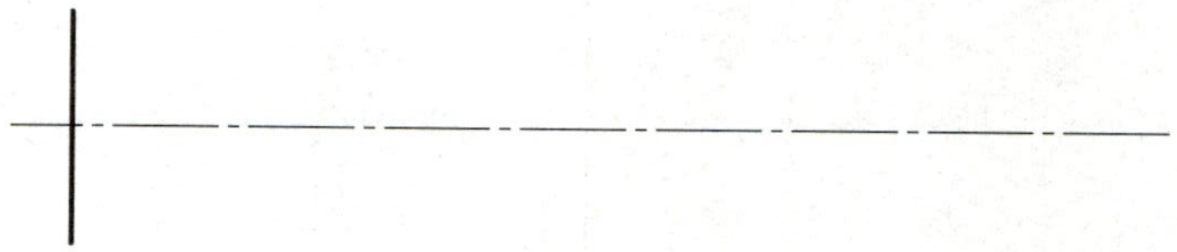

1-12 椭圆的近似画法

班级　　　　姓名　　　　学号

1-12-1 已知椭圆长轴为 90mm，短轴为 50mm，用四心近似画法画椭圆。

1-12-2 根据给定的尺寸，按 1∶1 的比例抄画图形，并标注尺寸。

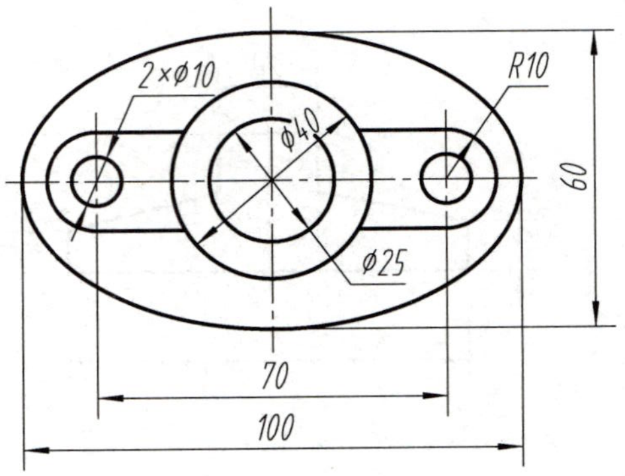

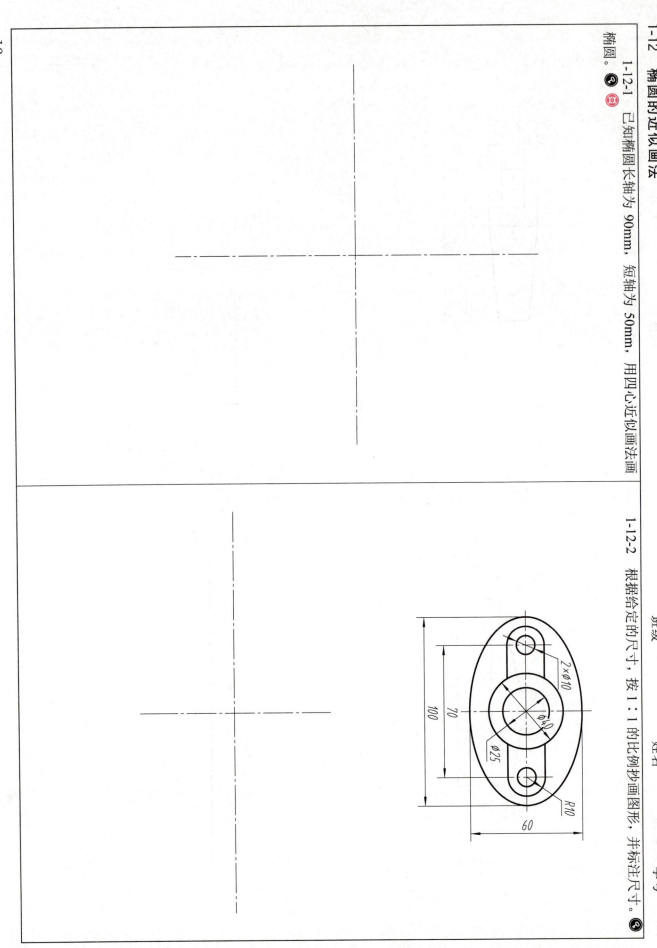

1-13 尺规图作业（圆弧连接）

作业指导书（二）

一、作业目的

1）熟悉平面图形的绘图步骤和尺寸注法。

2）掌握线段连接的作图方法和技巧。

二、内容与要求

1）按教师指定的图例，绘制平面图形并标注尺寸。

2）用 A4 图纸，自己选定绘图比例。

三、作图步骤

1）分析图形中尺寸的作用及线段性质，确定作图步骤。

2）画底稿。

① 画图框、对中符号和标题栏。

② 画出图形的基准线、对称中心线及圆的中心线等。

③ 画图时，先画已知弧→再画中间弧→最后画连接弧。

④ 画出尺寸界线、尺寸线。

3）检查底稿，描深图形。

4）标注尺寸、填写标题栏。

5）校对，修饰图面。

四、注意事项

1）布置图形时，应留足标注尺寸的位置，使图形布置匀称。

2）画底稿时，作图线应细淡而准确，连接弧的圆心及切点要准确。

3）加深时必须细心，按“先粗后细→先曲后直→先水平后垂直、倾斜”的顺序绘制，尽量做到同类图线规格一致，线段连接光滑。

4）箭头应符合规定且大小一致，不要漏注尺寸或漏画箭头。

五、图例（见右图及下页）

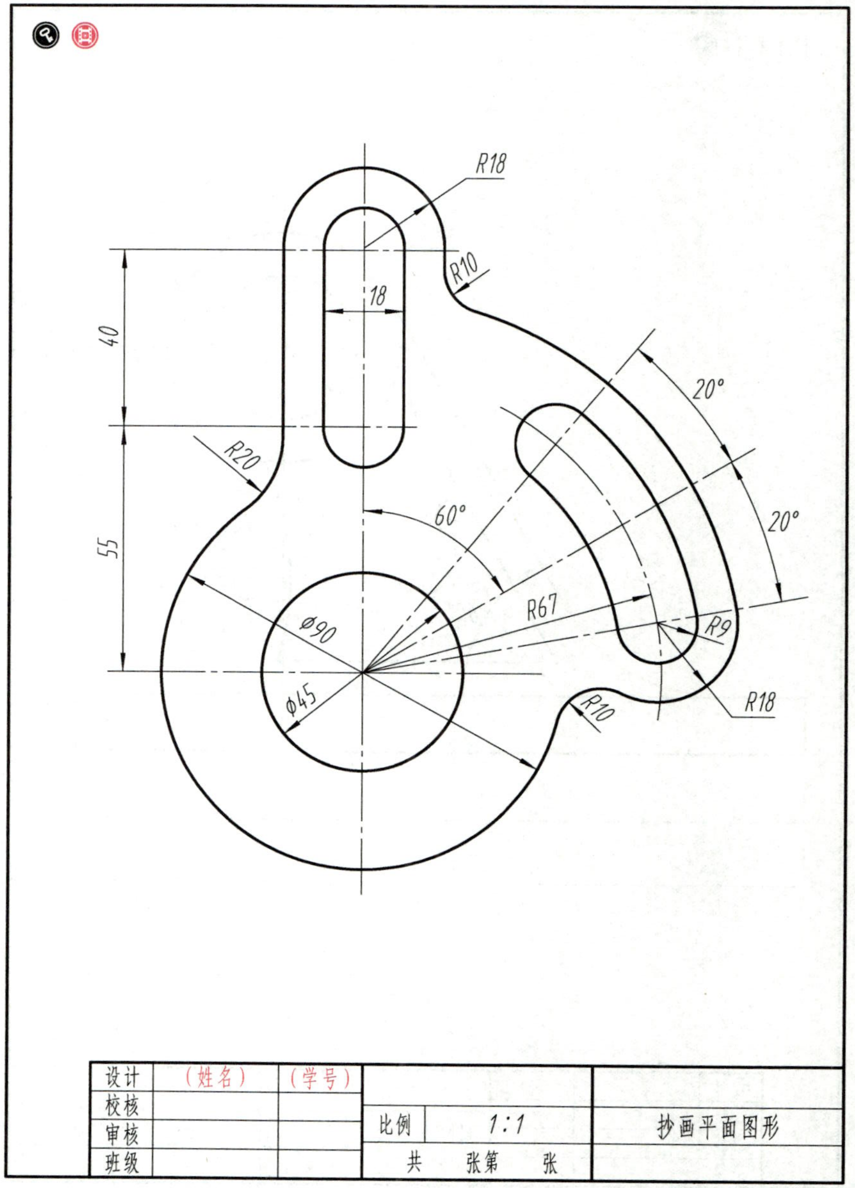

1-14　尺规图作业图例

1-14-1

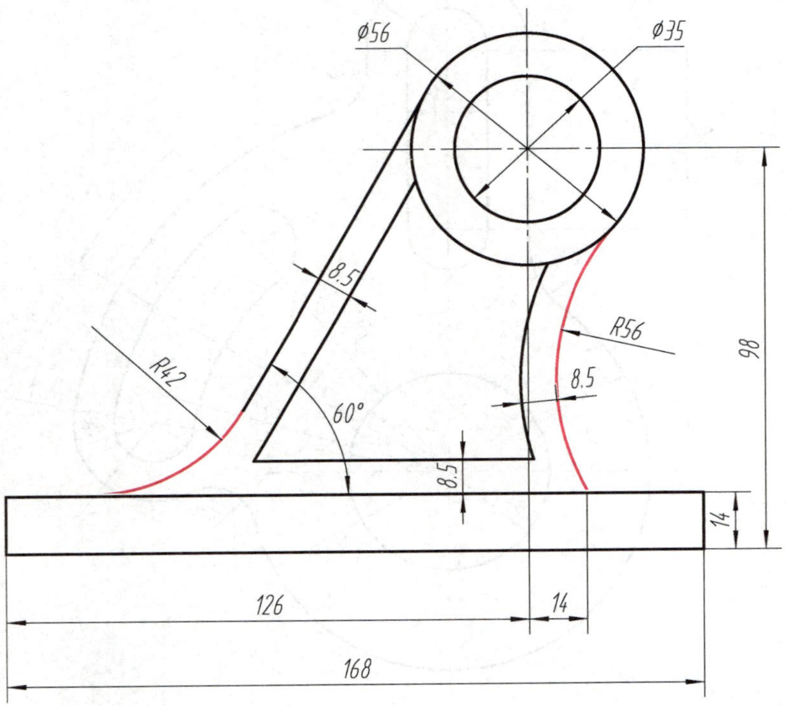

设计	（姓名）	（学号）		
校核			比例 1:1	抄画平面图形
审核			共　张第　张	
班级				

1-14-2

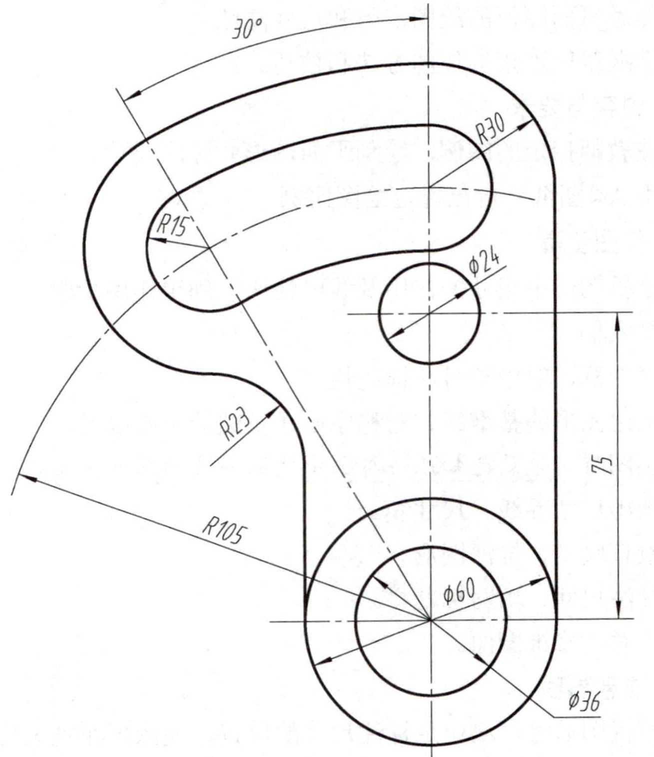

设计	（姓名）	（学号）		
校核			比例 1:1	抄画平面图形
审核			共　张第　张	
班级				

1-15　徒手画出下列图形，比例 1∶1，不注尺寸　　班级　　姓名　　学号

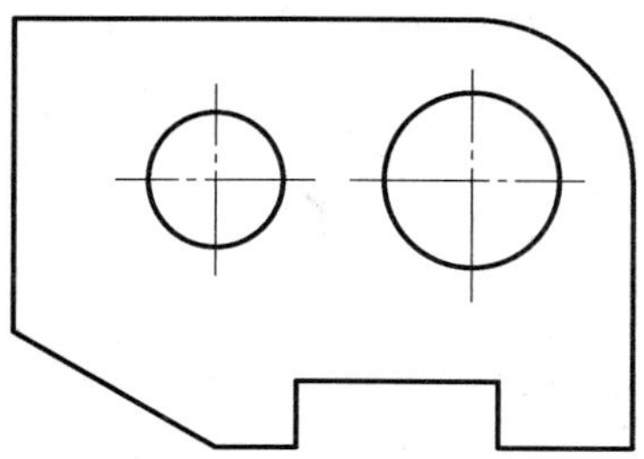

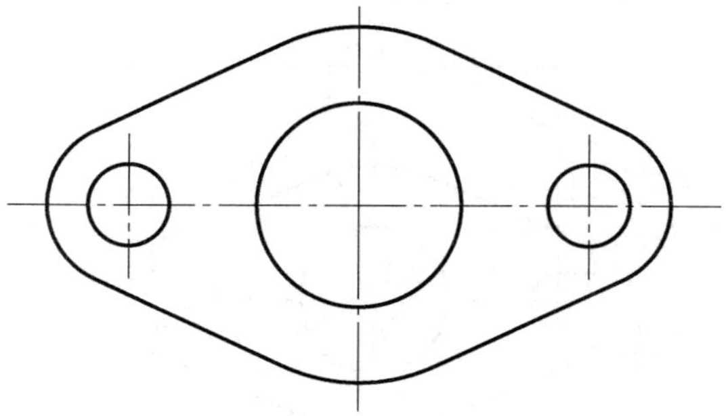

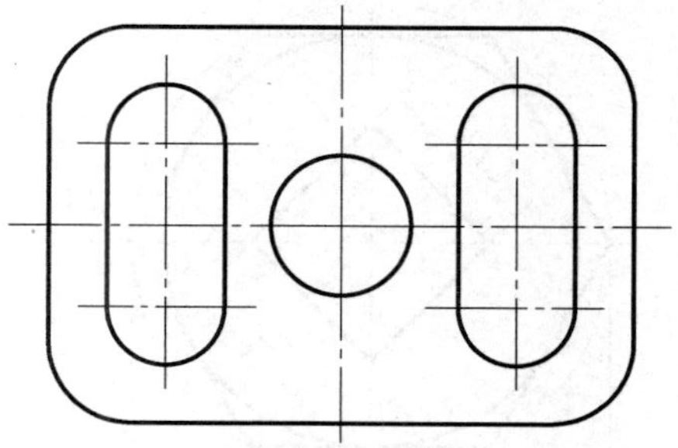

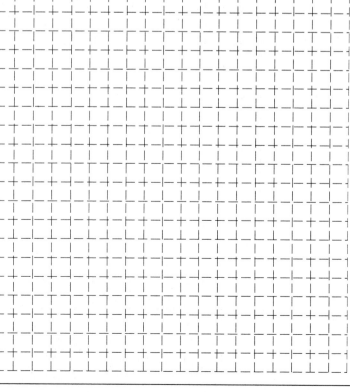

1-16 徒手画出下列图形，比例 1∶1，标注尺寸　　　　班级　　　　姓名　　　　学号

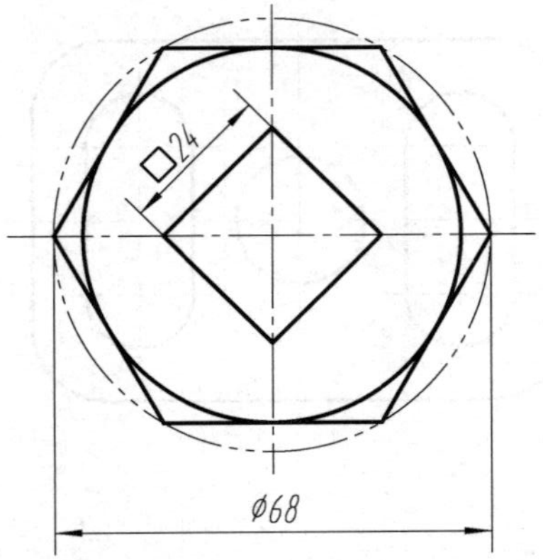

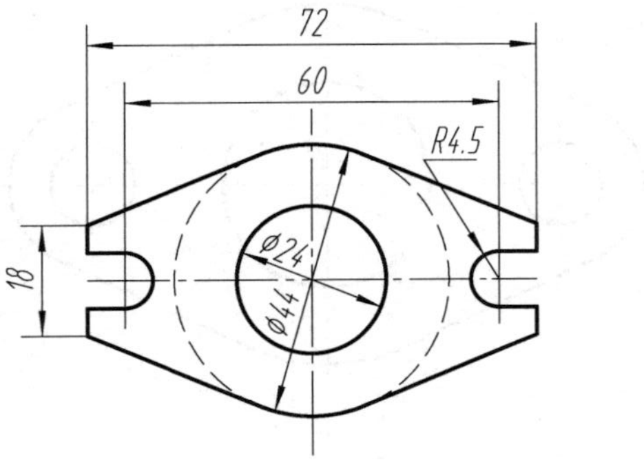

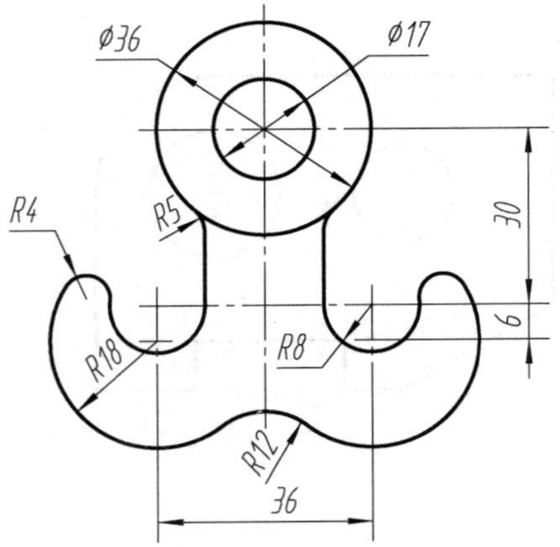

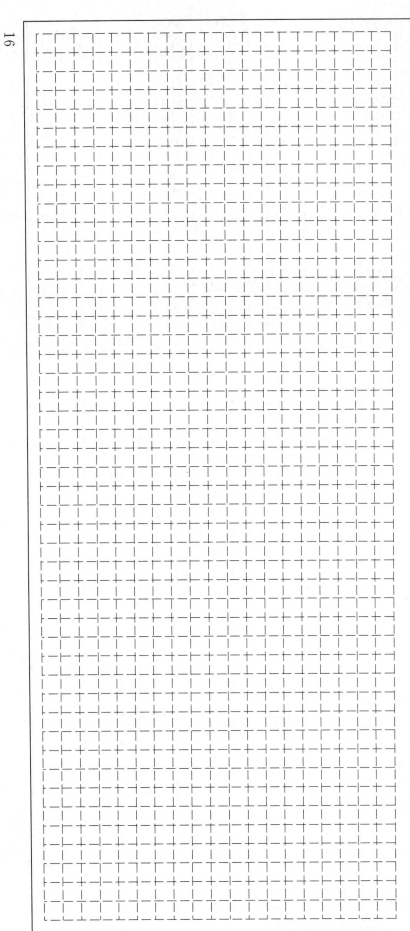

第二章　投影基础

2-1　选择填空

班级　　　　姓名　　　　学号

2-1-1　选择题。

（1）获得投影的要素有投射线、（　　）、投影面。

A．光源　　B．物体　　C．投射中心　　D．画面

（2）将投射中心移至无限远处，则投射线视为相互（　　）。

A．平行　　B．交于一点　　C．垂直　　D．交叉

（3）（　　）分为正投影法和斜投影法两种。

A．平行投影法　　B．中心投影法

C．投影面法　　D．辅助投影法

（4）正投影的基本特性主要有实形性、积聚性、（　　）。

A．类似性　　B．特殊性　　C．统一性　　D．普遍性

（5）工程上常用的（　　）有中心投影法和平行投影法。

A．作图法　　B．技术法　　C．投影法　　D．图解法

（6）机械工程图样和建筑工程图样主要采用（　　）的方法绘制。

A．平行投影　　B．中心投影　　C．斜投影　　D．正投影

（7）平行投影法分为（　　）两种。

A．主要投影法和辅助投影法　　B．正投影法和斜投影法

C．一次投影法和二次投影法　　D．中心投影法和平行投影法

（8）平行投影法中的投射线与投影面相垂直时，称为（　　）。

A．垂直投影法　　B．正投影法

C．斜投影法　　D．中心投影法

2-1-2　填空题。

正投影的基本性质

当平面与投影面平行时，其投影____________；

当平面与投影面垂直时，其投影____________；

当平面与投影面倾斜时，其投影____________。

视图名称及投射方向

主视图是由__________投射在______面所得的视图；

左视图是由__________投射在______面所得的视图；

俯视图是由__________投射在______面所得的视图。

三视图的投影规律

主、左视图__________；

主、俯视图__________；　　简称________规律

左、俯视图__________。

三视图与物体的方位关系

主视图反映物体的_______和_______；

左视图反映物体的_______和_______；

俯视图反映物体的_______和_______。

2-2 根据轴测图找三视图，并在圆圈内填写对应的编号

班级　　姓名　　学号

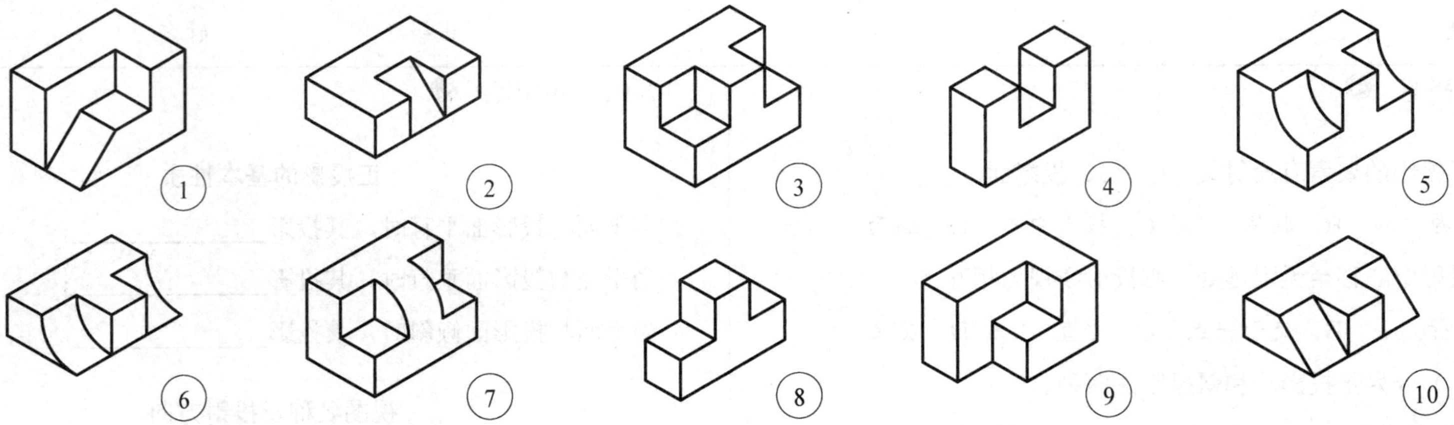

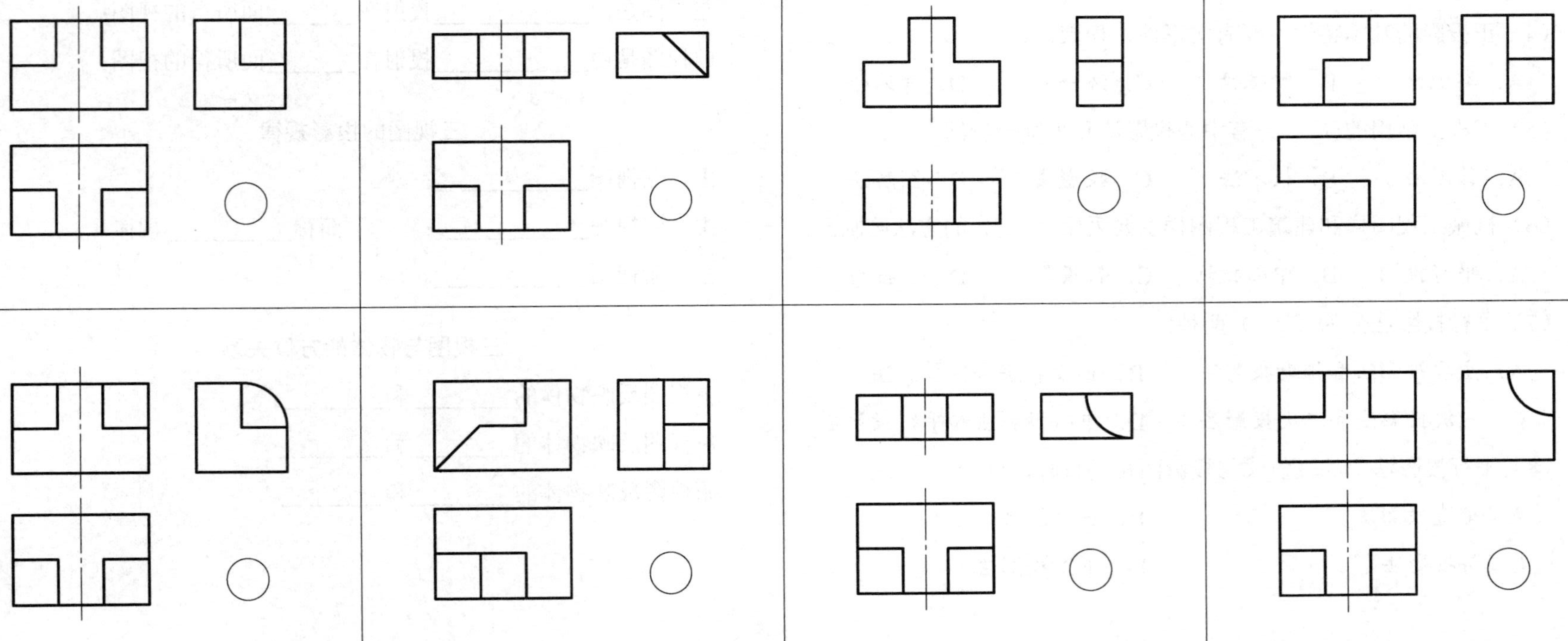

2-3 参照轴测图，补画物体的第三视图

2-3-1

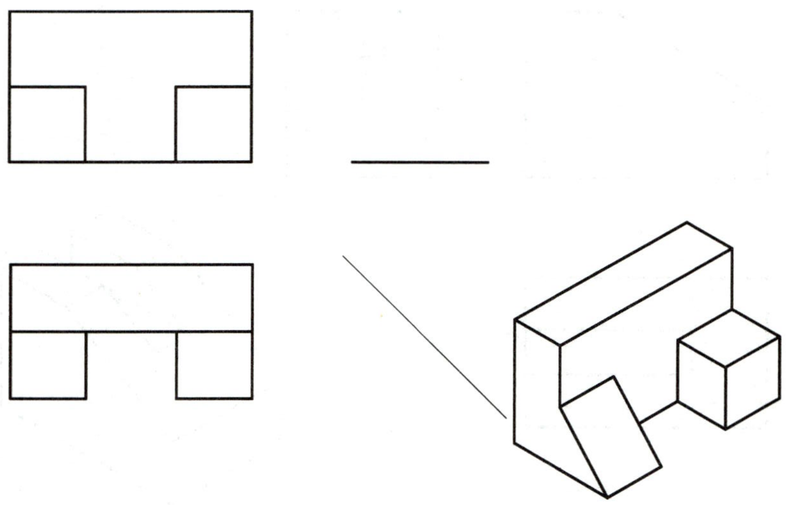

2-3-2

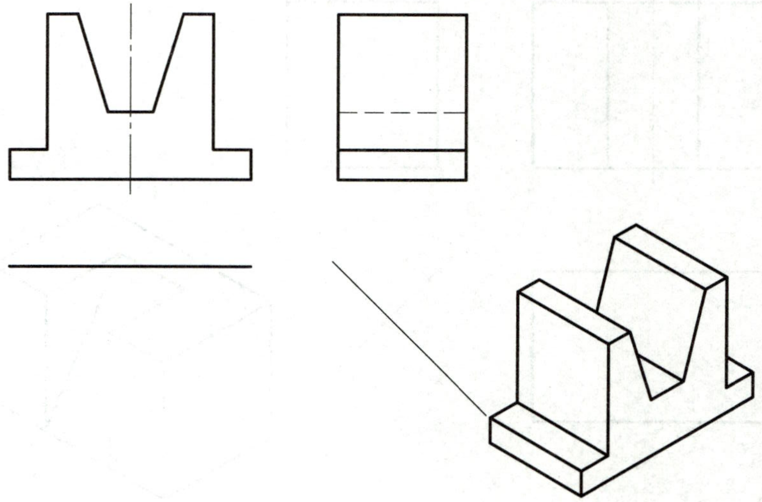

2-3-3

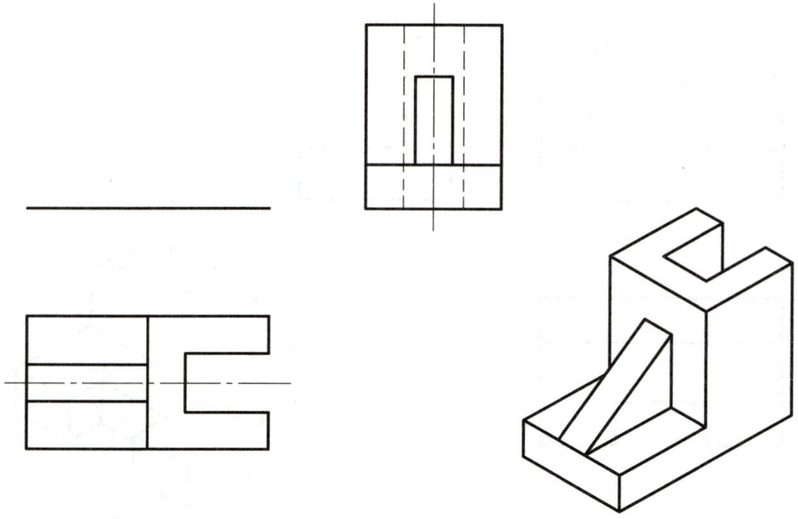

2-3-4

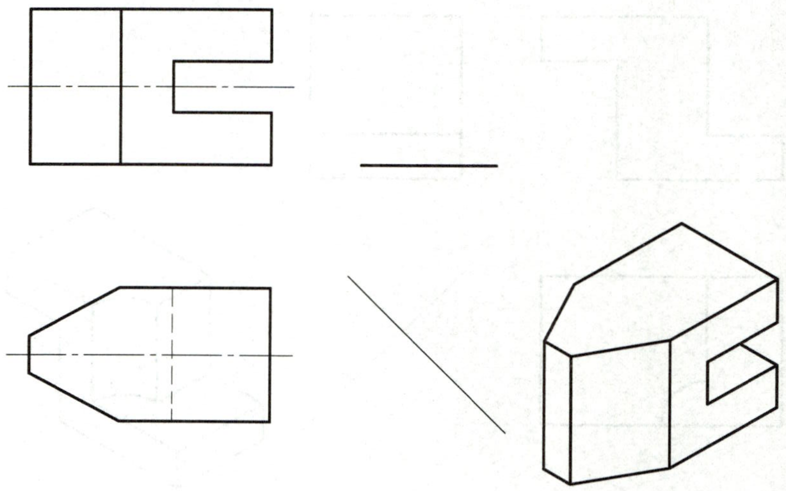

2-4 参照轴测图，补画视图中所缺的图线（一）

班级　　姓名　　学号

2-4-1

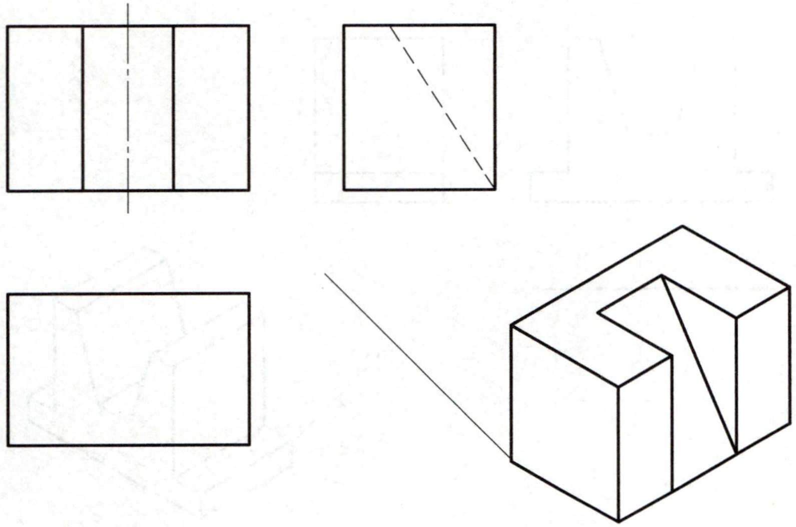

2-4-2

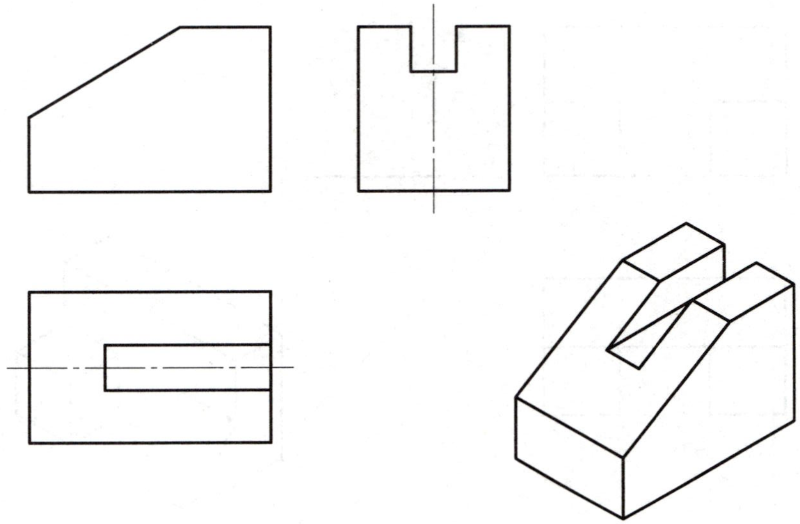

2-4-3

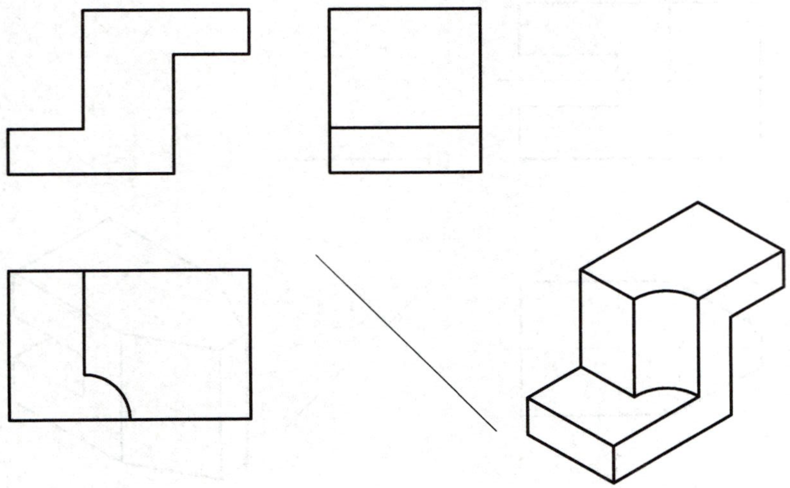

2-4-4

2-5 参照轴测图，补画视图中所缺的图线（二）

班级　　　　姓名　　　　学号

2-5-1

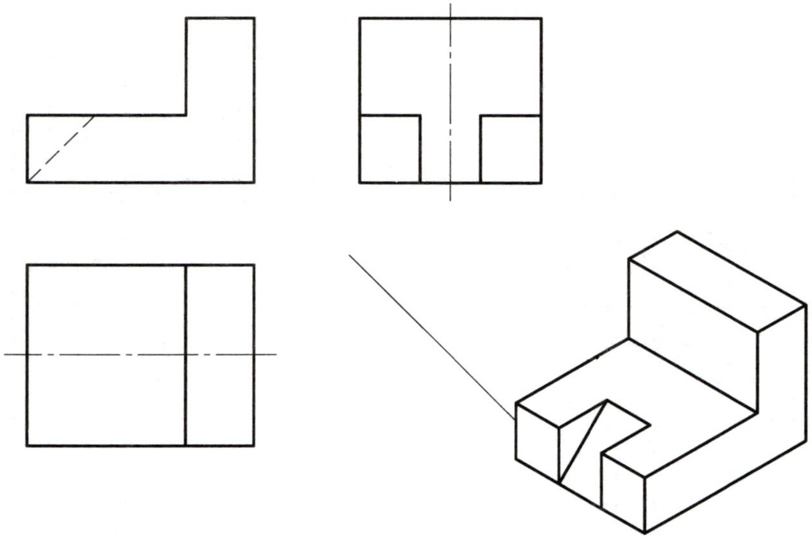

2-5-2

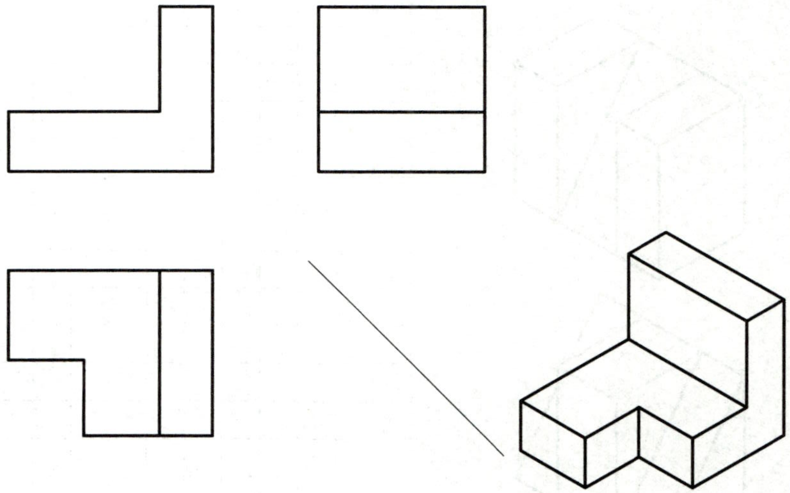

2-5-3

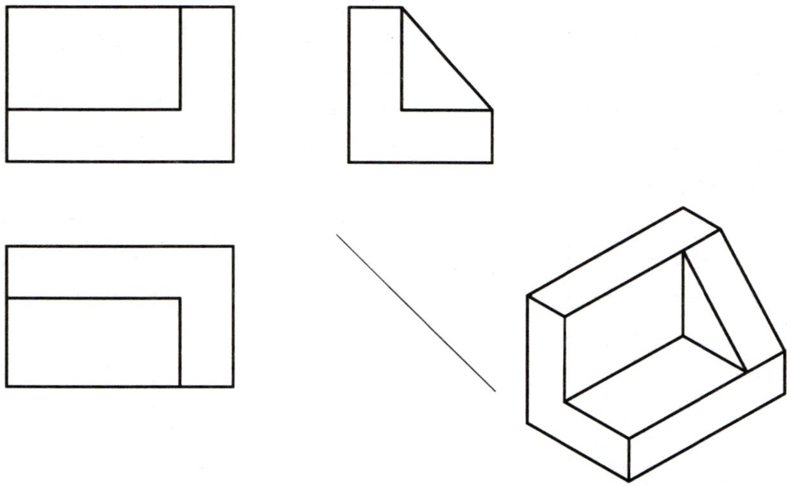

2-5-4

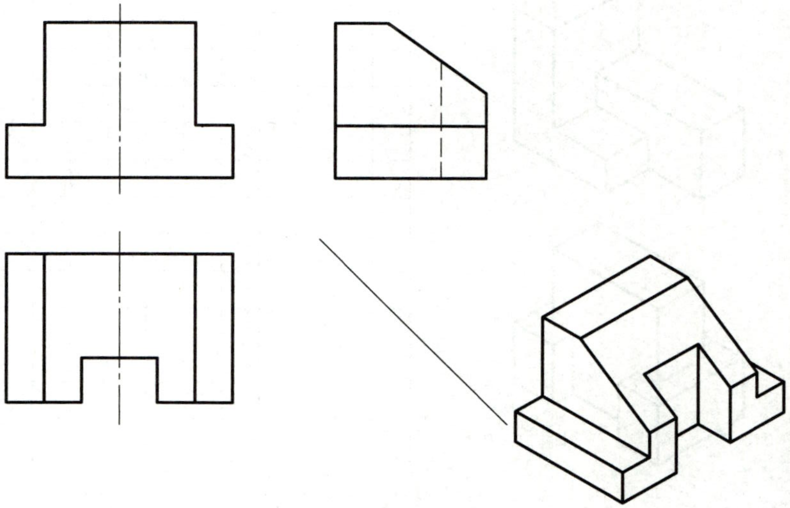

2-6 根据轴测图，按 1：1 徒手画出三视图（一）

班级　　姓名　　学号

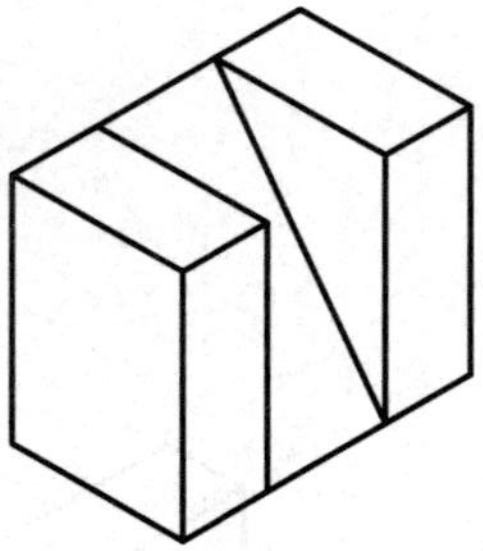

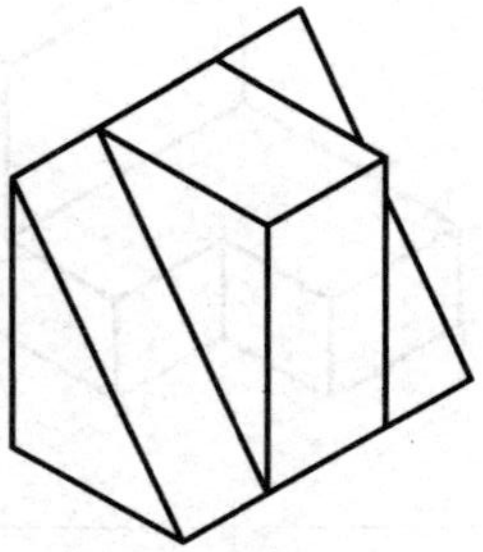

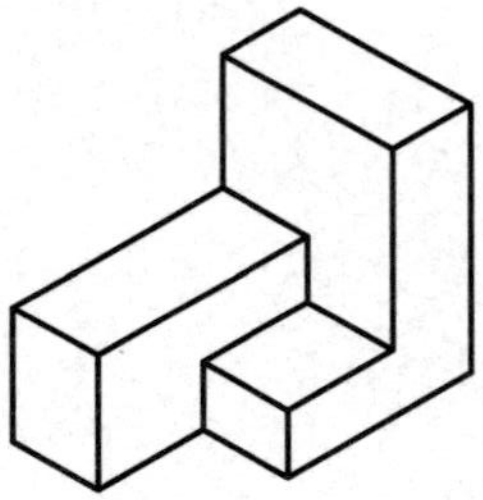

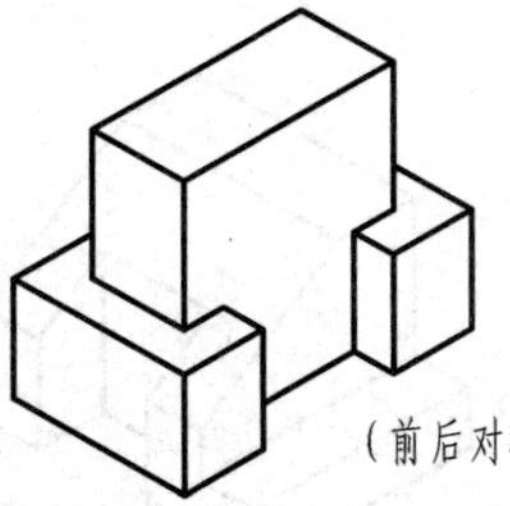

（前后对称）

2-7 根据轴测图，按 1∶1 徒手画出三视图（二）

班级　　　　姓名　　　　学号

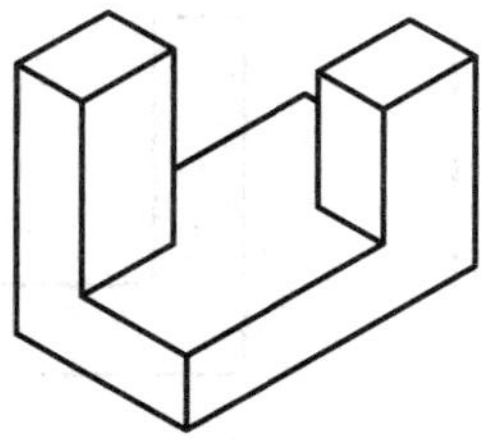

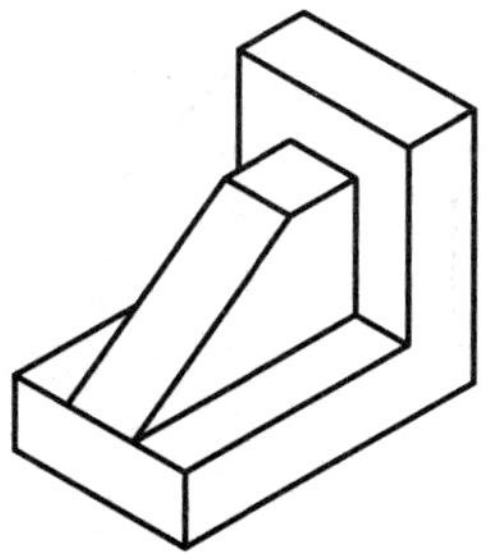

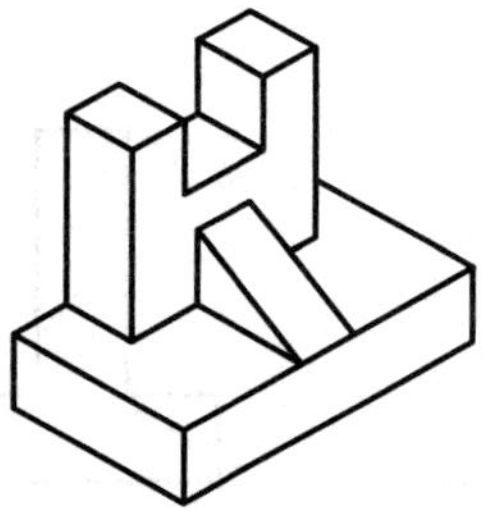

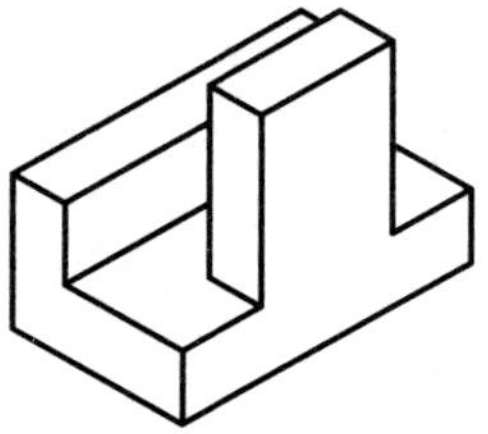

2-8 补画三视图中所缺的图线（一）

班级　　　　姓名　　　　学号

2-8-1

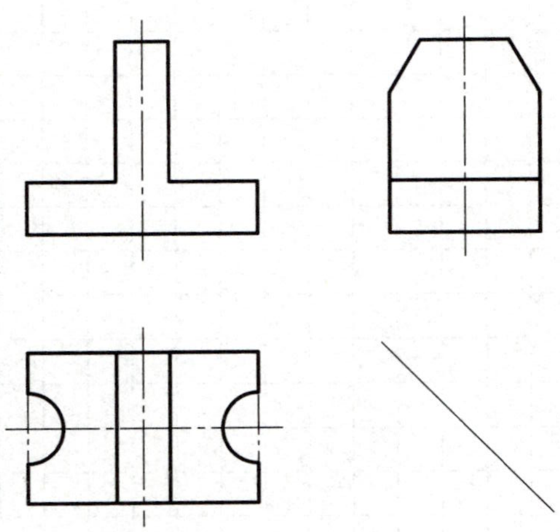

2-8-2

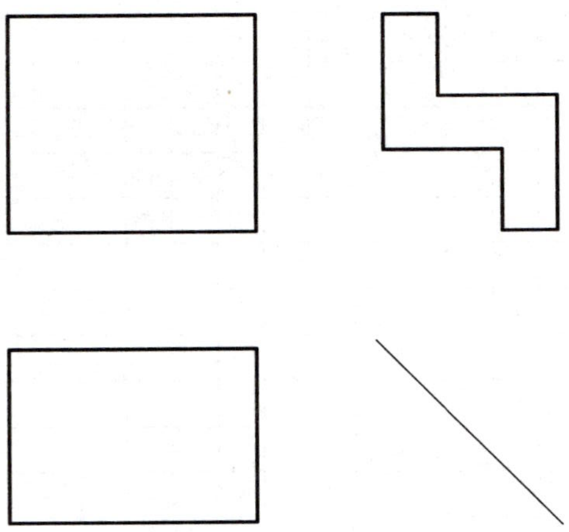

2-8-3

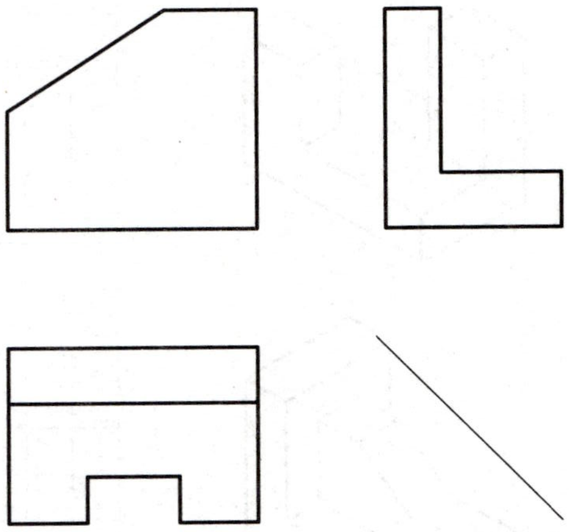

2-8-4

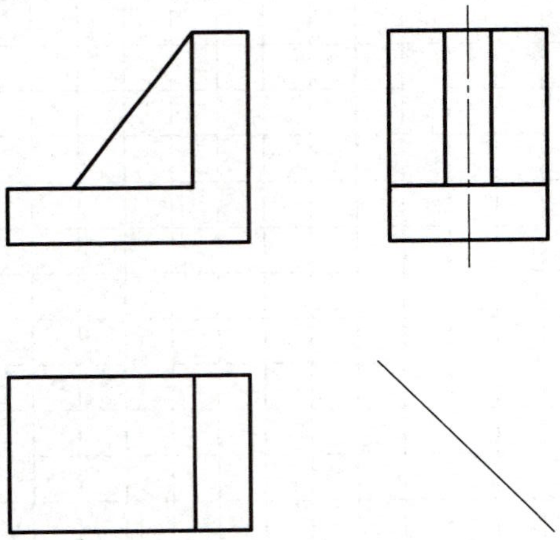

2-8-5

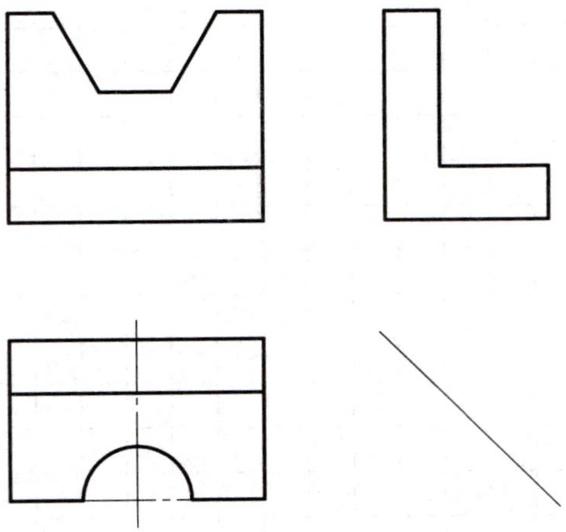

2-8-6

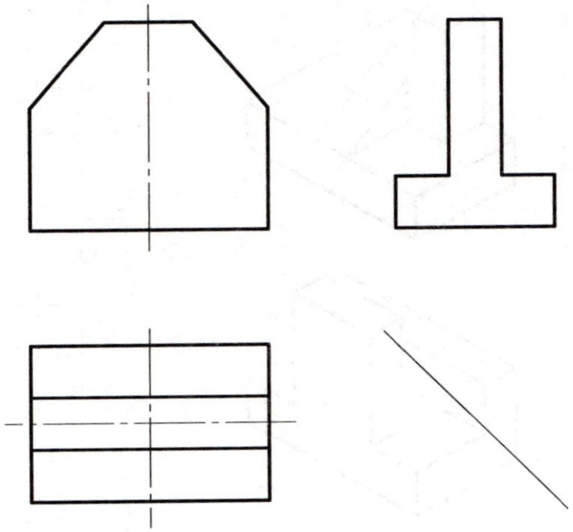

2-9 补画三视图中所缺的图线（二）

班级　　姓名　　学号

2-9-1

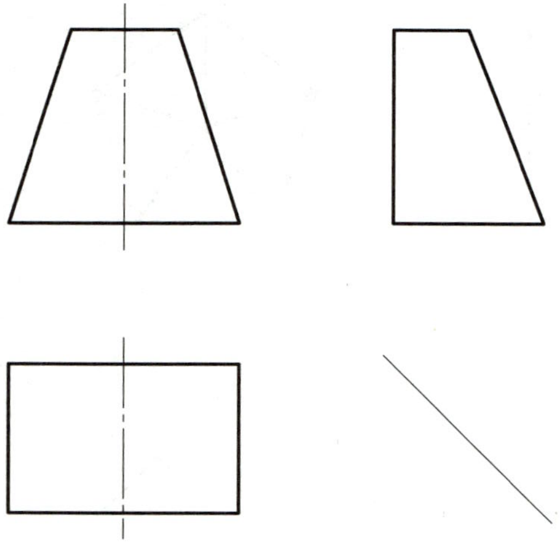

2-9-2

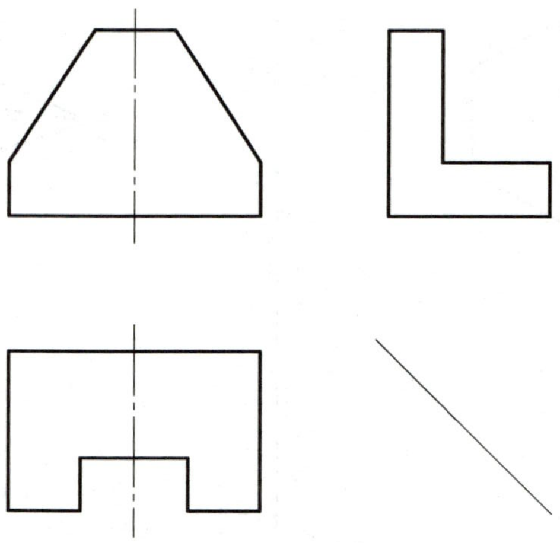

2-9-3

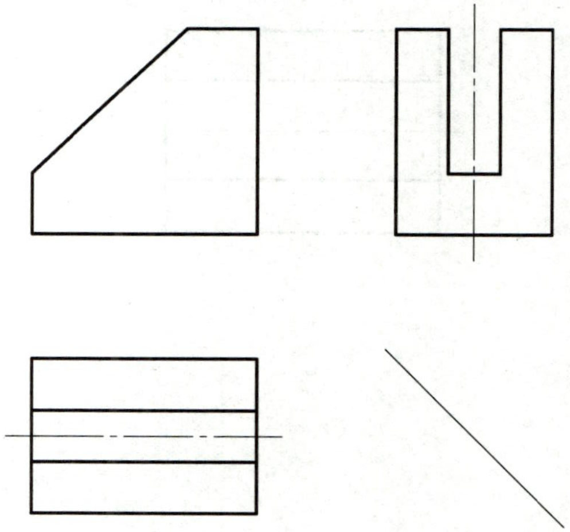

2-9-4

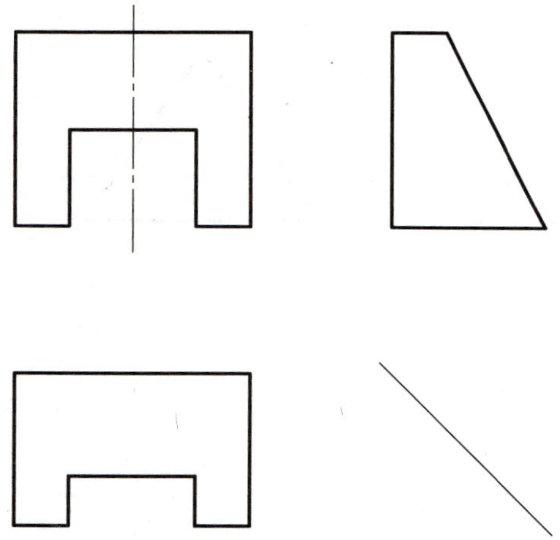

2-9-5

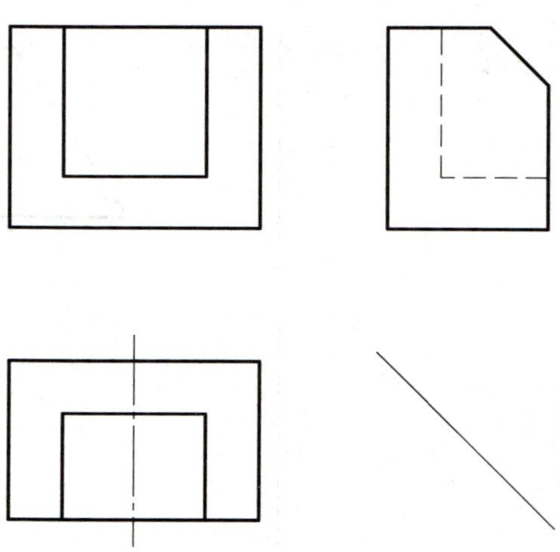

2-9-6

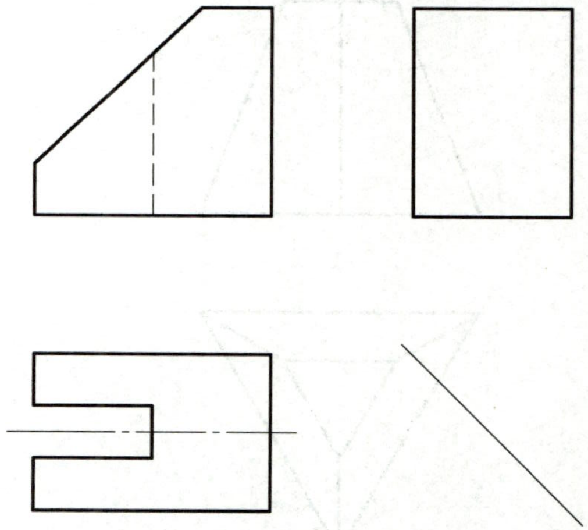

2-10　已知平面立体的两视图，补画第三视图

班级　　　　姓名　　　　学号

2-10-1　补画俯视图。

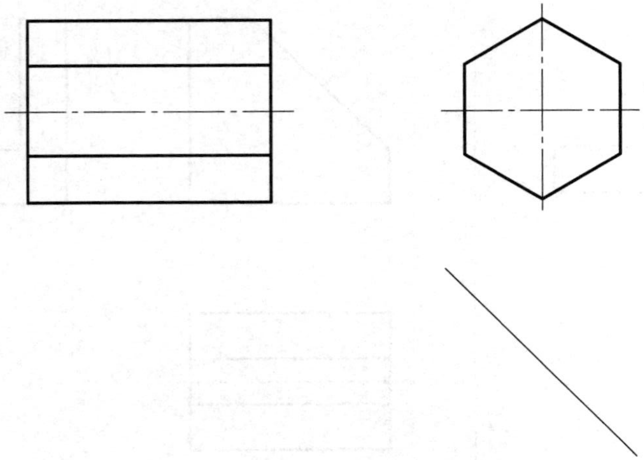

2-10-2　补画俯视图。

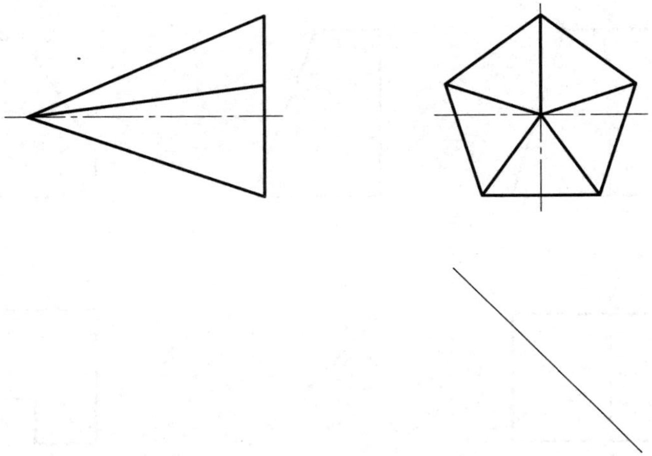

2-10-3　补画左视图。

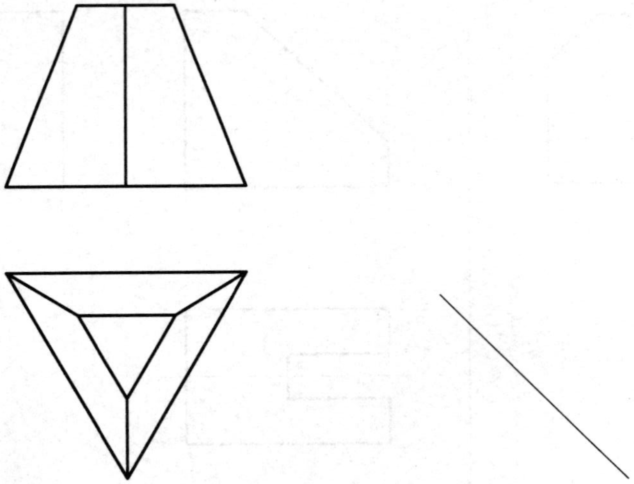

2-10-4　补画俯视图。

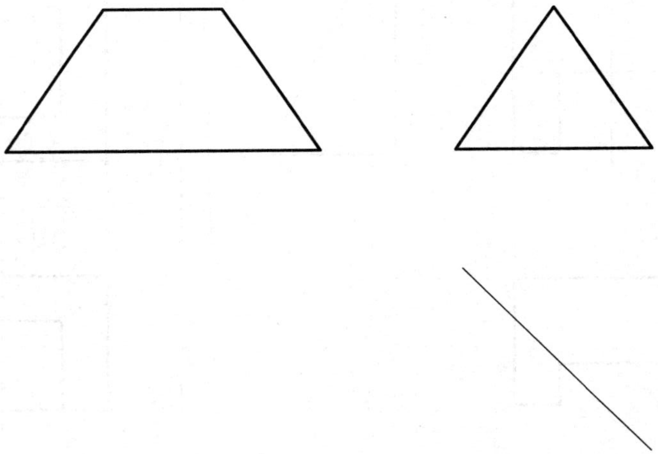

2-11 已知平面立体的三视图，求其表面上线的另外两面投影

班级　　　　姓名　　　　学号

2-11-1 求正六棱锥表面上线的另外两面投影。

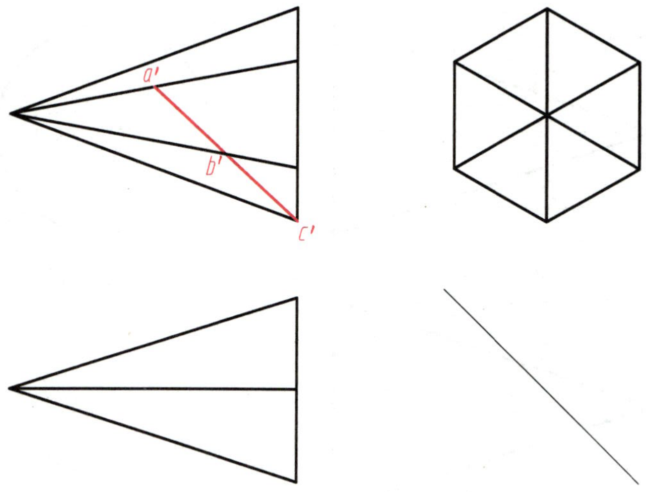

2-11-2 求正五棱柱表面上线的另外两面投影。

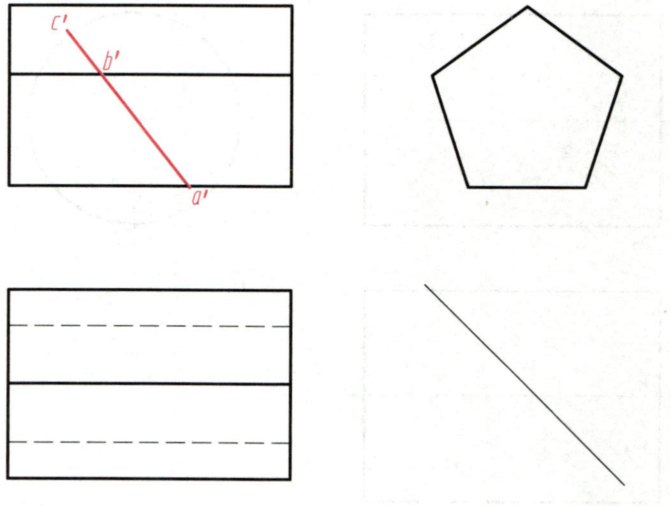

2-11-3 求正三棱台表面上线的另外两面投影。

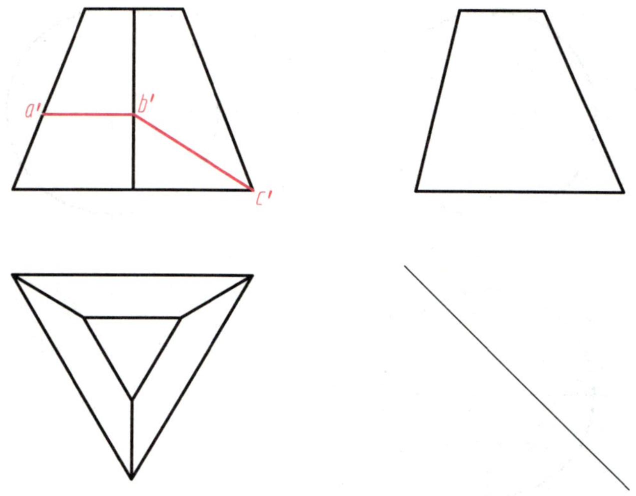

2-11-4 求四棱台表面上线的另外两面投影。

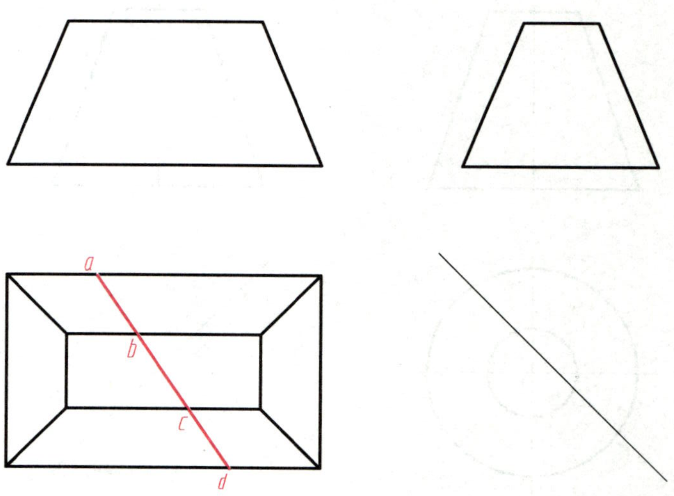

2-12 已知曲面立体表面上点的一面投影，求其另外两面投影

班级　　　　姓名　　　　学号

2-12-1 求圆柱表面上点的另外两面投影。

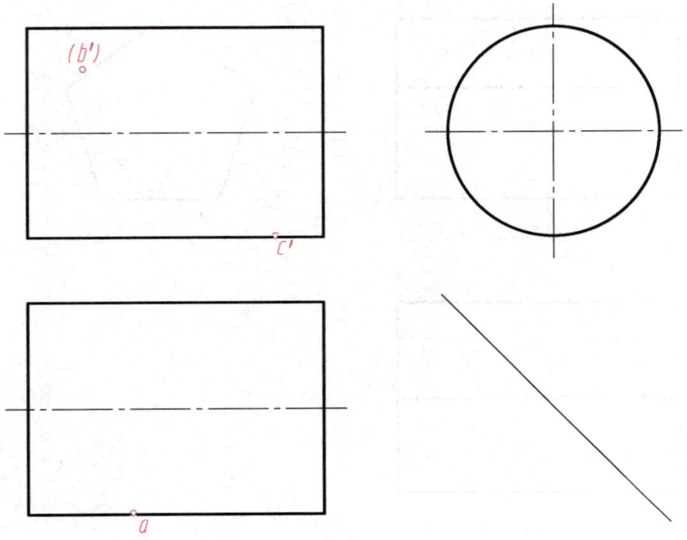

2-12-2 求圆锥表面上点的另外两面投影。

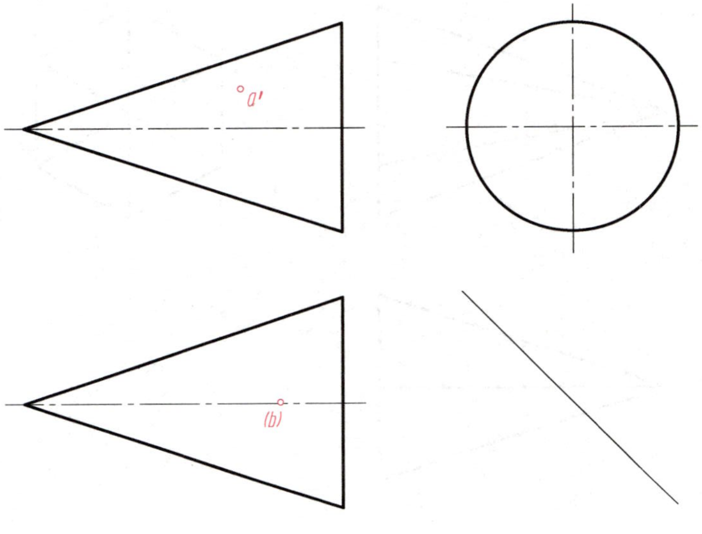

2-12-3 求圆台表面上点的另外两面投影。

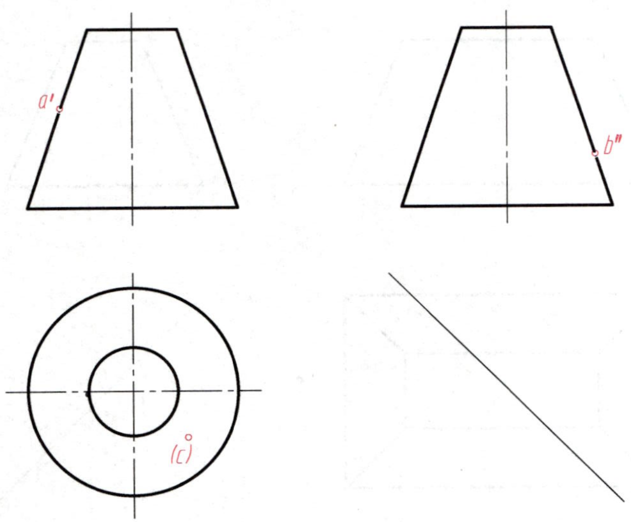

2-12-4 求圆球表面上点的另外两面投影。

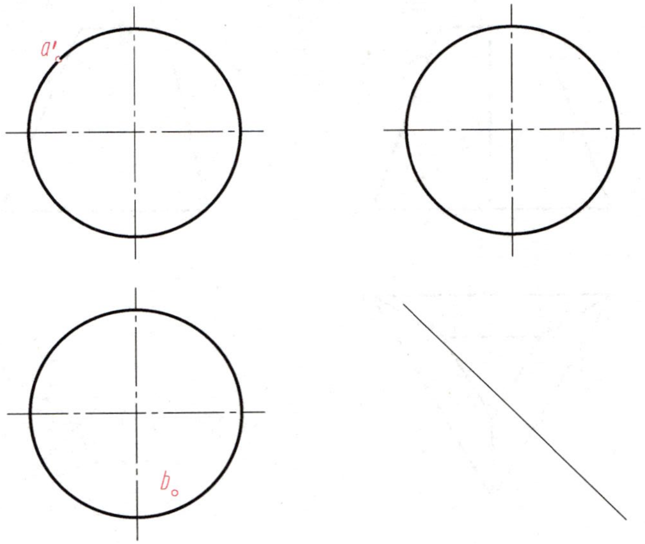

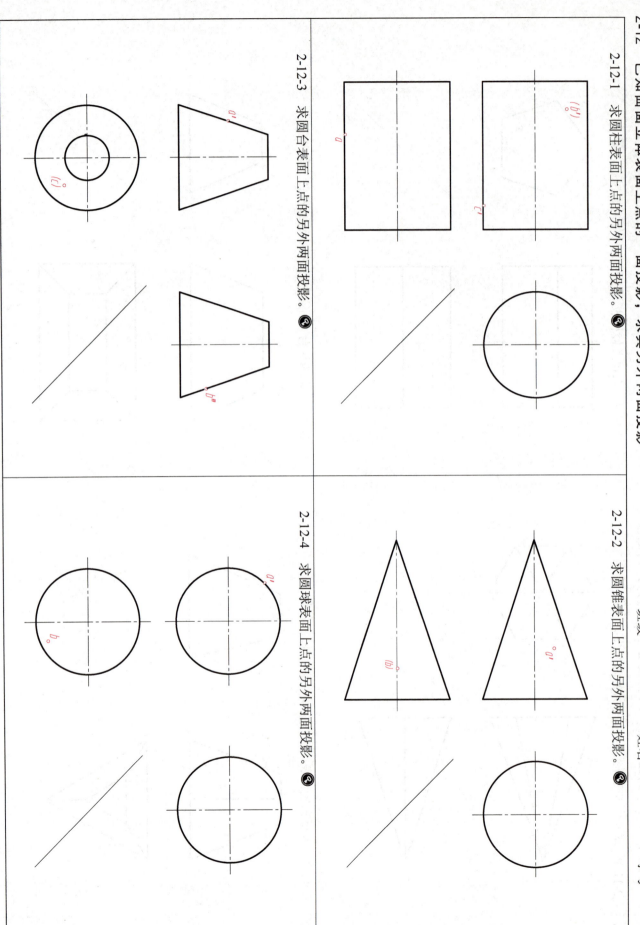

2-13 求曲面立体表面上线的投影

班级　　　　姓名　　　　学号

2-13-1 求圆柱表面上 AB 线的另外两面投影。

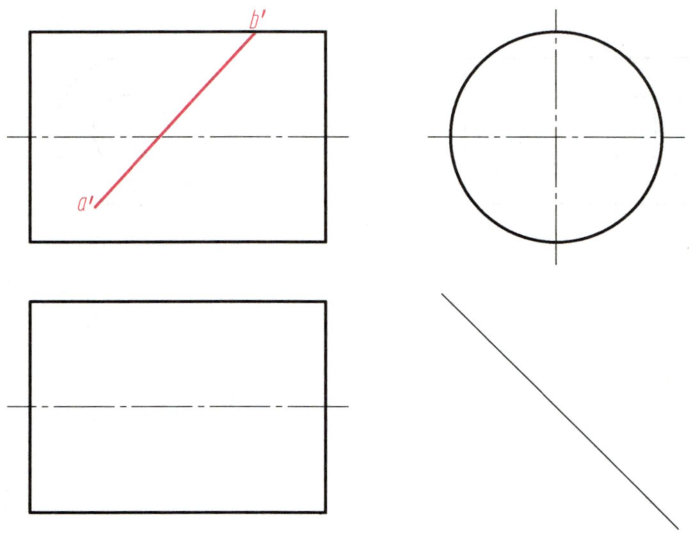

2-13-2 求圆台表面上 CD 线的另外两面投影。

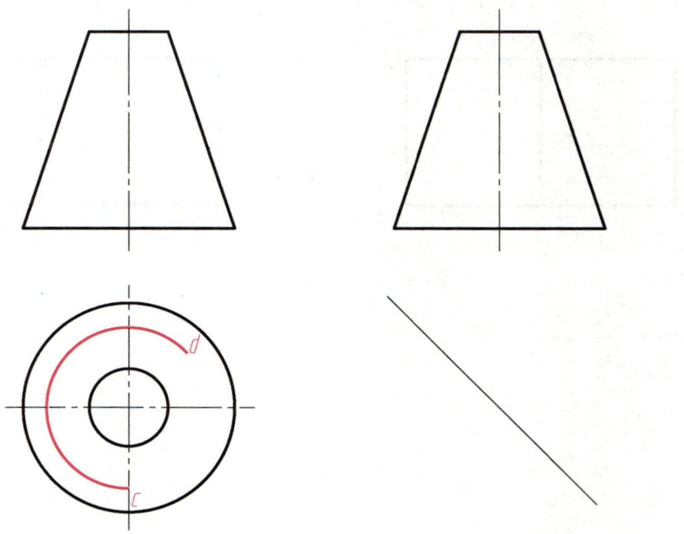

2-13-3 求圆锥表面上 EF 线的另外两面投影。

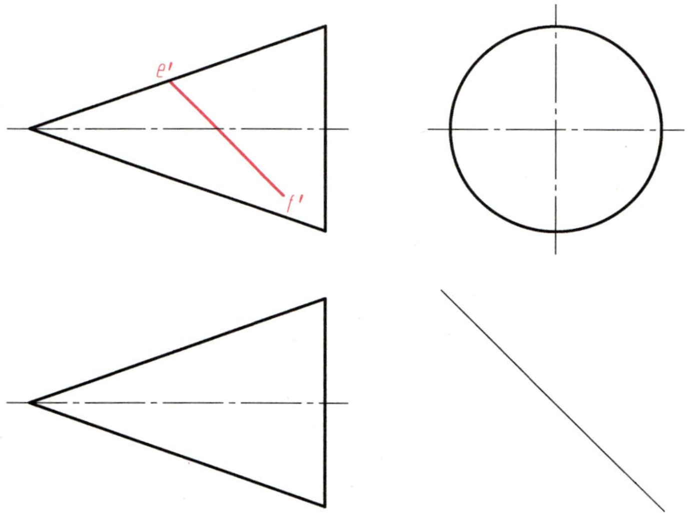

2-13-4 求圆球表面上 GH 线的另外两面投影。

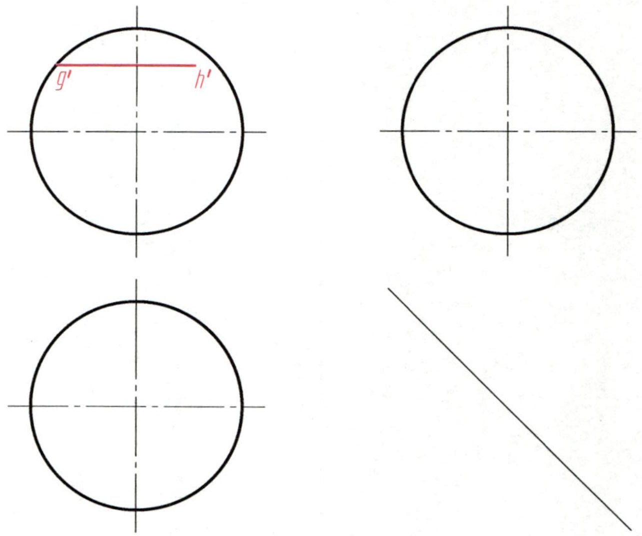

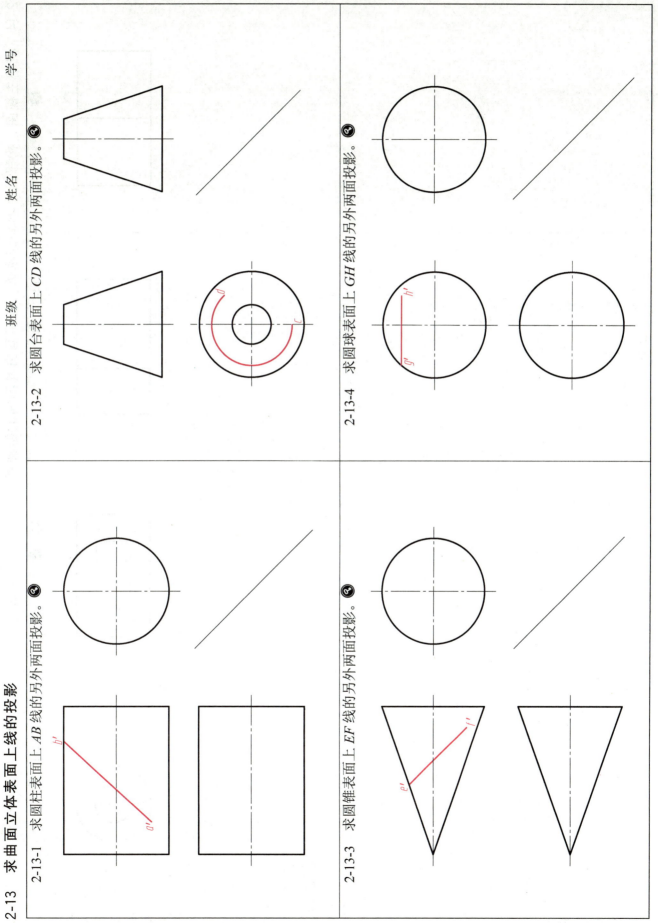

2-14 根据主视图，构思四个不同的物体，徒手画出其不同的俯视图　　班级　　姓名　　学号

2-14-1

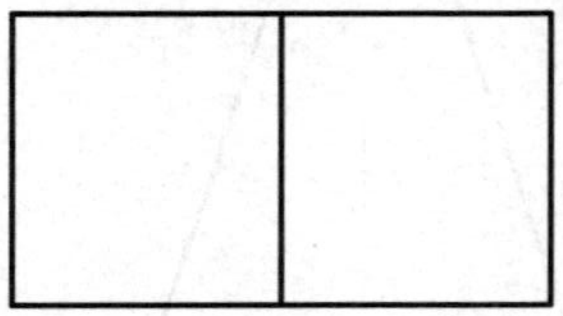

2-14-2

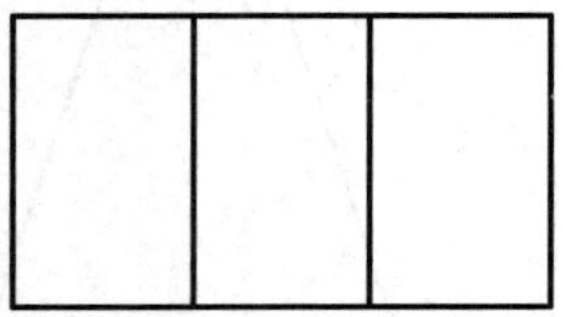

2-14-3

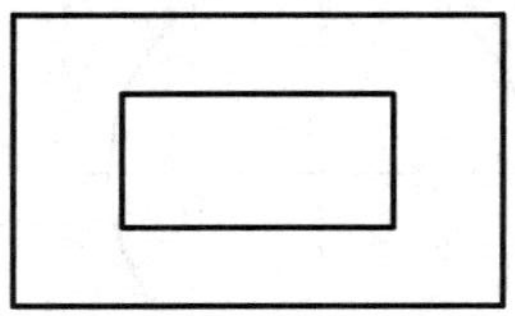

2-14-4

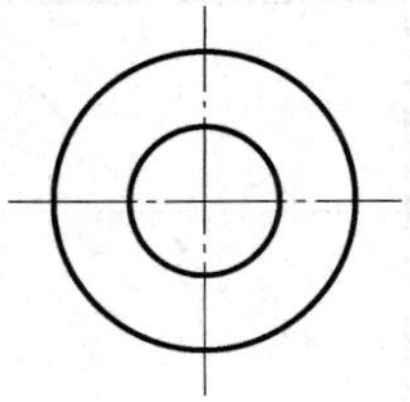

2-15 标注几何体的尺寸，尺寸数值从图中量取整数

班级 姓名 学号

2-15-1 标注三棱柱的尺寸。

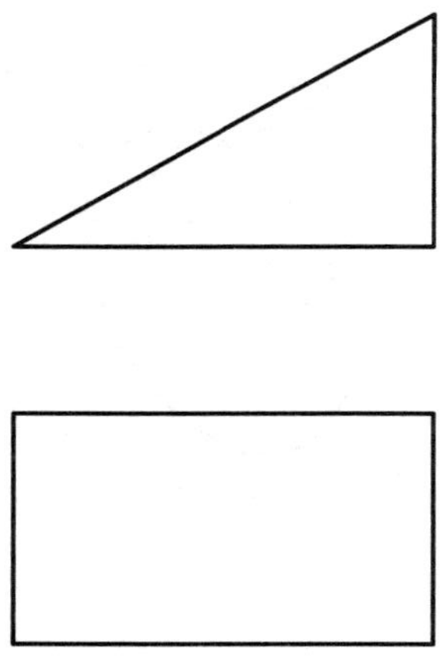

2-15-2 标注正六棱柱的尺寸。

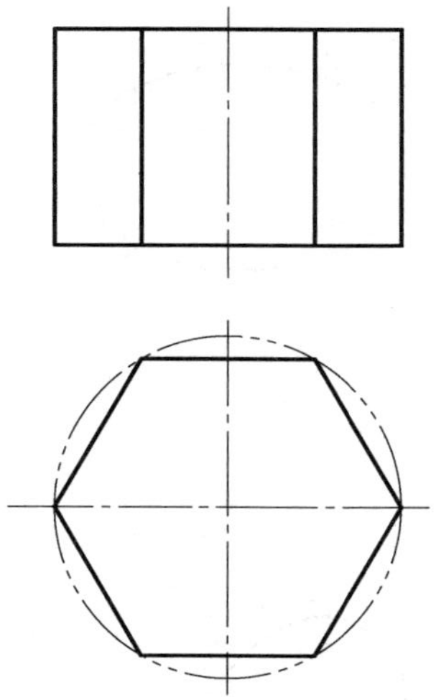

2-15-3 标注正四棱台的尺寸。

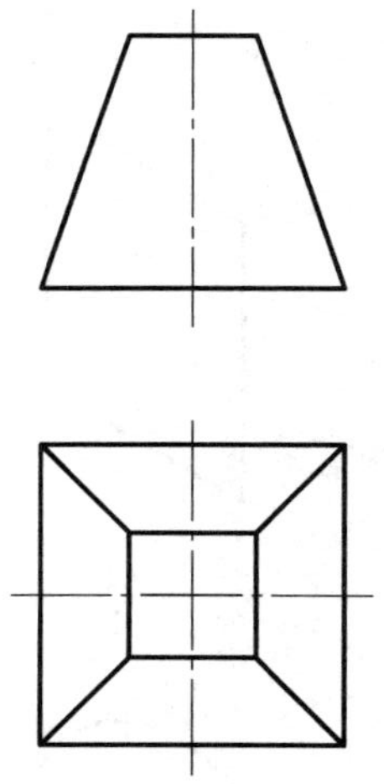

2-15-4 标注正三棱锥的尺寸。

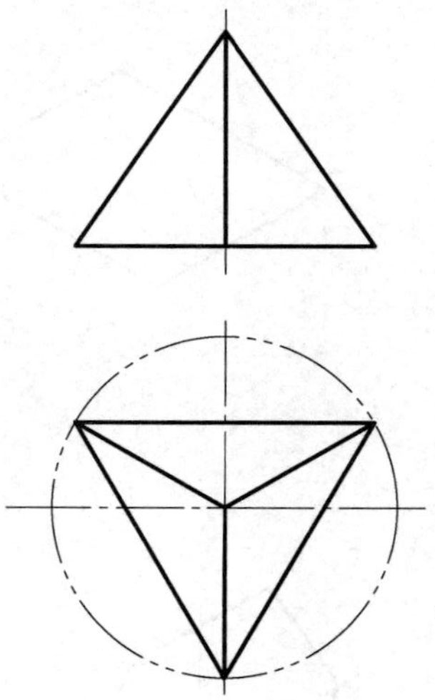

2-15-5 标注半圆球的尺寸。

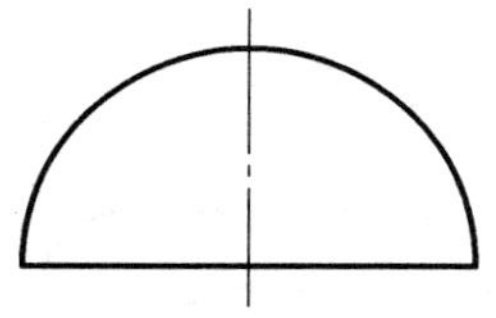

2-15-6 标注圆球的尺寸。

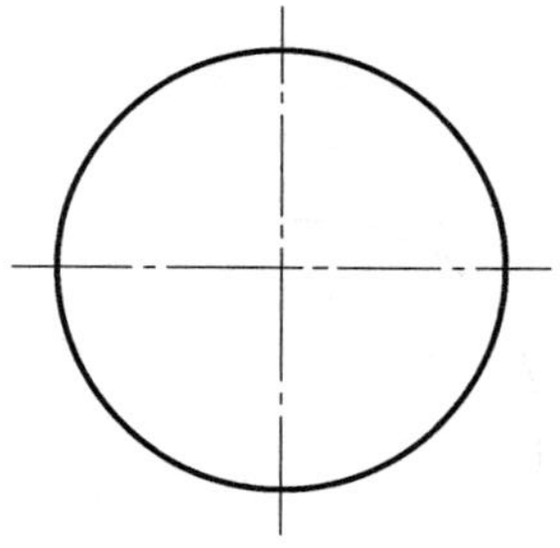

2-15-7 标注圆台的尺寸。

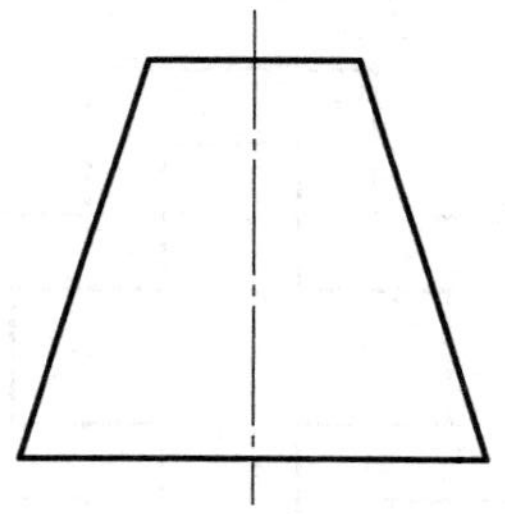

2-15-8 标注圆柱的尺寸。

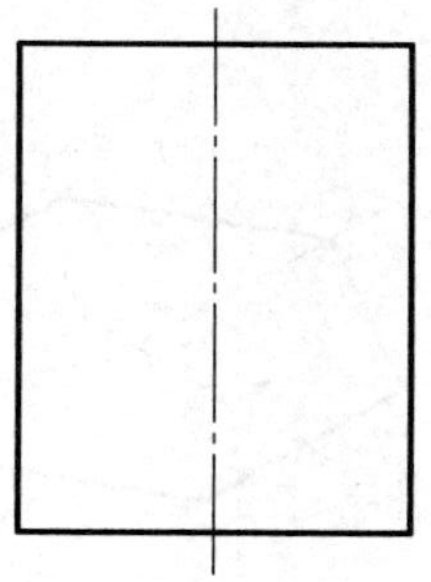

2-16 根据物体某一表面的投影，徒手画出该物体的轴测图 ❸

班级　　姓名　　学号

2-17 按要求完成下列各题

2-17-1 根据管道的三面投影，画出其正等测。

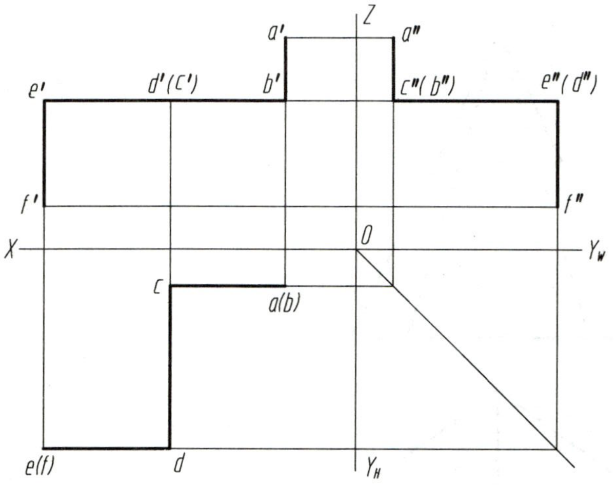

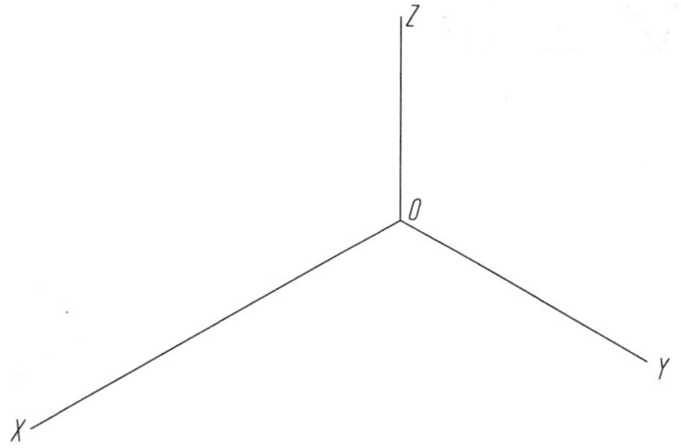

2-17-2 看懂某段管道的轴测图，说明其空间走向。

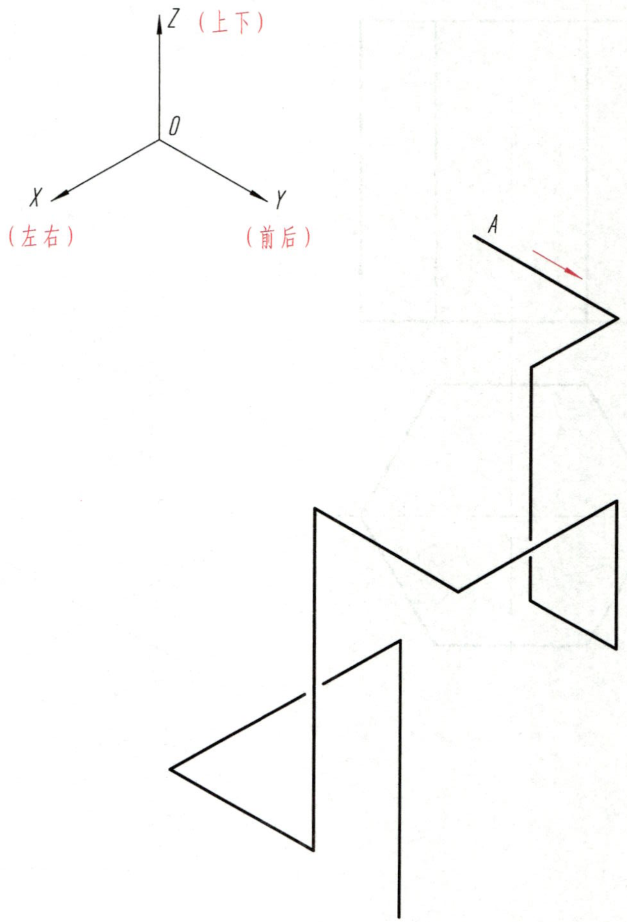

此管道自点 *A* 开始，向____、向____、向____、向____、向____、向____、向____、向____、向____、向____、向____。

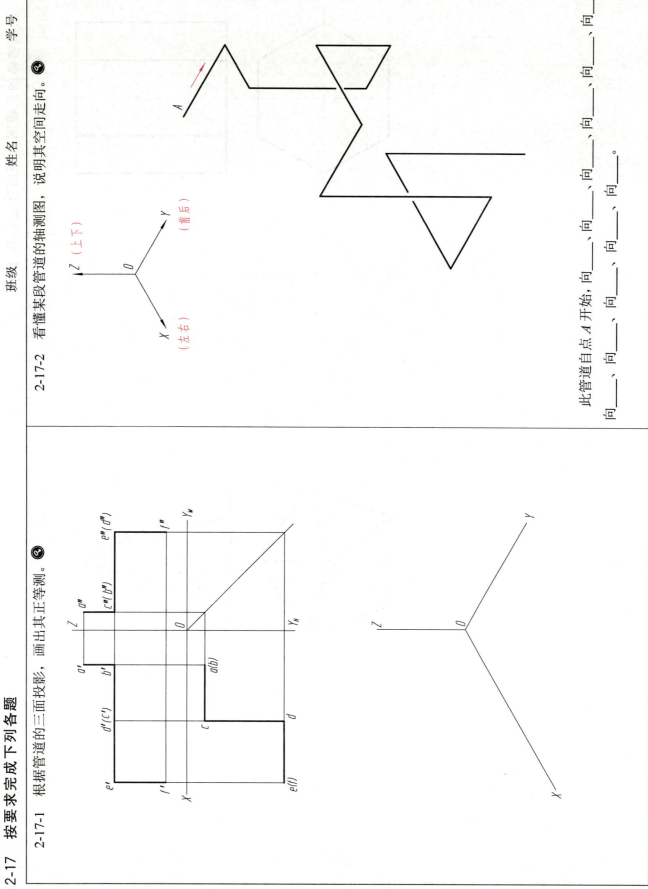

2-18 根据物体的三视图，画出其正等测（一）

班级　　姓名　　学号

2-18-1

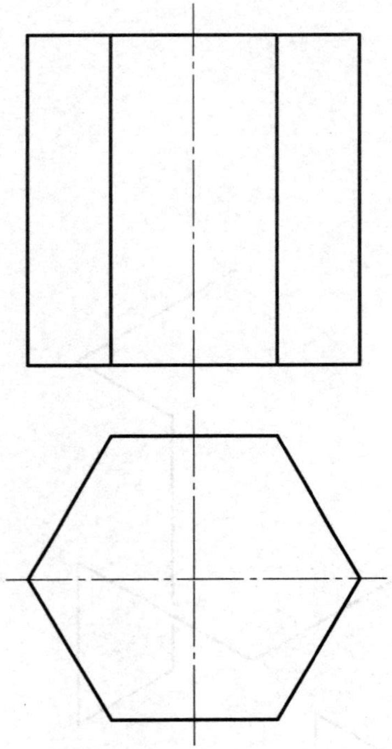

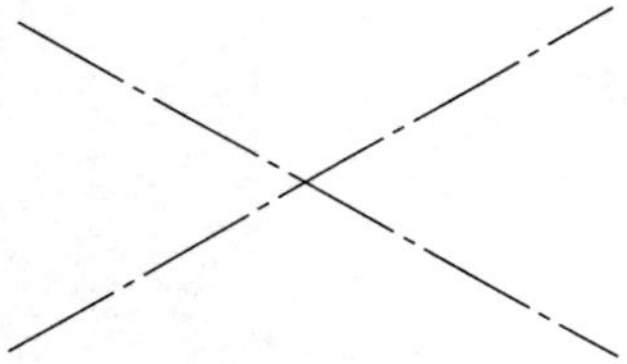

2-18-2

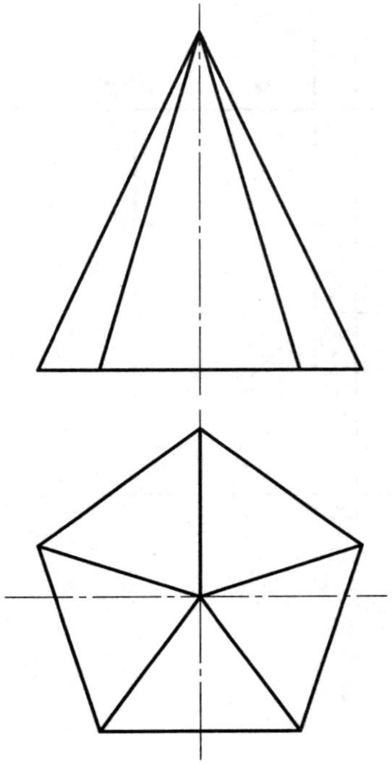

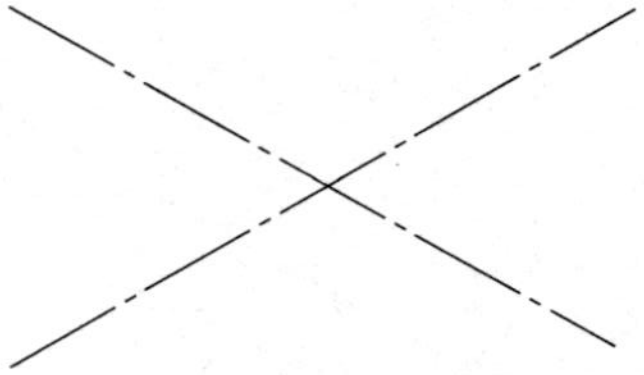

2-19 根据物体的三视图，画出其正等测（二）

班级　　　　姓名　　　　学号

2-19-1

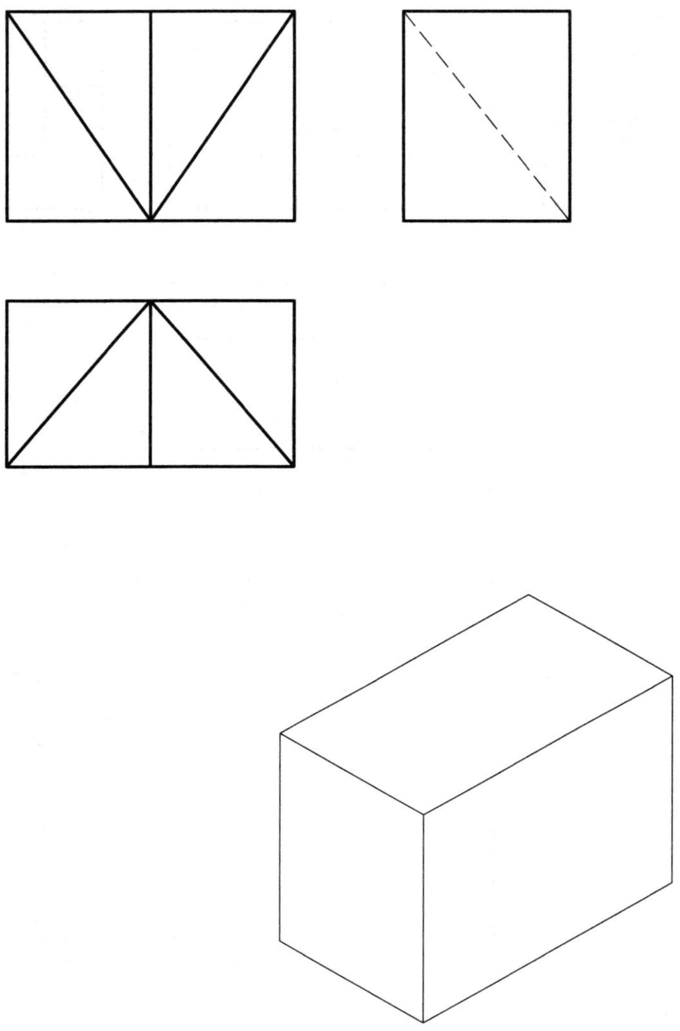

2-19-2

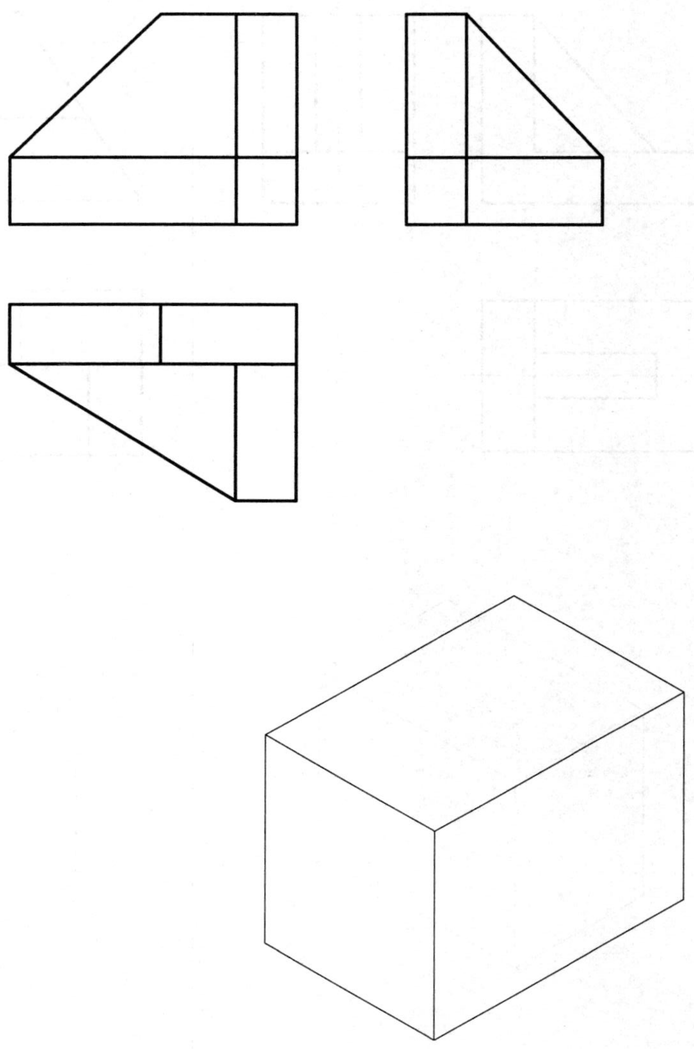

2-20 根据物体的三视图，画出其正等测（三）

班级　　　　姓名　　　　学号

2-20-1

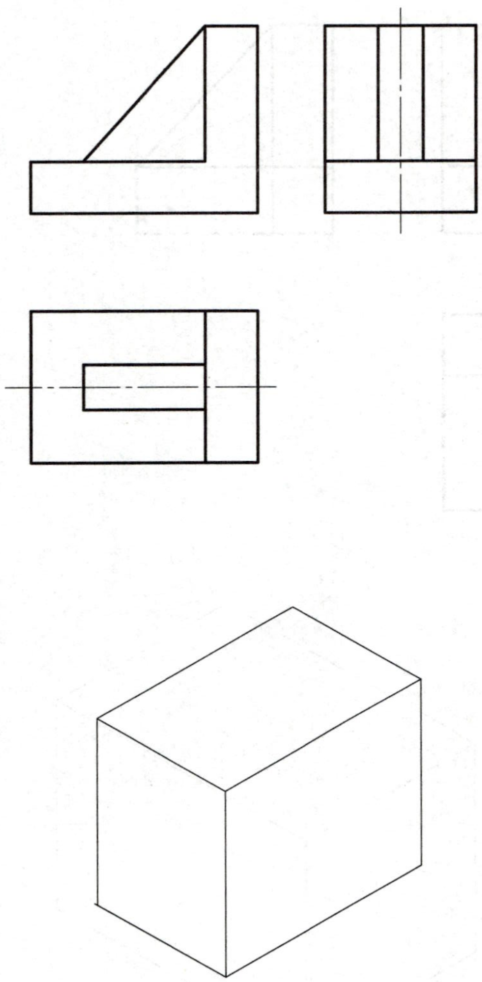

2-20-2

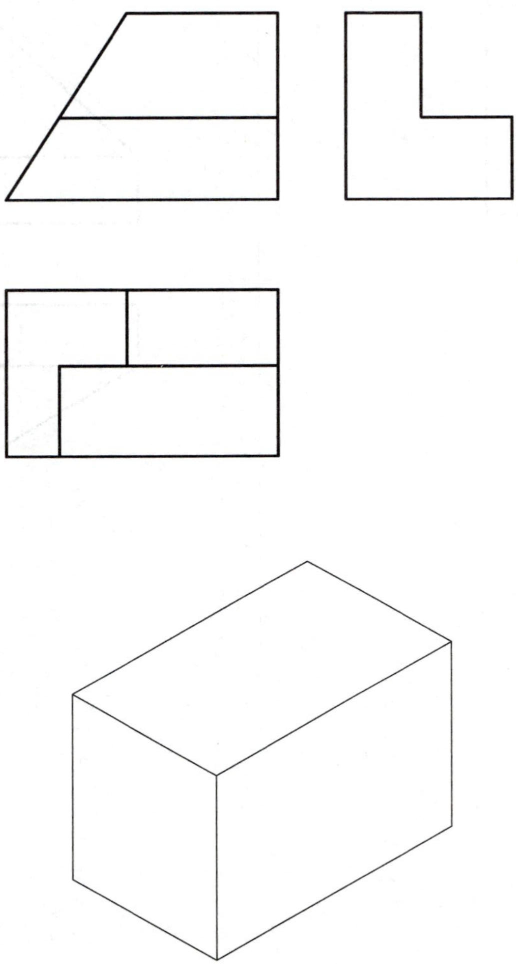

2-20-3

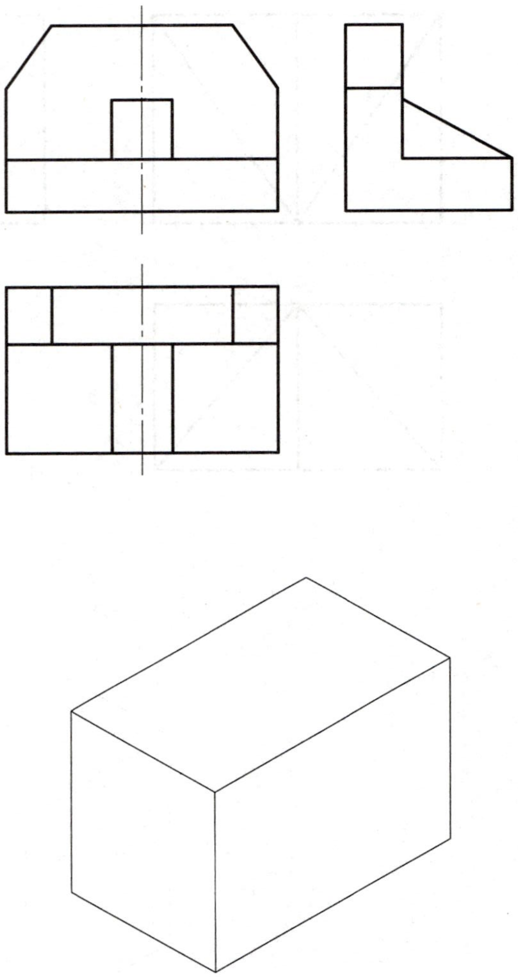

2-21 根据物体的视图，画出其斜二测（一）

班级　　　　姓名　　　　学号

2-21-1

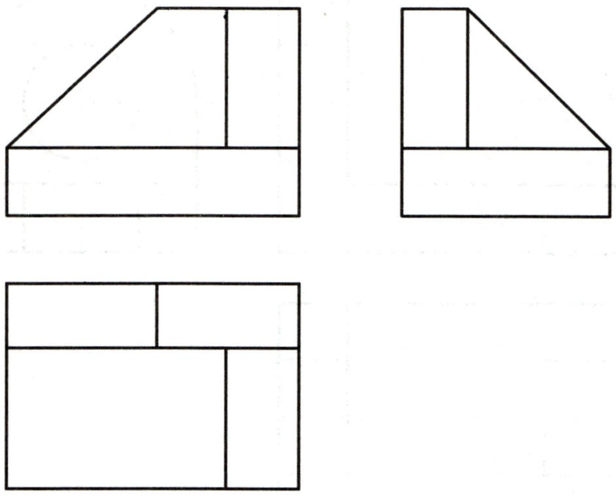

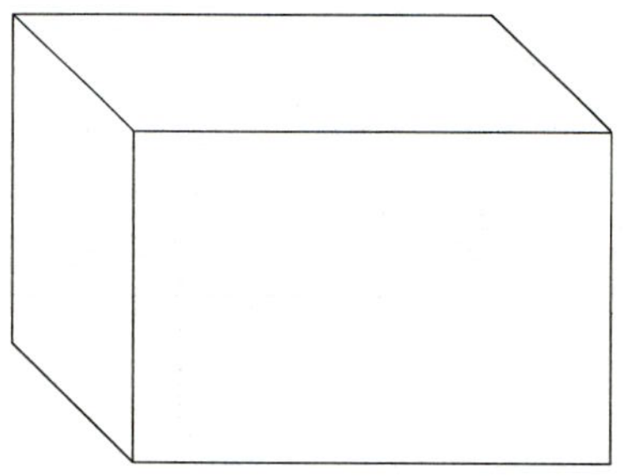

2-21-2

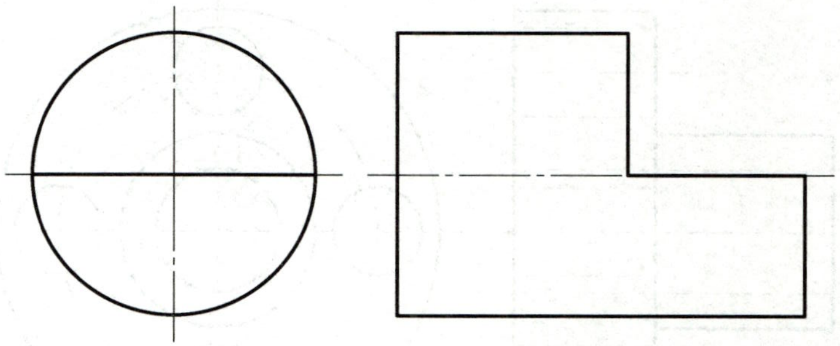

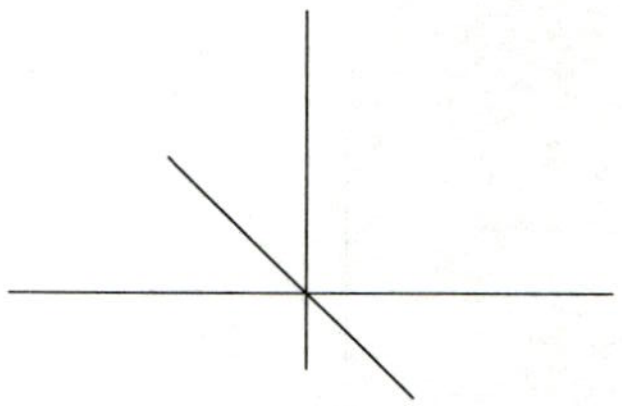

2-22 根据物体的视图，画出其斜二测（二）

班级　　　　姓名　　　　学号

2-22-1

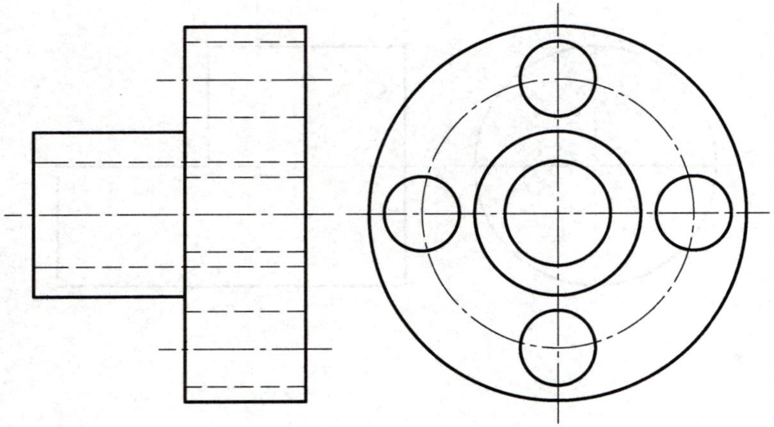

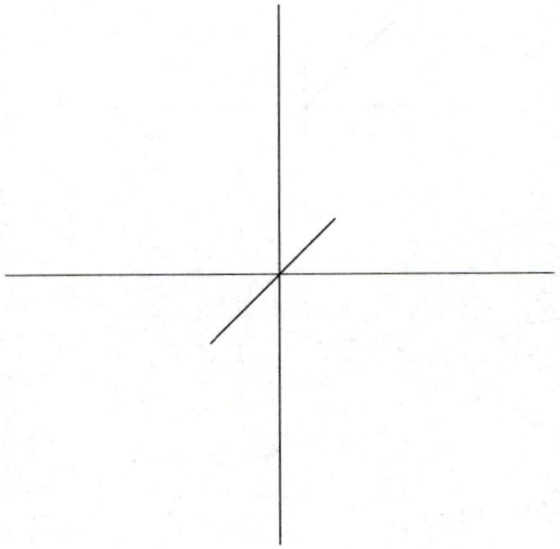

2-22-2

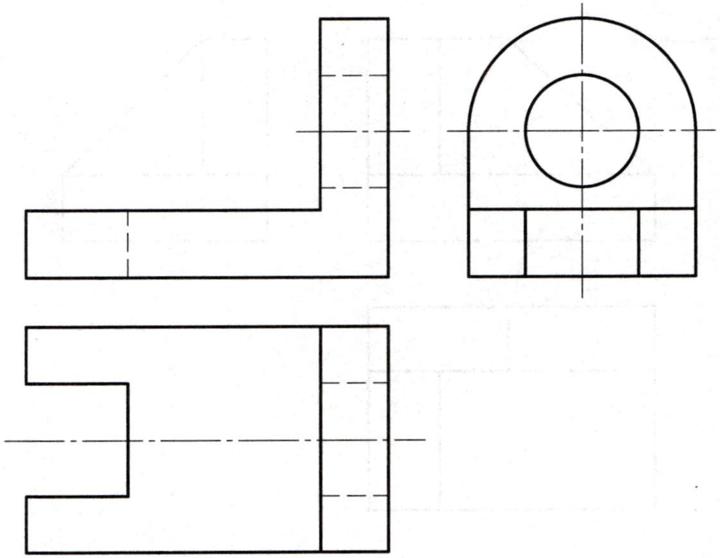

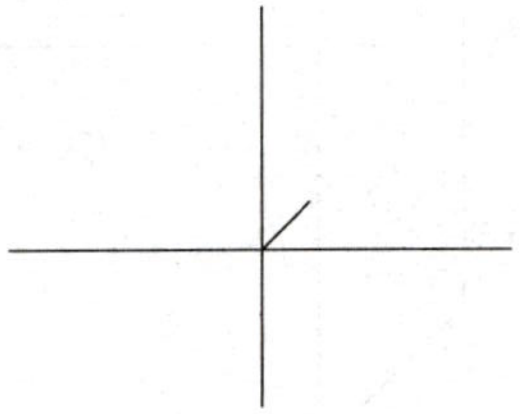

第三章　组　合　体

3-1　选择与三视图相对应的轴测图，将其编号填入圆圈内　　班级　　姓名　　学号

3-1-1

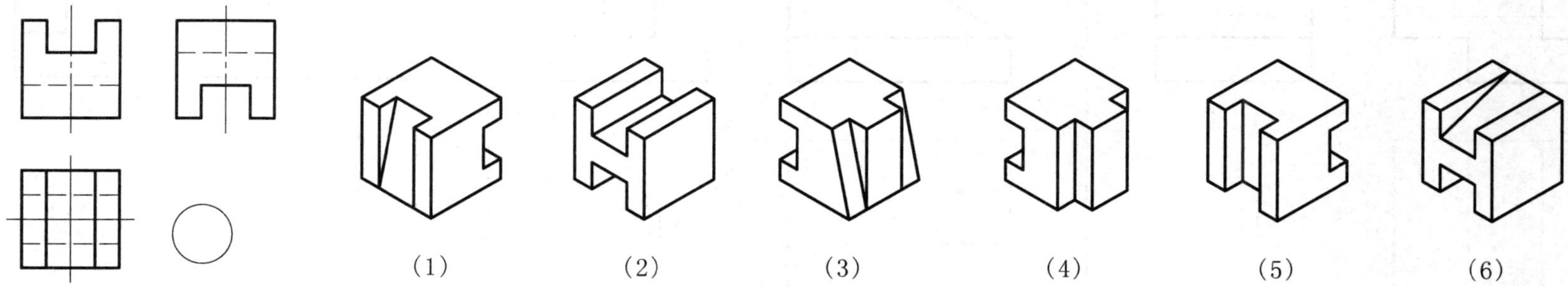

(1)　(2)　(3)　(4)　(5)　(6)

3-1-2

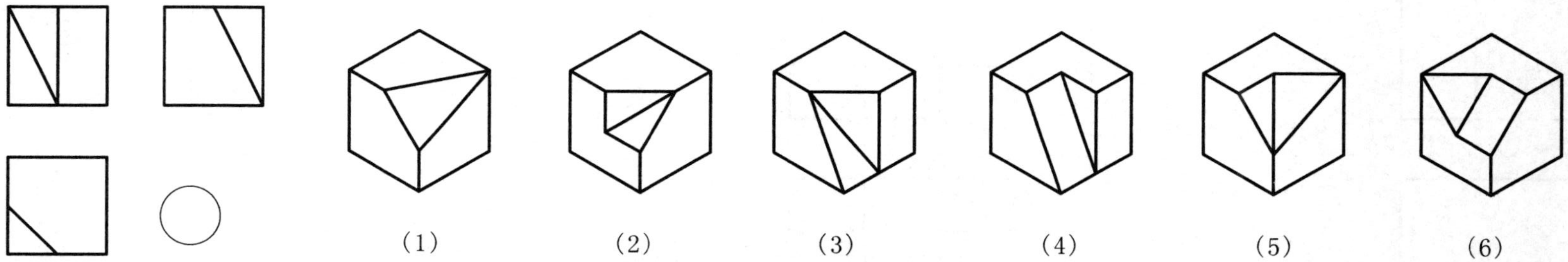

(1)　(2)　(3)　(4)　(5)　(6)

3-1-3

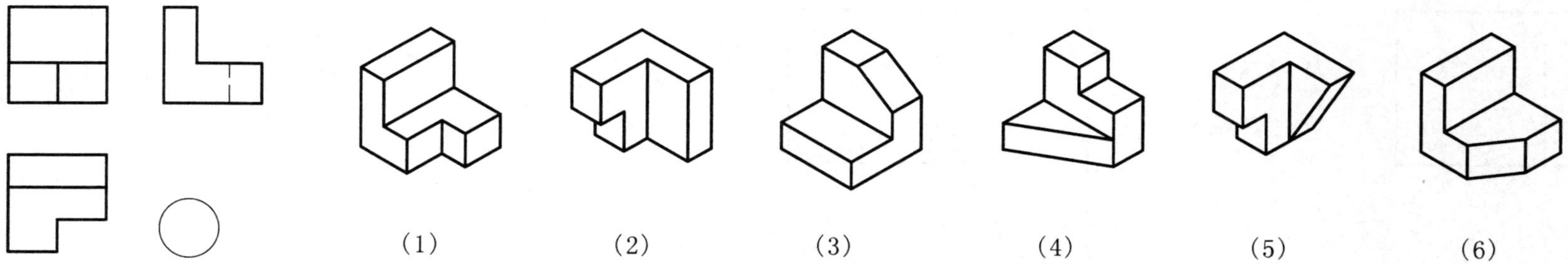

(1)　(2)　(3)　(4)　(5)　(6)

3-2　根据主、左视图想象物体的形状，找出正确的俯视图，在其编号上画√　　班级　　姓名　　学号

3-2-1

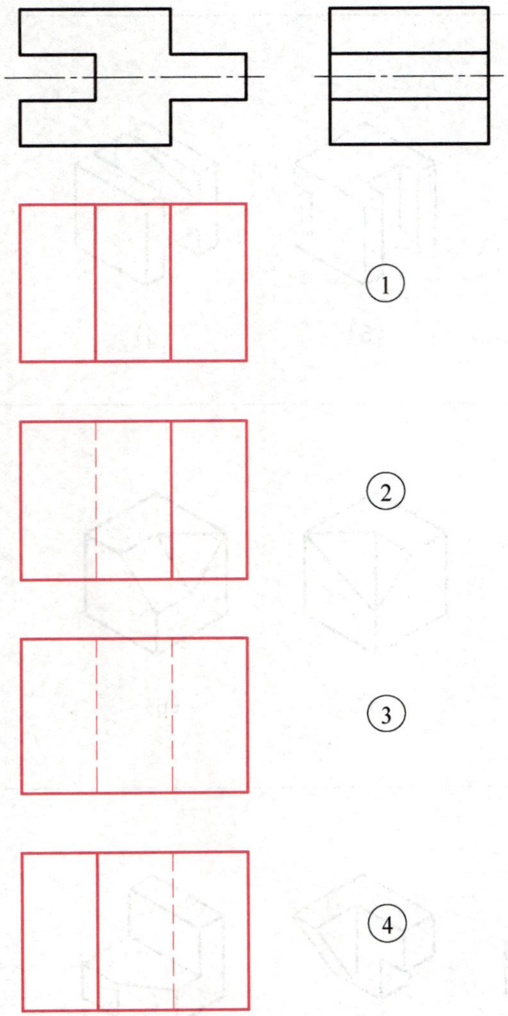

3-2-2

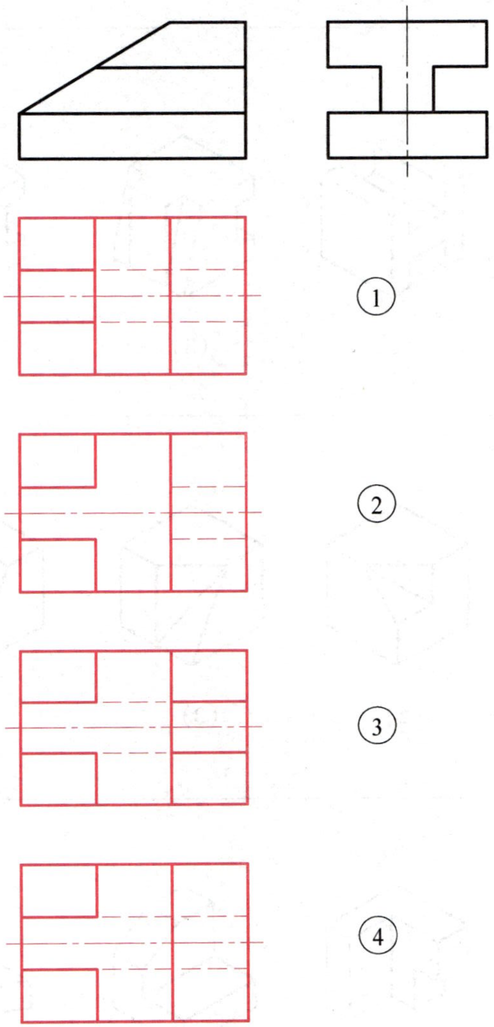

3-2-3

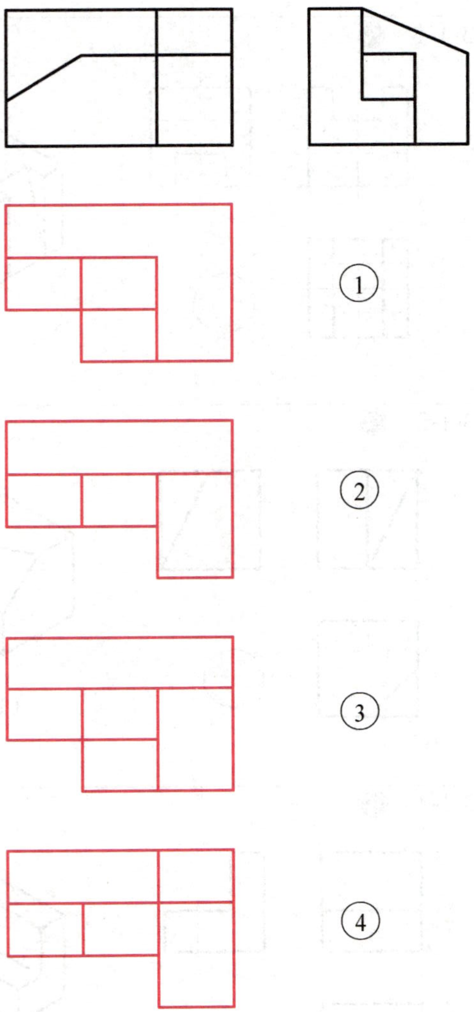

3-3 根据三视图，在右边找出相应的轴测图，并填写相应的编号　　班级　　　　姓名　　　　学号

3-3-1

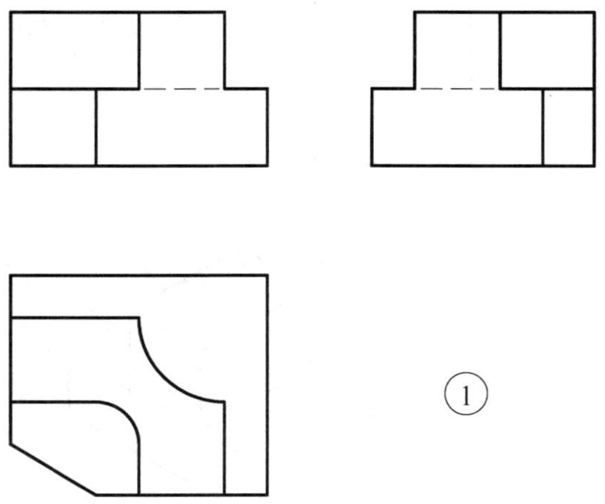

①

3-3-2

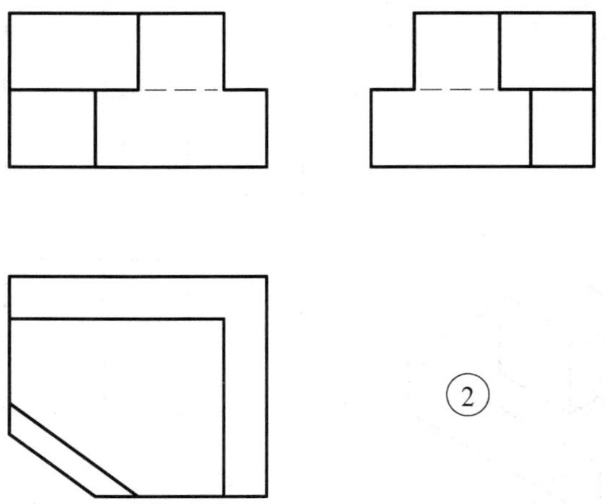

②

3-3-3

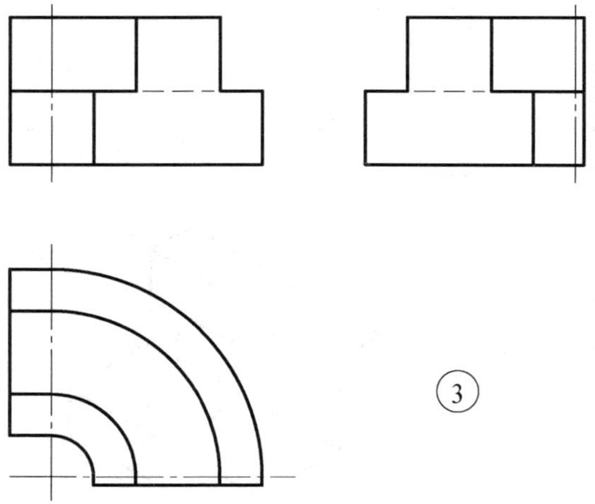

③

3-3-4

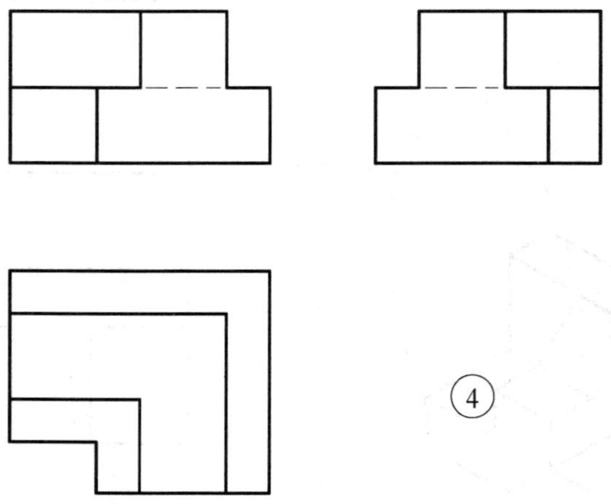

④

3-3-5

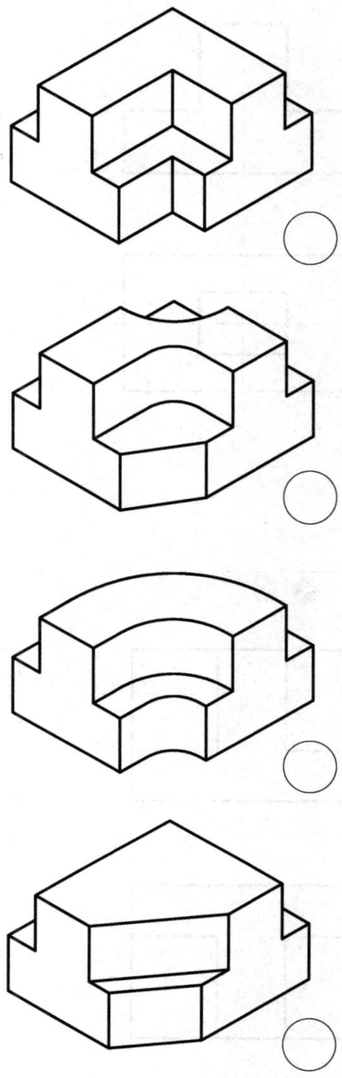

3-4 补画视图中所缺的图线（一）

班级　　　　姓名　　　　学号

3-4-1

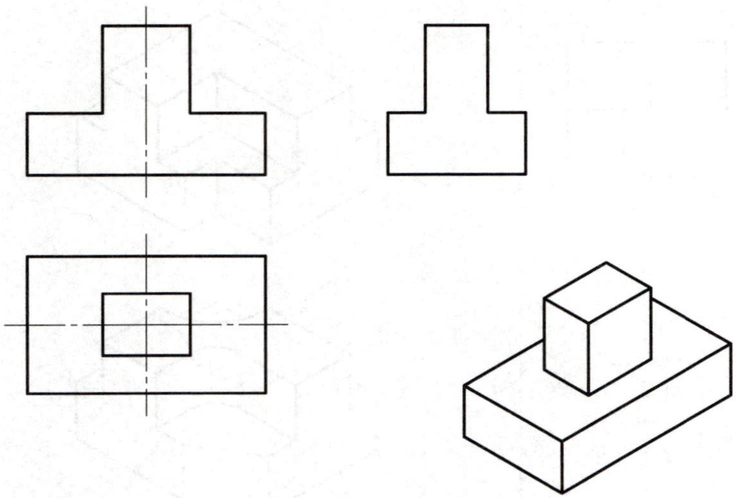

3-4-2

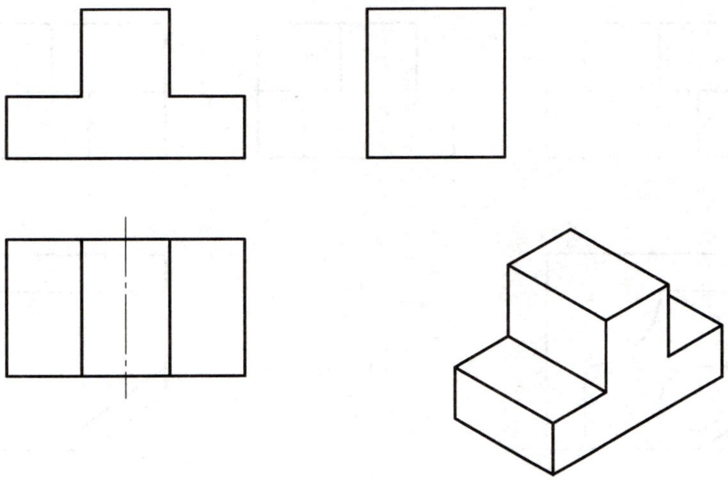

3-4-3

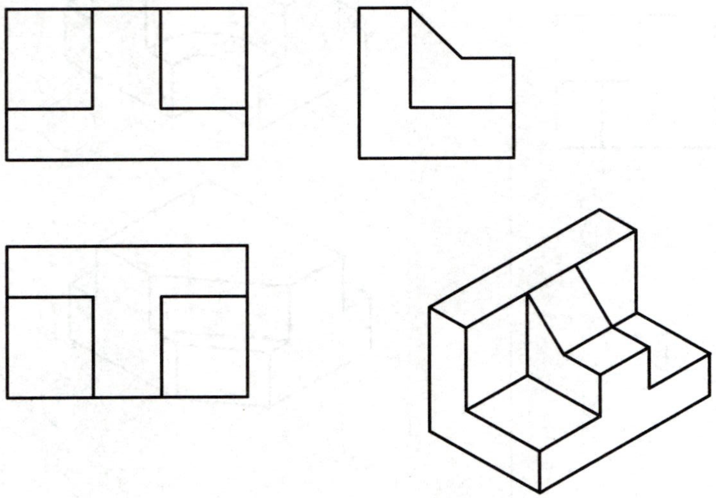

3-4-4

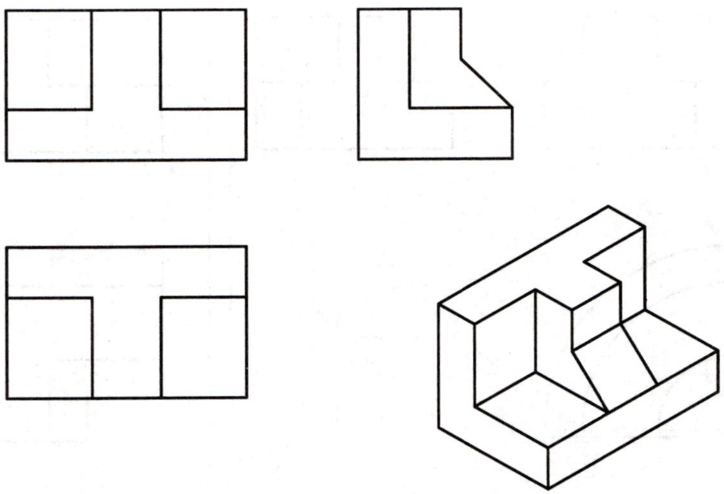

3-5 补画视图中所缺的图线（二）

班级　　　　姓名　　　　学号

3-5-1

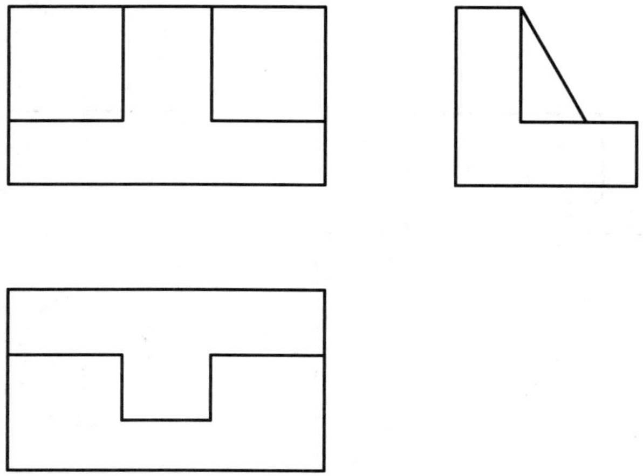

3-5-2

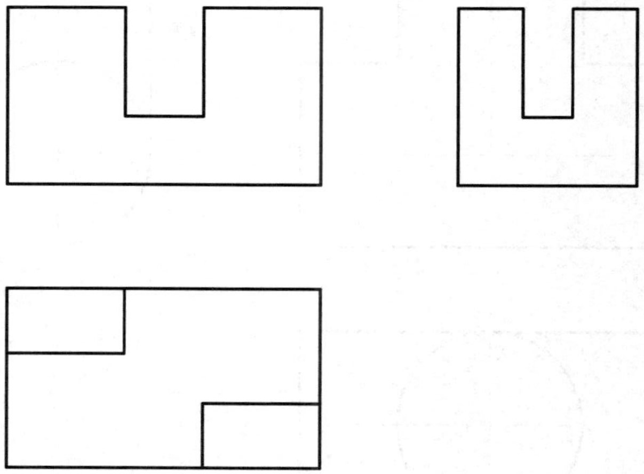

3-5-3

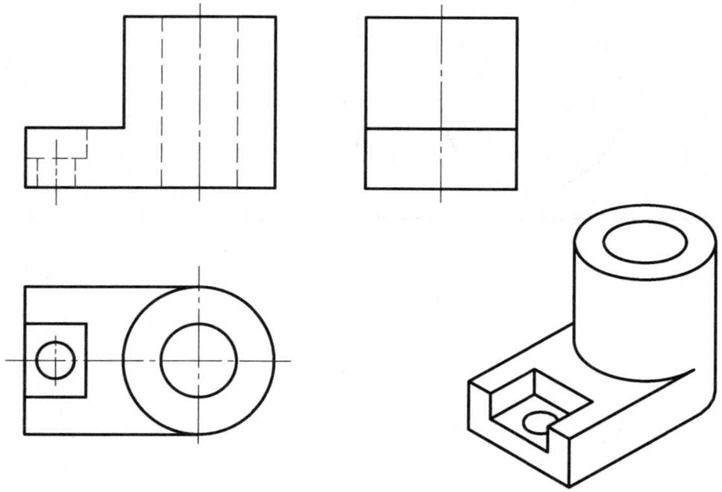

3-5-4 （参考教材图 3-5）

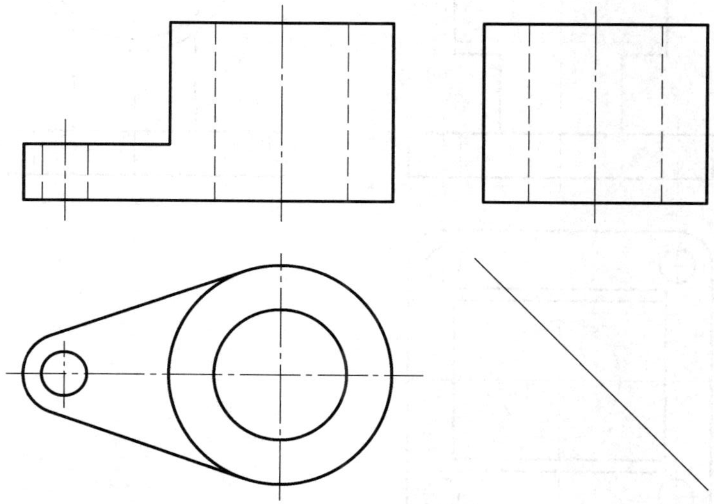

3-6 采用简化画法，补全主视图中的相贯线（一）

班级　　姓名　　学号

3-6-1

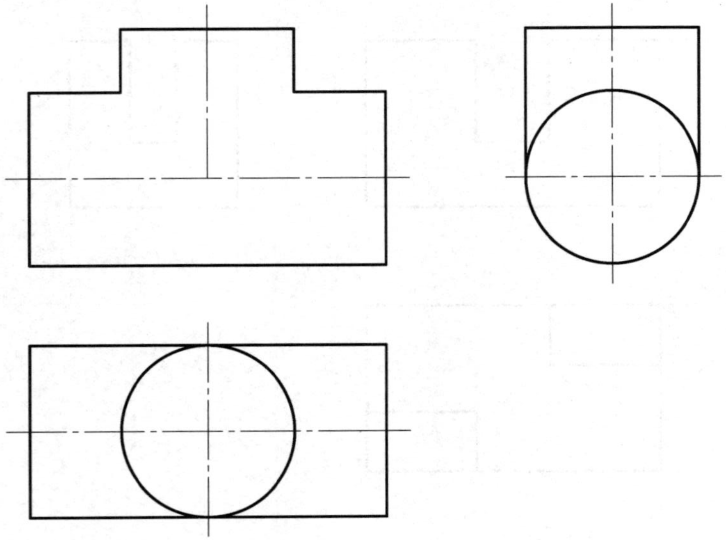

3-6-2

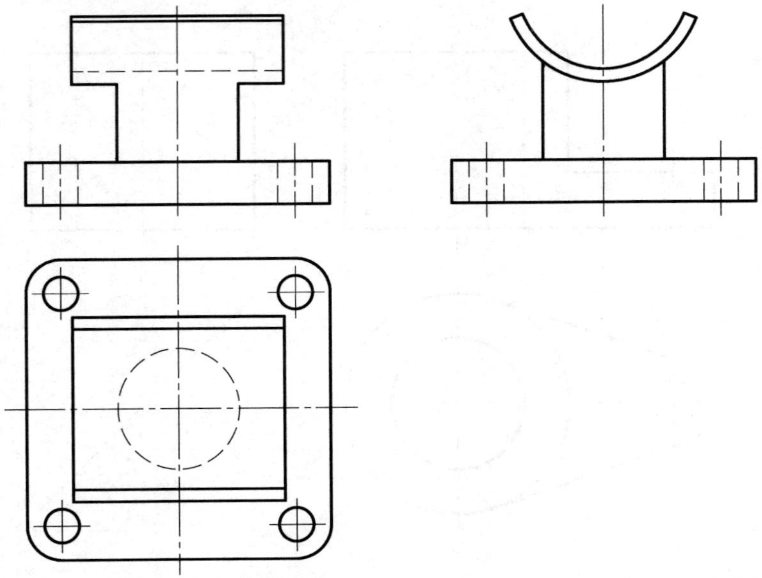

3-6-3

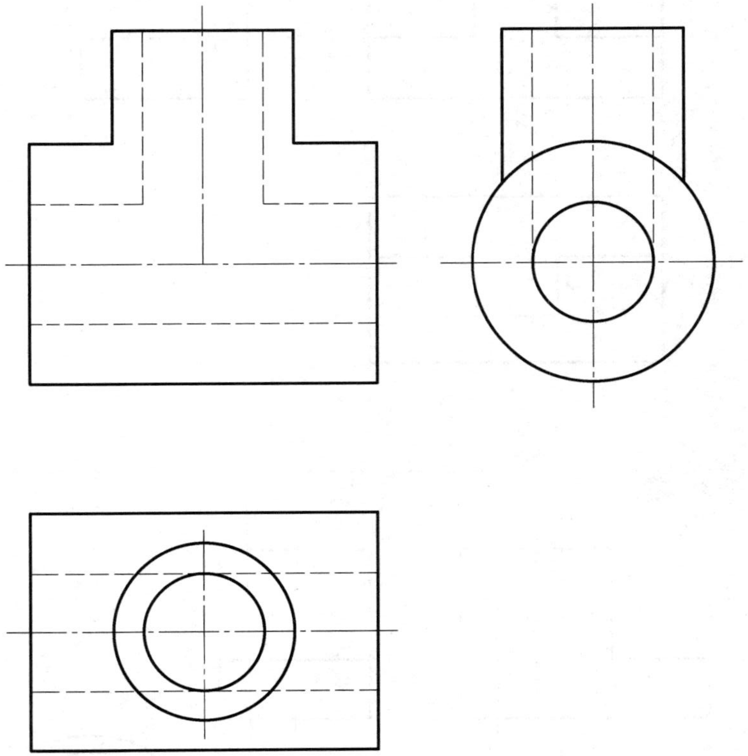

3-7 采用简化画法，补全主视图中的相贯线（二）

班级　　　　姓名　　　　学号

3-7-1

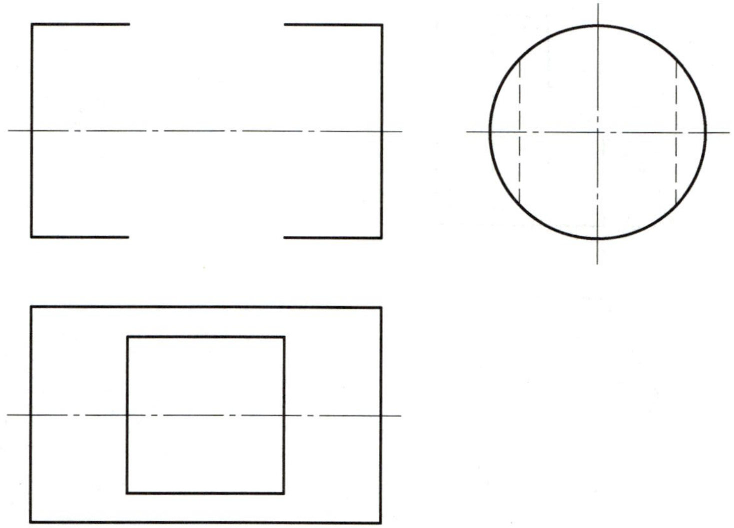

3-7-2

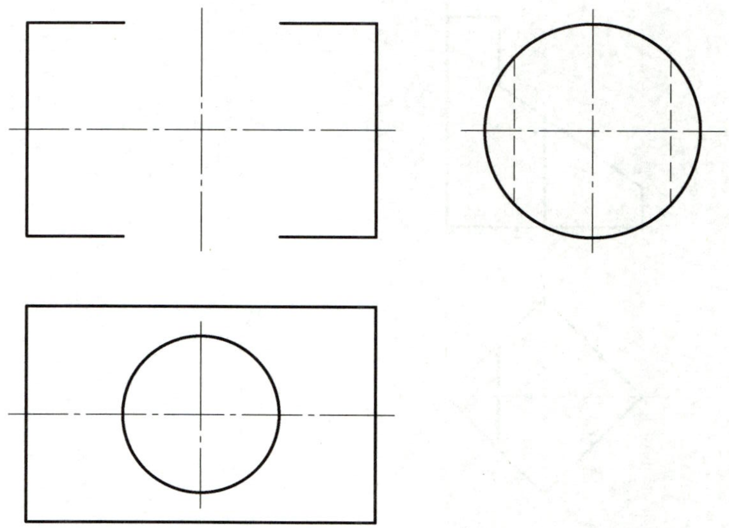

3-7-3

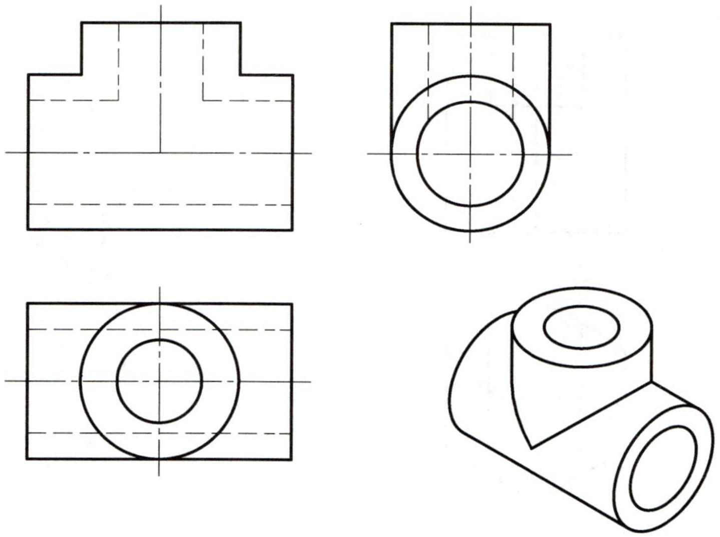

3-7-4

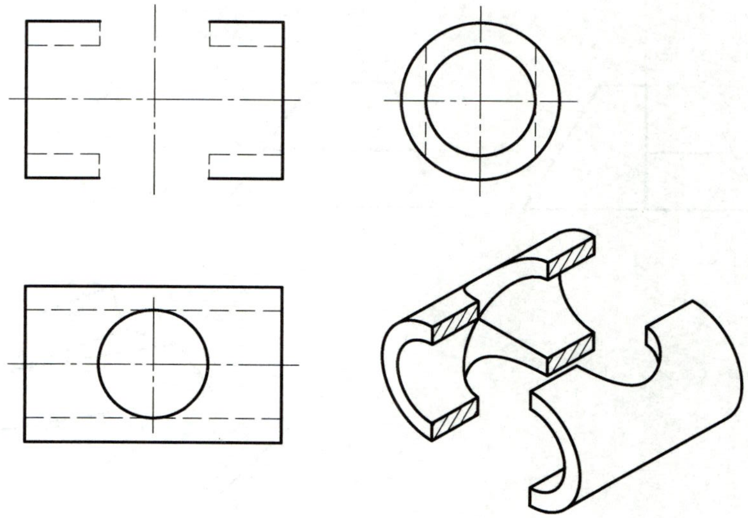

3-8 补画第三视图

班级　　姓名　　学号

3-8-1 补画左视图。

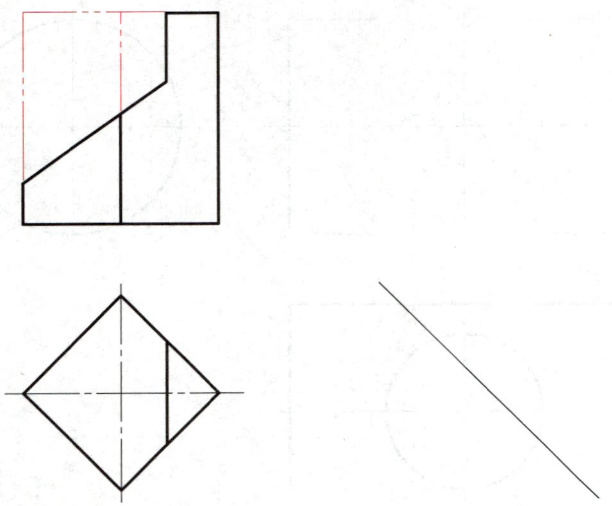

3-8-2 补画左视图。

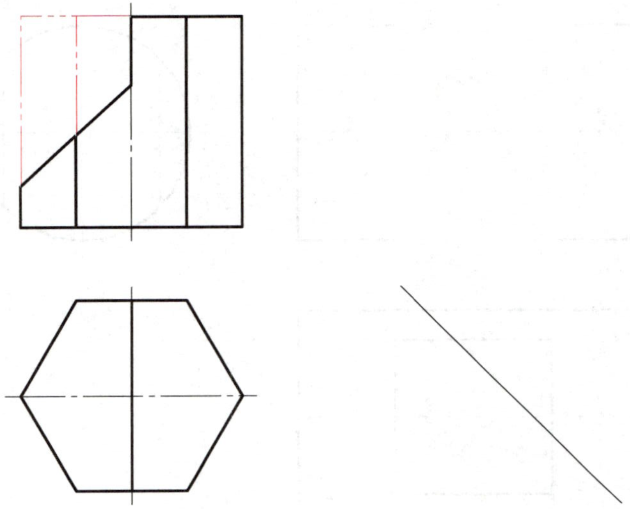

3-8-3 补画俯视图。

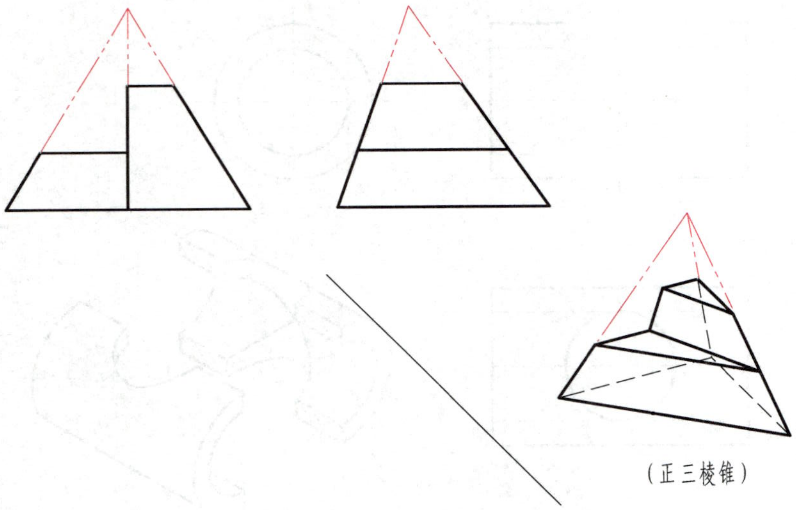

（正三棱锥）

3-8-4 补画左视图。

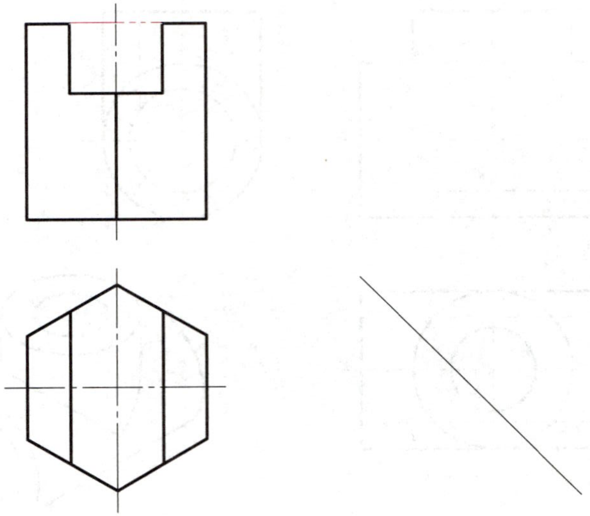

3-9 参照轴测图，补画第三视图

班级　　　　姓名　　　　学号

3-9-1 补画主视图。

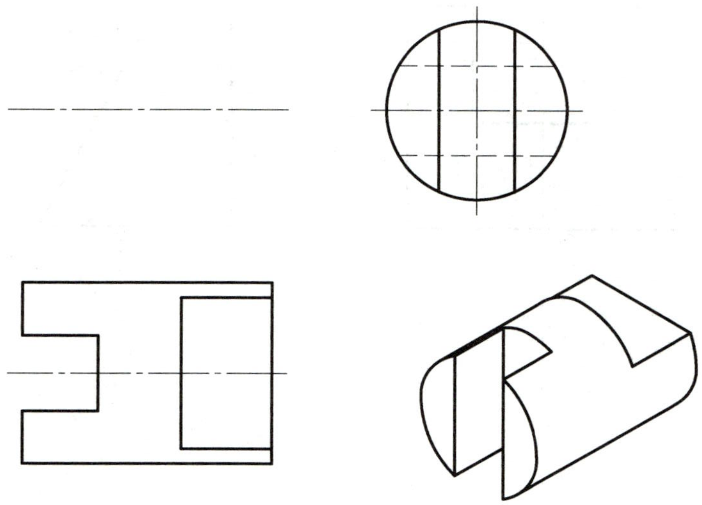

3-9-2 补画左视图。

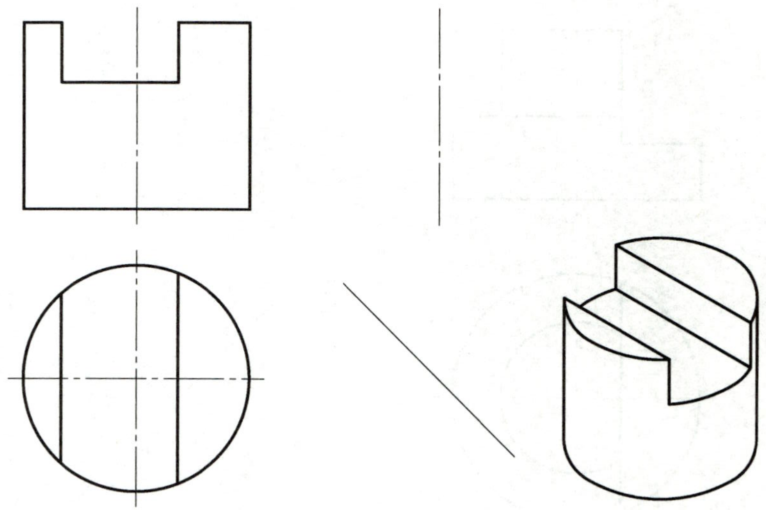

3-9-3 补画俯视图。

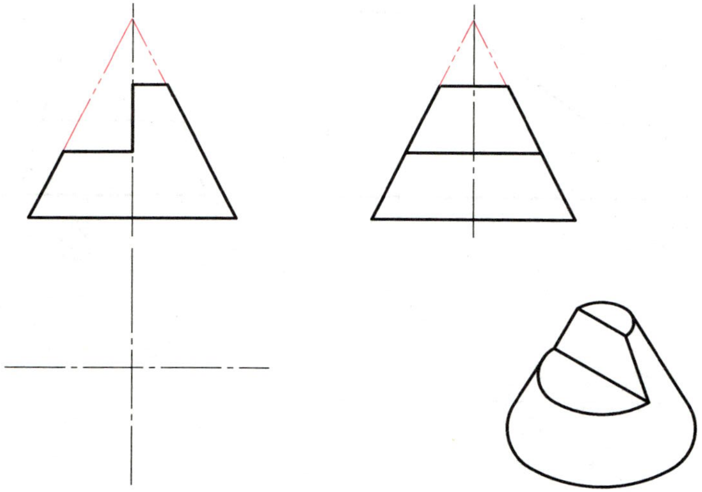

3-9-4 补画左视图。

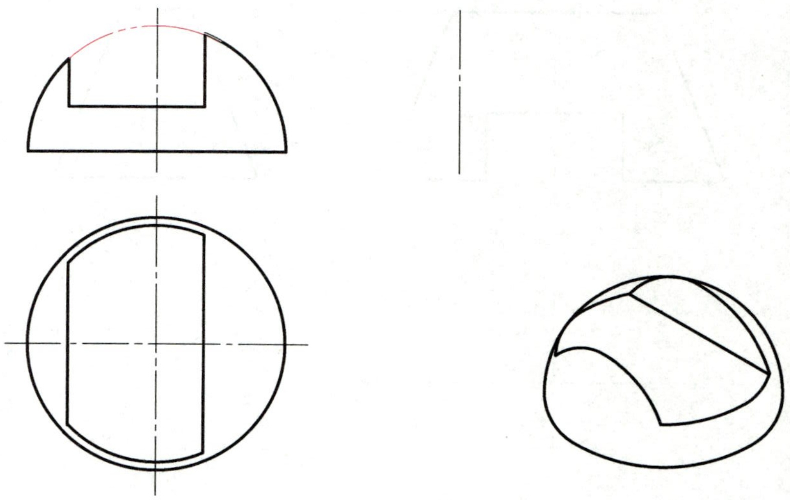

3-10 根据已知两视图，补画第三视图

班级　　　　姓名　　　　学号

3-10-1 补画左视图。

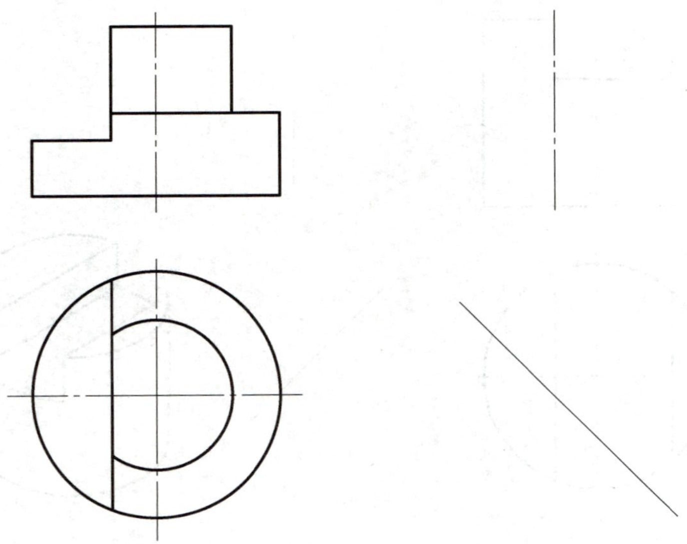

3-10-2 补画俯视图。

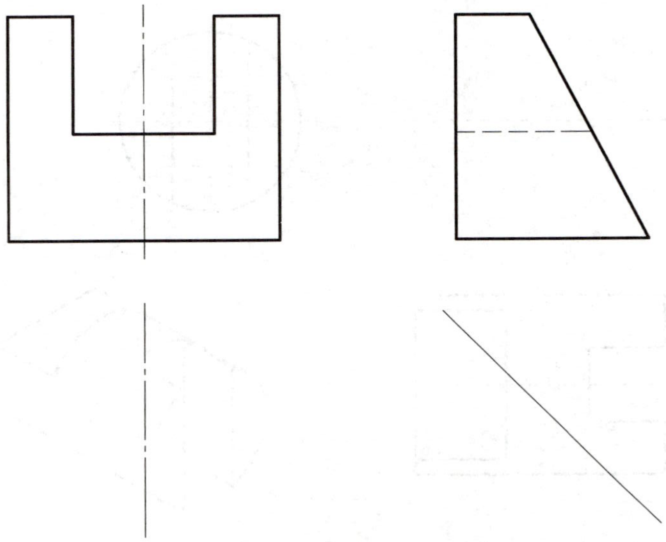

3-10-3 补画俯视图。

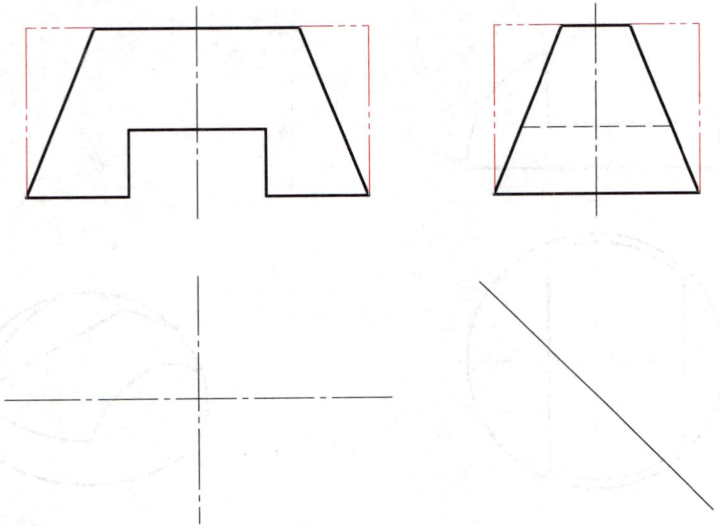

3-10-4 补画俯视图。

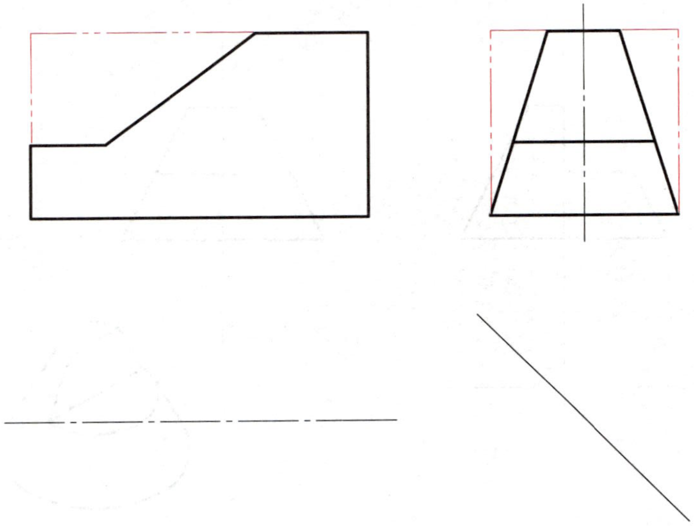

3-11 补画视图中所缺的图线

班级　　姓名　　学号

3-11-1

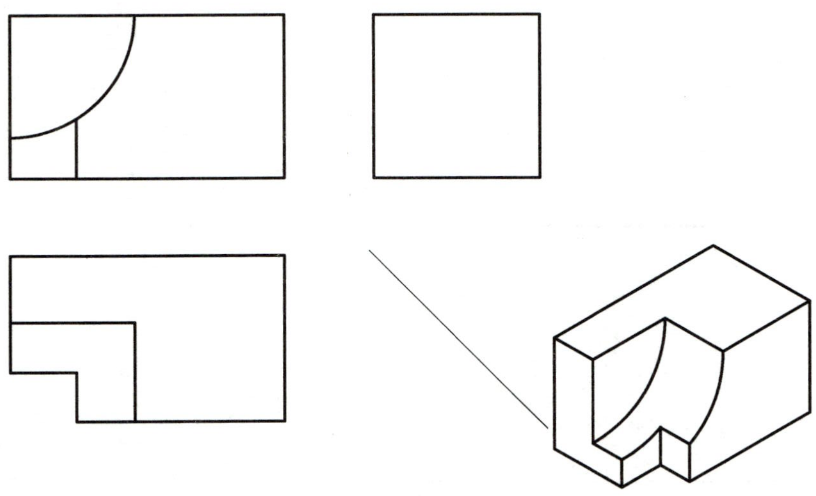

3-11-2

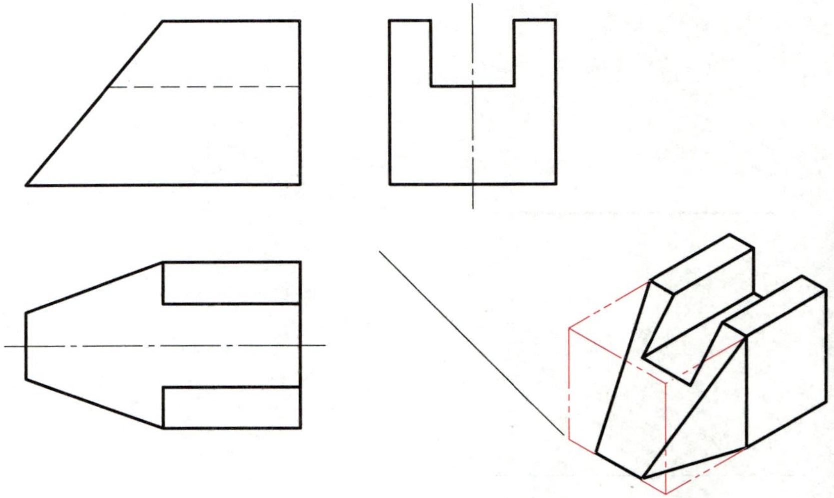

3-11-3

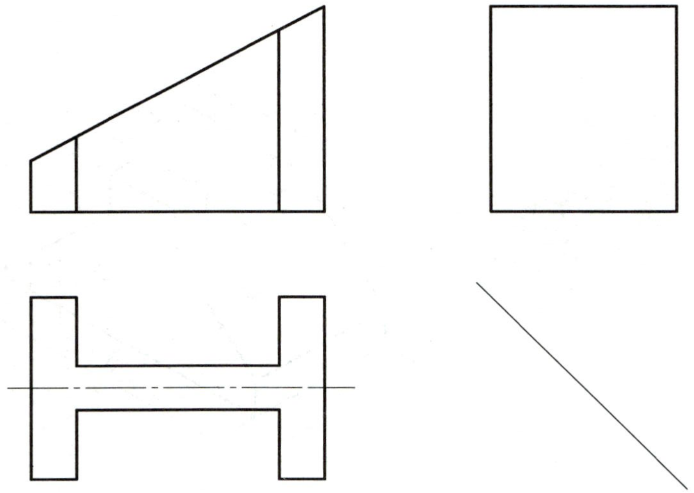

3-11-4

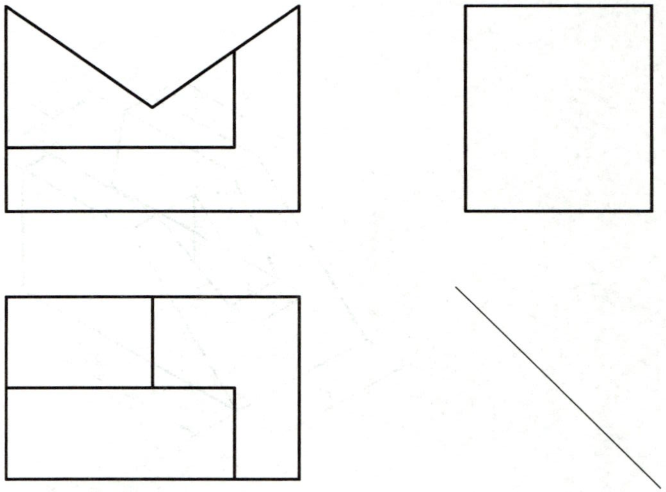

3-12 根据轴测图按 1：1 的比例画出三视图，不注尺寸（一）

班级　　姓名　　学号

3-12-1

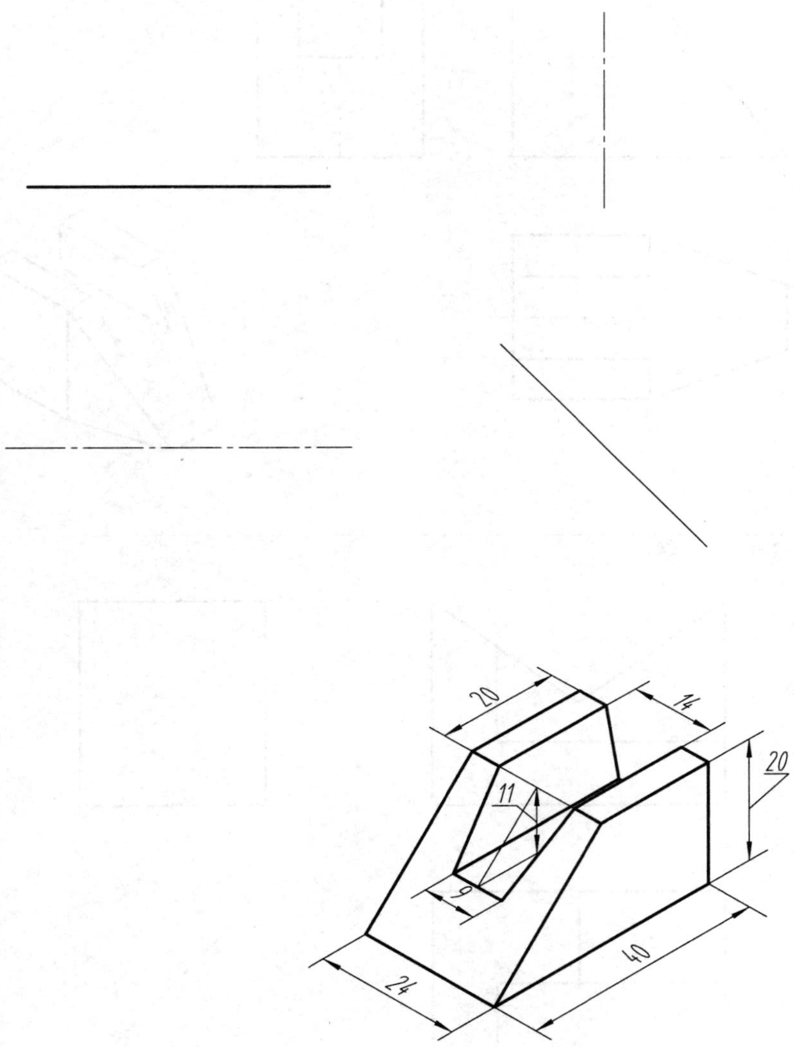

3-12-2

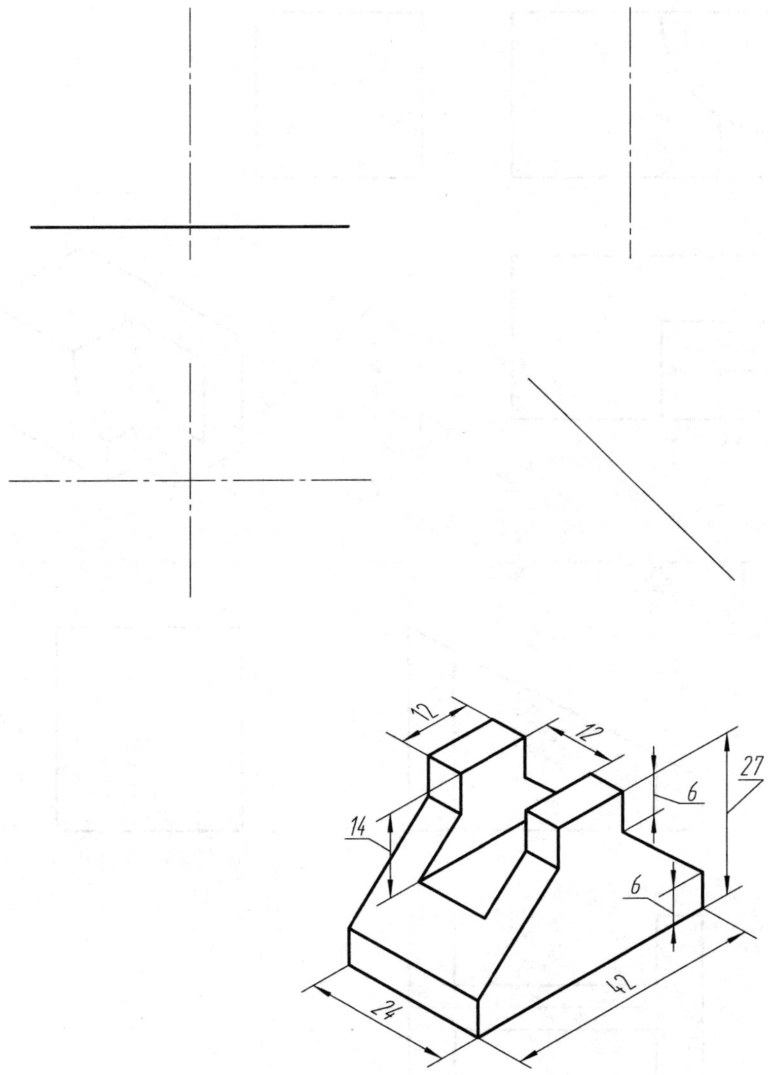

3-13 根据轴测图按 1∶1 的比例画出三视图，不注尺寸（二）

班级　　　　姓名　　　　学号

3-13-1

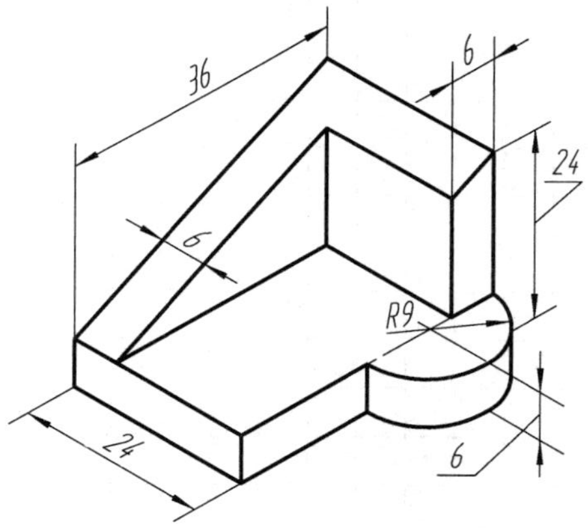

3-13-2

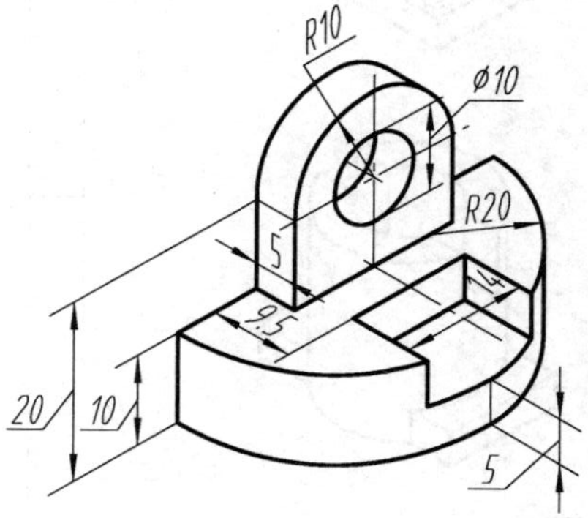

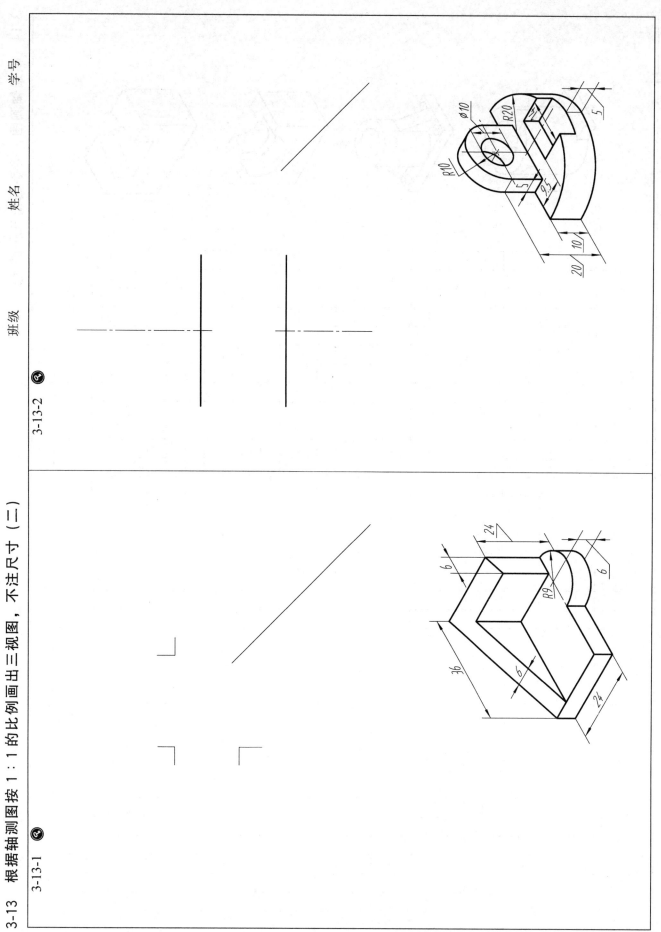

3-14 根据轴测图，徒手画出三视图

班级 姓名 学号

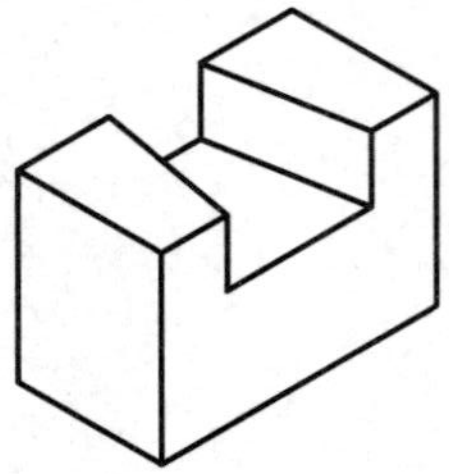

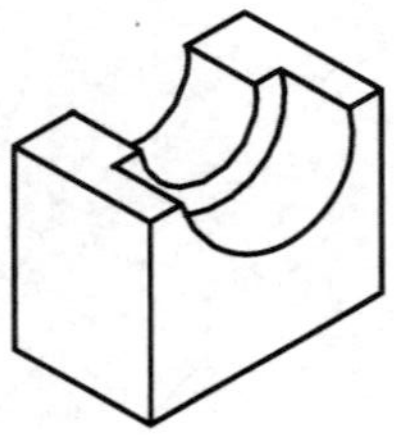

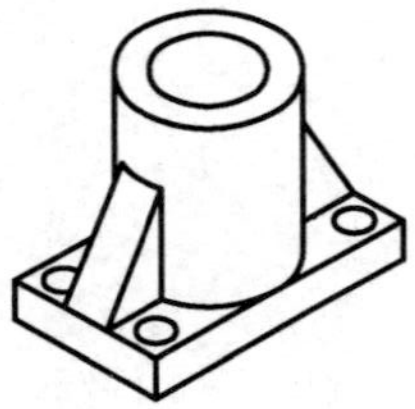

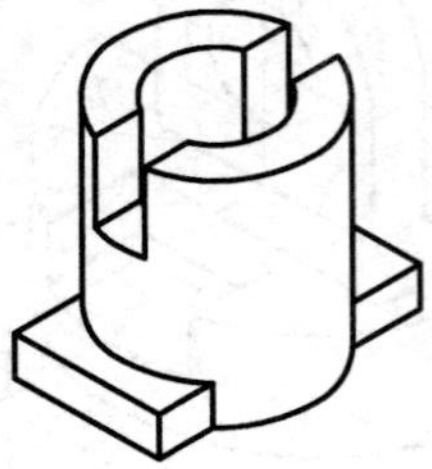

3-15 补全视图中的尺寸，尺寸数值按 1：1 从图中量取

班级　　　　姓名　　　　学号

3-15-1

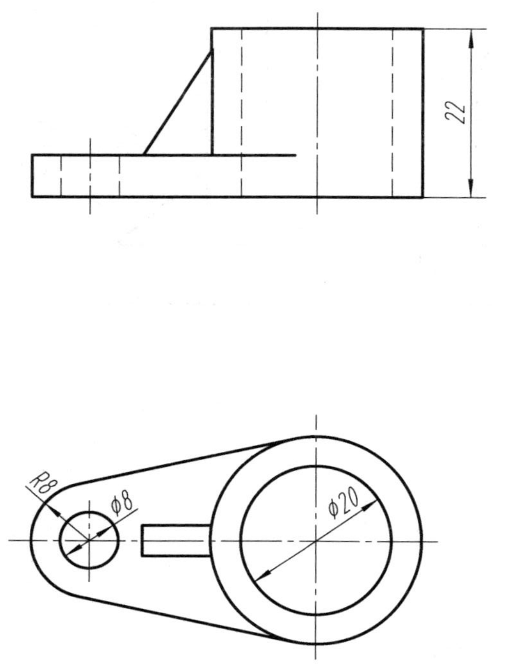

3-15-2

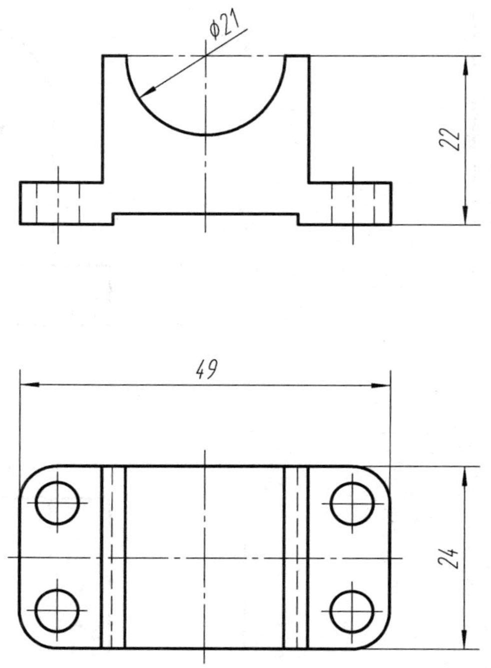

3-15-3

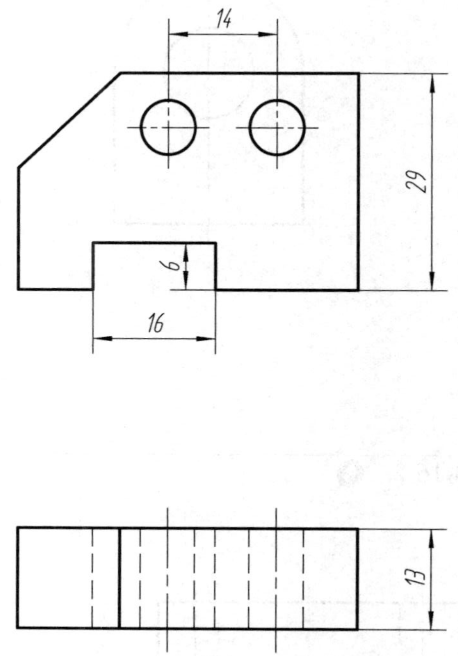

3-16 标注下列物体的尺寸，尺寸数值从图中量取整数

班级　　姓名　　学号

3-16-1

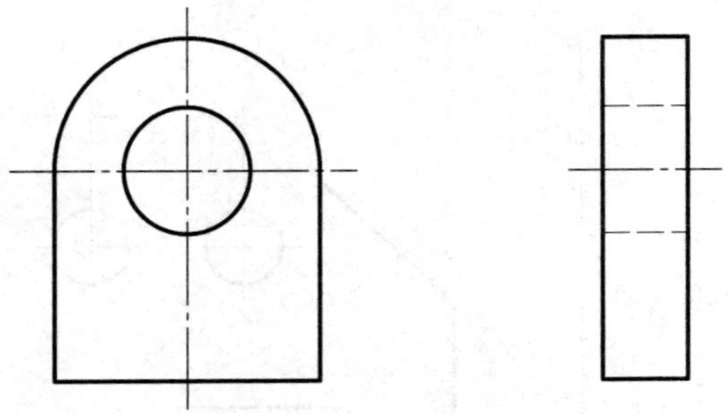

3-16-2

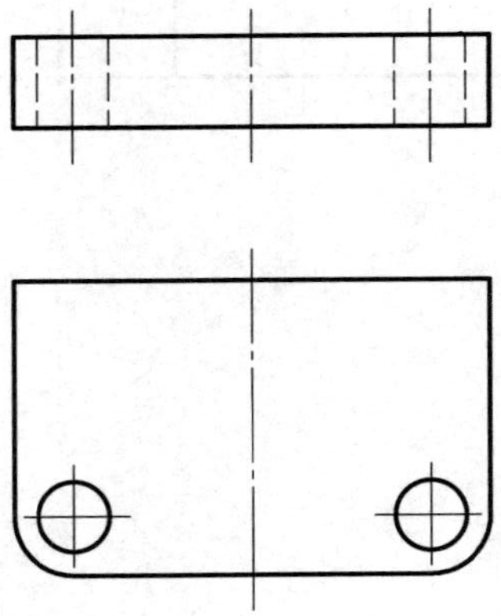

3-16-3

3-16-4

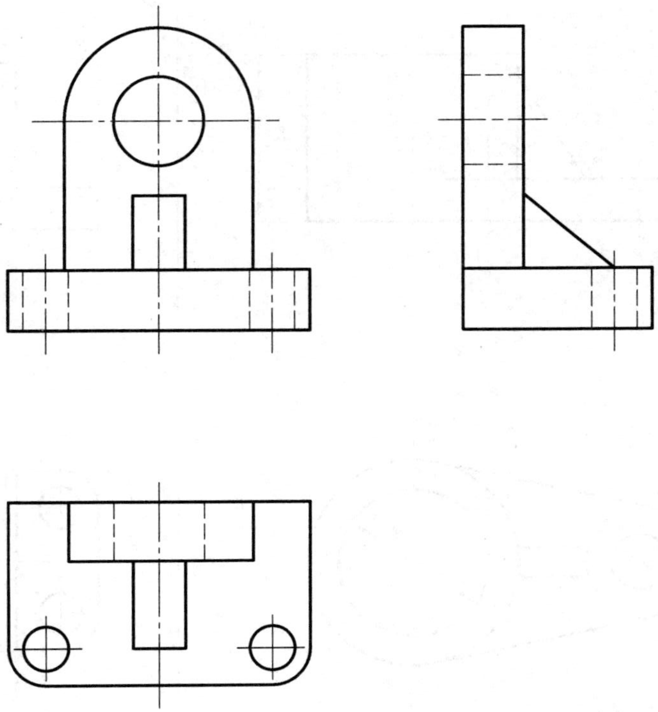

3-17 标注组合体的尺寸，尺寸数值从图中量取整数（一）

班级　　　　姓名　　　　学号

3-17-1

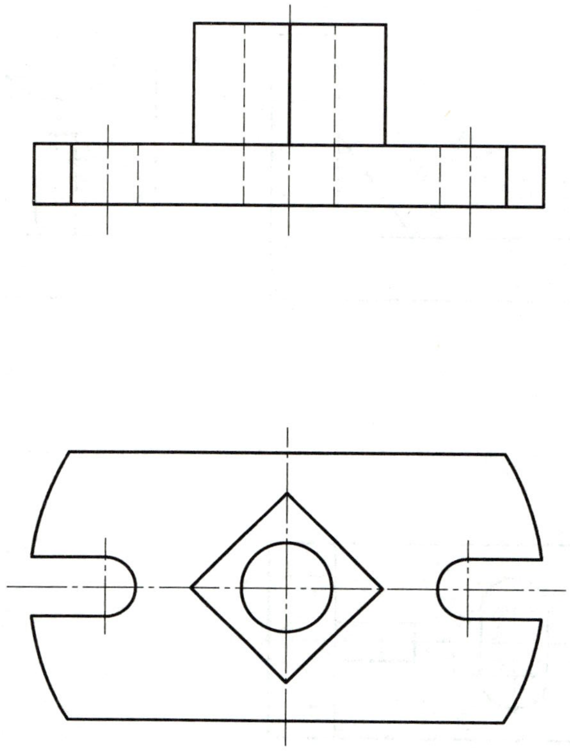

3-17-2

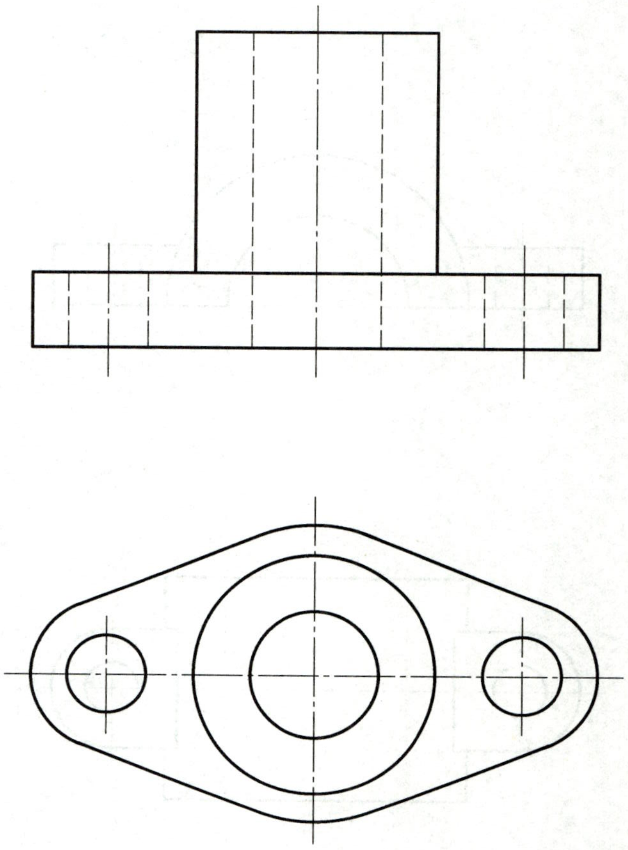

3-18 标注组合体的尺寸，尺寸数值从图中量取整数（二）

班级　　姓名　　学号

3-18-1

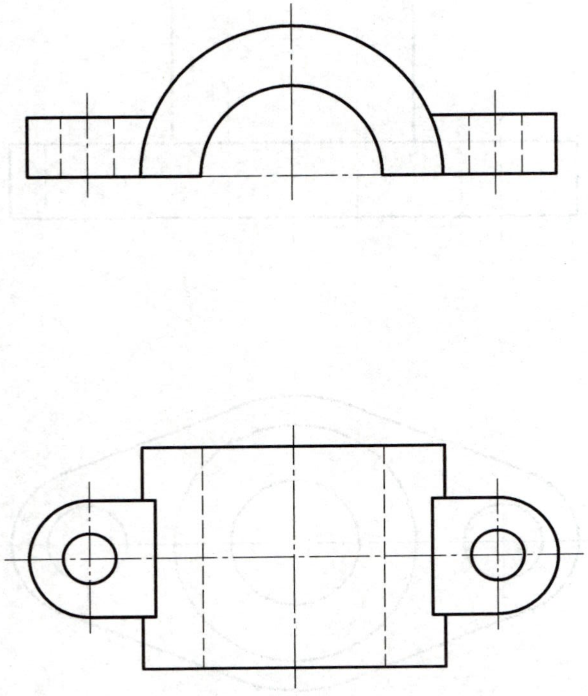

3-18-2

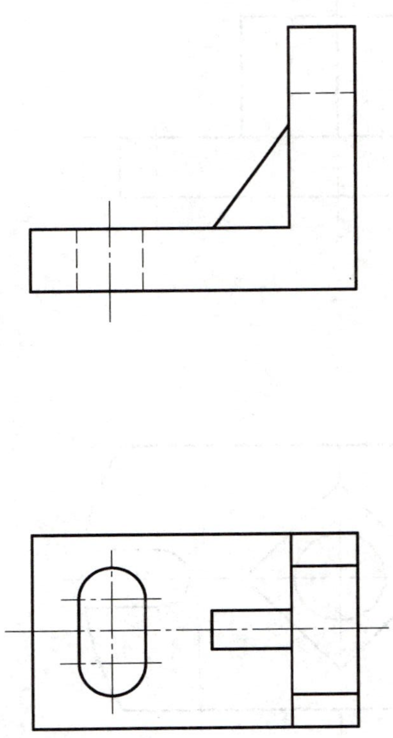

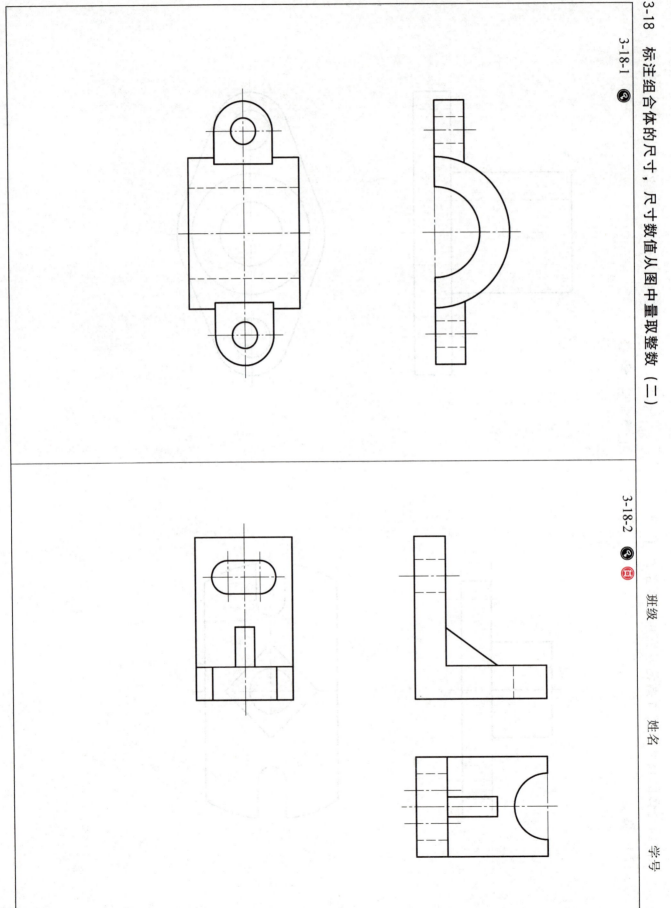

3-19　尺规图作业（组合体三视图）

作业指导书（三）

一、作业目的

掌握根据组合体模型（或轴测图）画三视图并标注尺寸的方法，提高尺规绘图的技能。

二、内容与要求

1）根据组合体模型（或轴测图）画三视图，并标注尺寸。

2）用 A3 或 A4 图纸，自己确定绘图比例。

三、注意事项

1）图形布置要匀称，并要留出标注尺寸的位置。先依据图纸幅面、绘图比例和组合体的总体尺寸大致布图，再画出作图基准线（如组合体的底面、顶面或端面，对称中心线等），确定三个视图的具体位置。

2）要正确地运用形体分析法，按组合体的各组成部分，一部分、一部分地同步画出底稿，以提高绘图速度。不要先画出一个完整的视图，再画另一个视图。

3）在进行形体分析的基础上，选定尺寸基准，并按三类尺寸的要求标注尺寸。所注的尺寸，要力争做到正确、完整、清晰。

4）由模型度量尺寸时，量得的小数要化为整数。

5）标注尺寸时，不要照搬轴测图上的尺寸注法。

四、图例（抄画图例见右图，轴测图图例见下页）

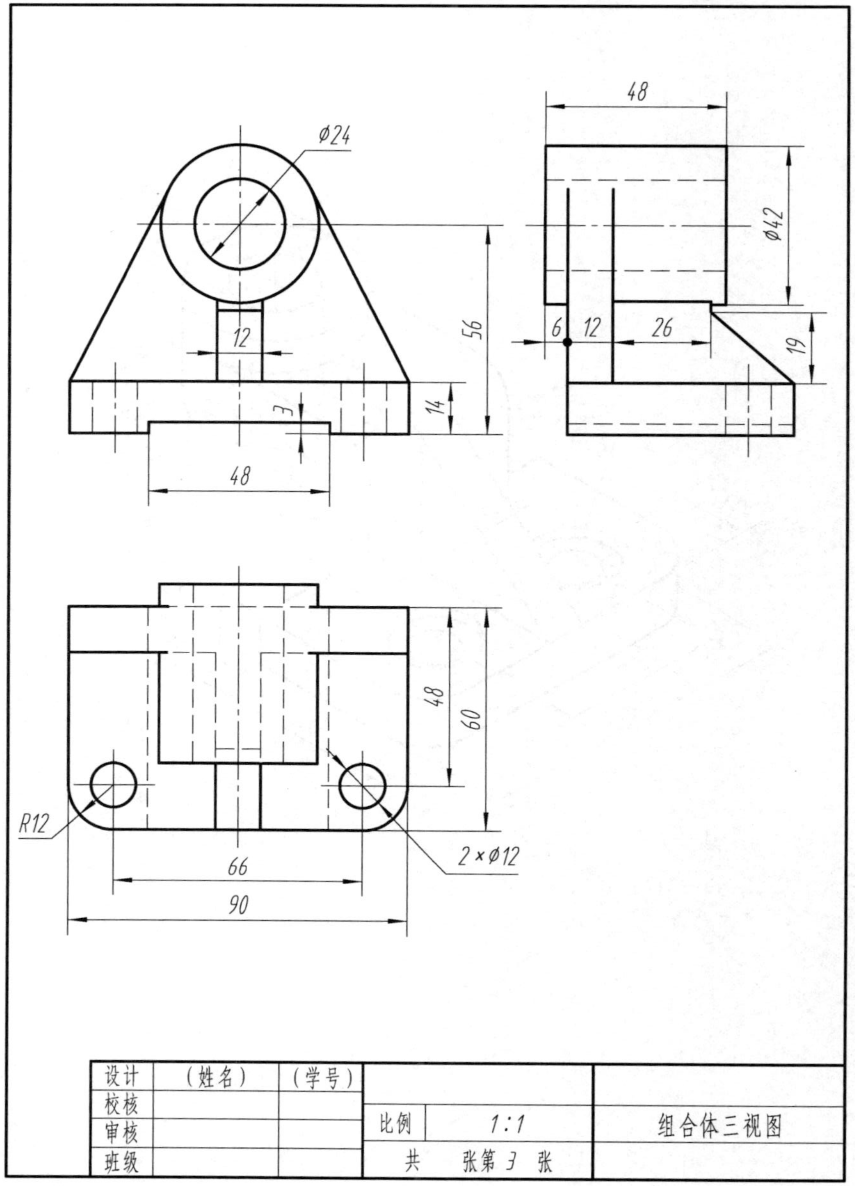

3-20 组合体三视图作业图例

3-20-1

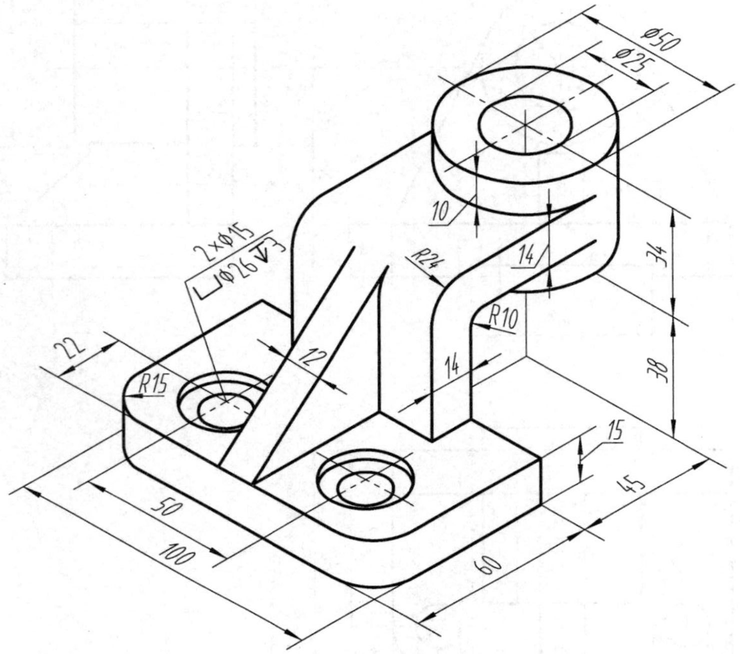

3-20-2

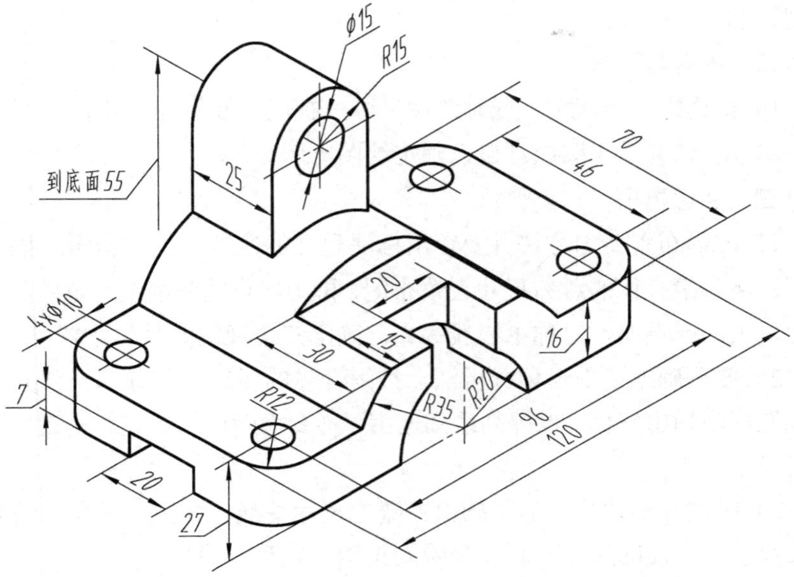

3-21 补画第三视图

3-21-1 补画俯视图。

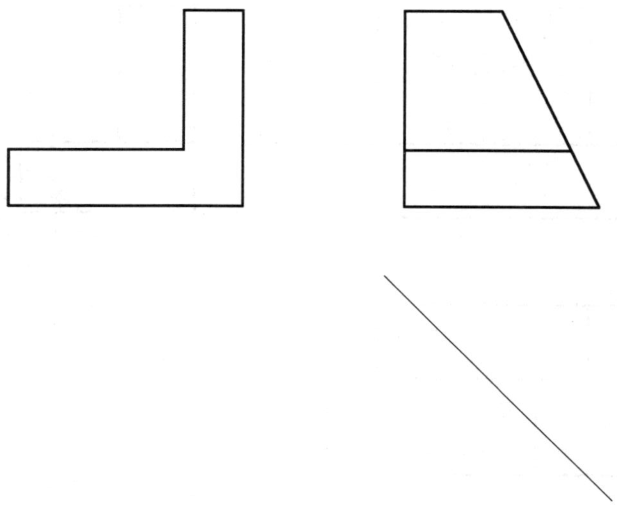

3-21-2 补画左视图。

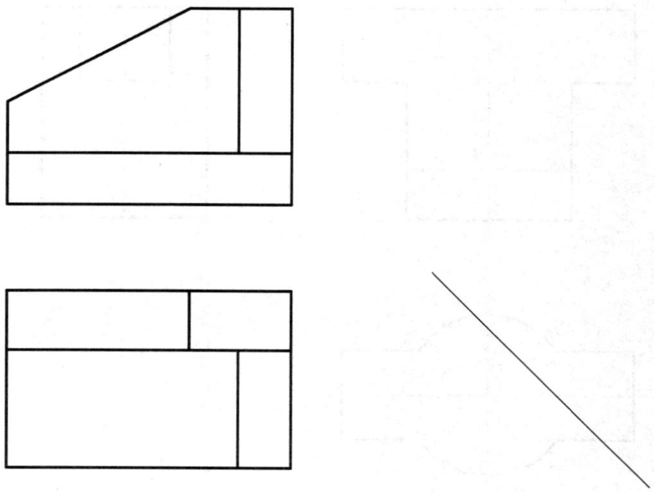

3-21-3 补画俯视图。

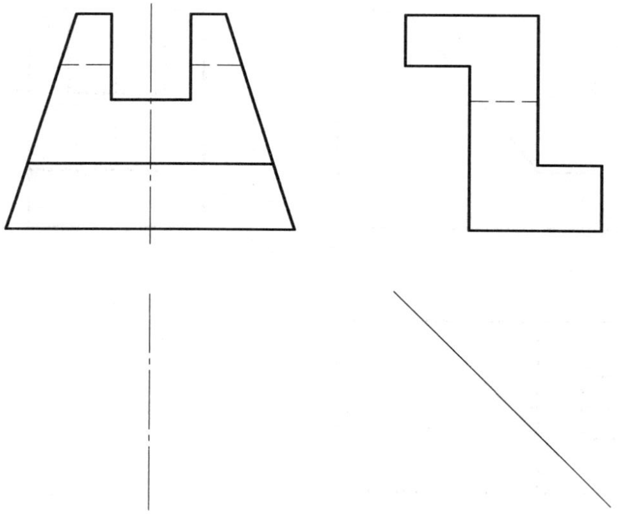

3-21-4 补画主视图。

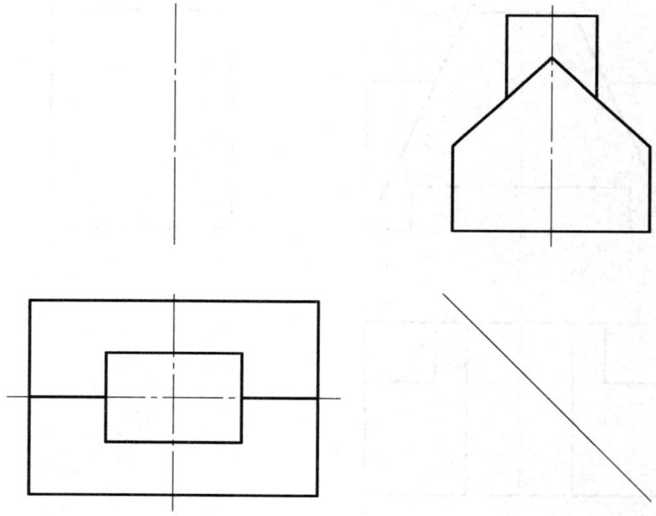

3-22 补画视图中所缺的图线（一）

班级　　　　姓名　　　　学号

3-22-1

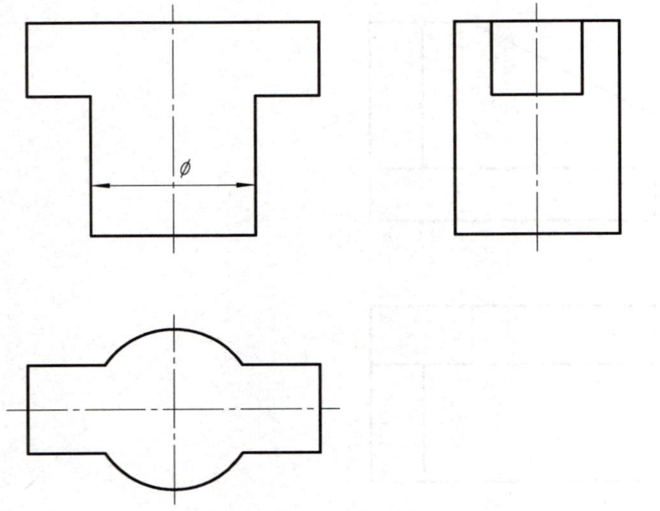

3-22-2

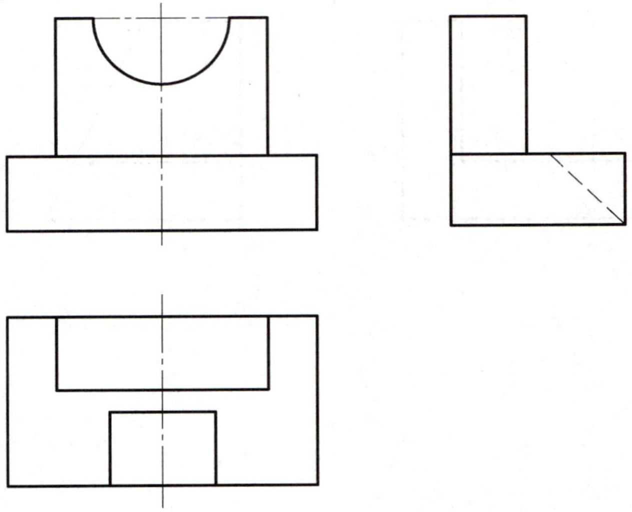

3-22-3

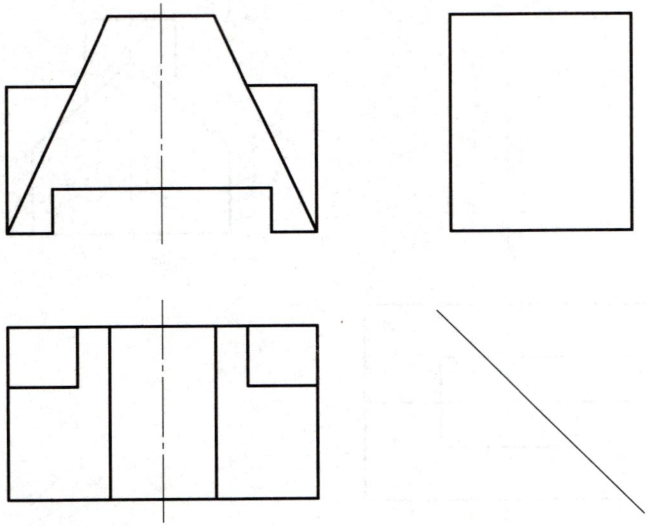

3-22-4

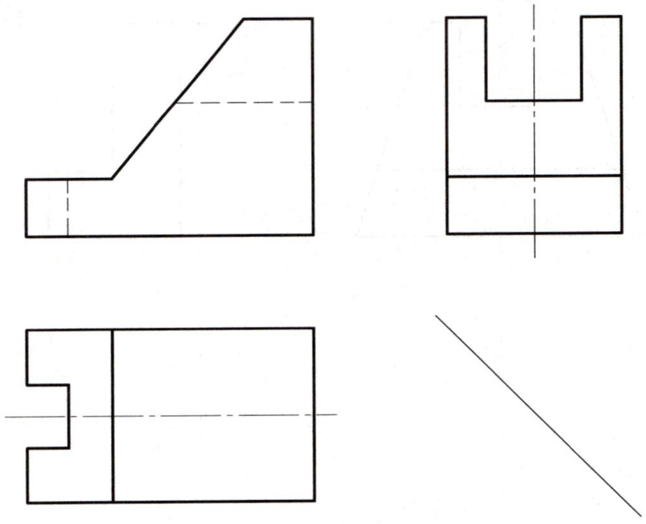

3-23 补画视图中所缺的图线（二）

班级　　　　姓名　　　　学号

3-23-1

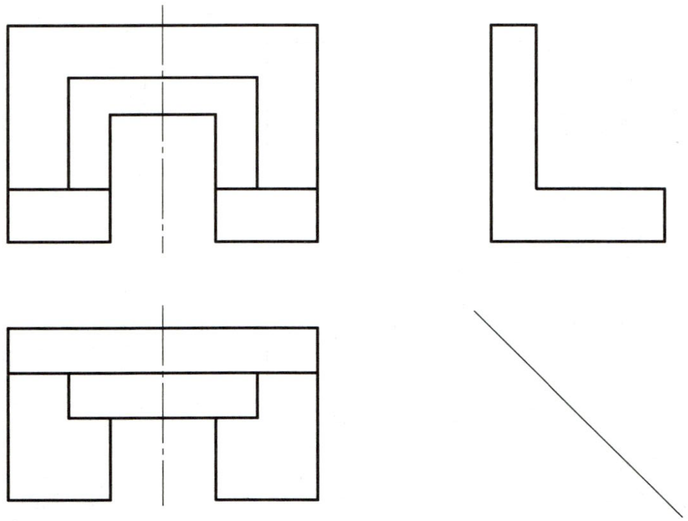

3-23-2

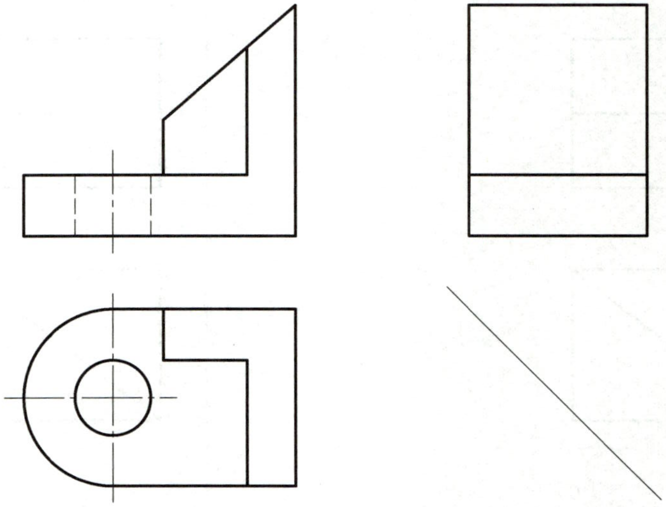

3-23-3

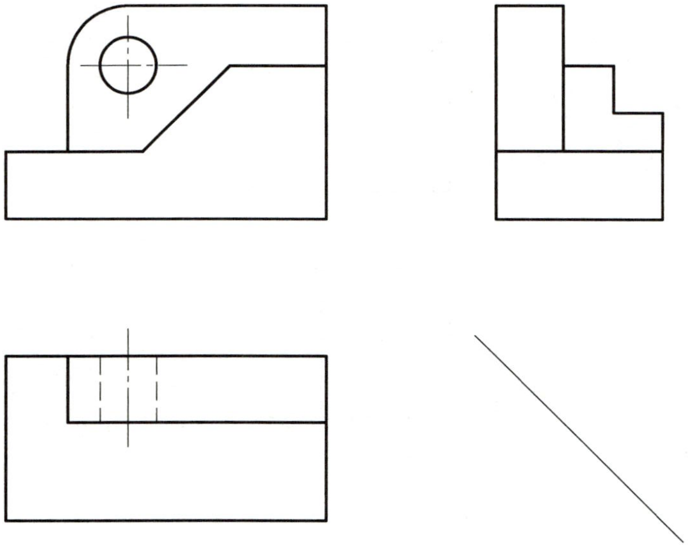

3-23-4

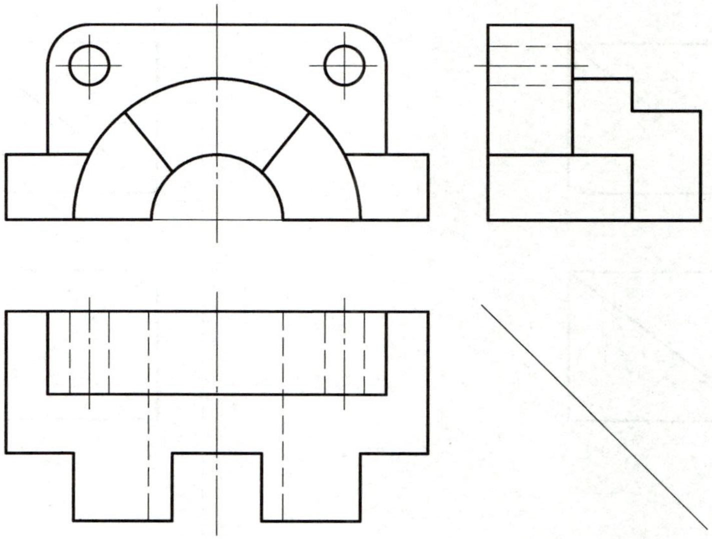

3-24 根据两视图补画第三视图，答案不唯一，通过勾画轴测图帮助思考

班级 姓名 学号

3-24-1

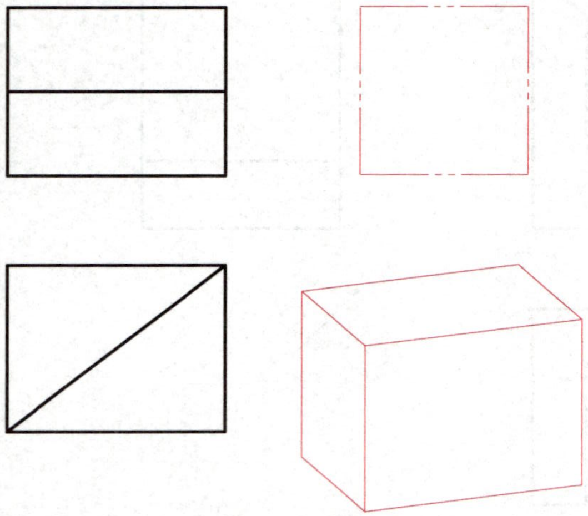

3-24-2

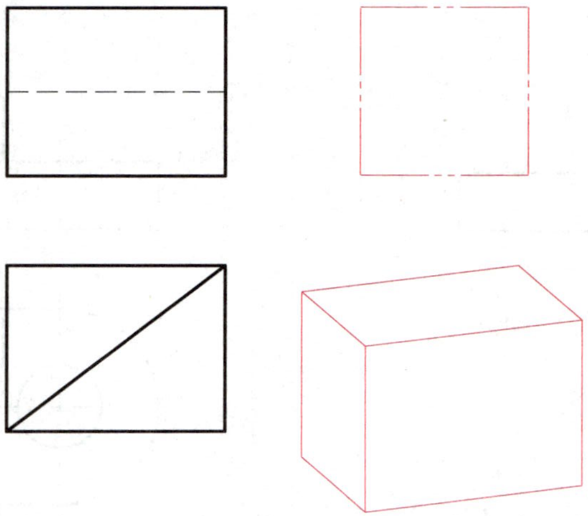

3-24-3

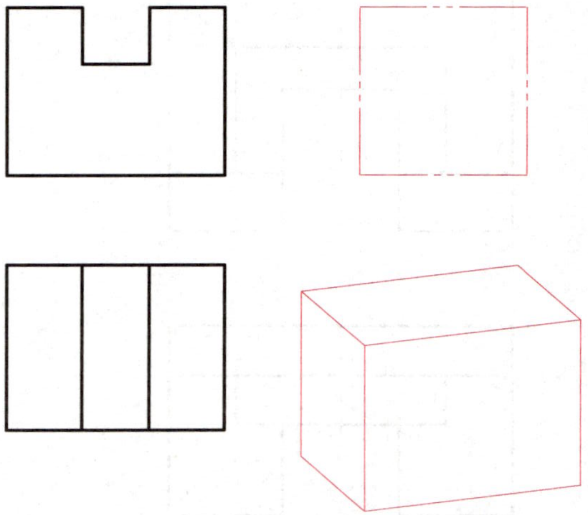

3-24-4

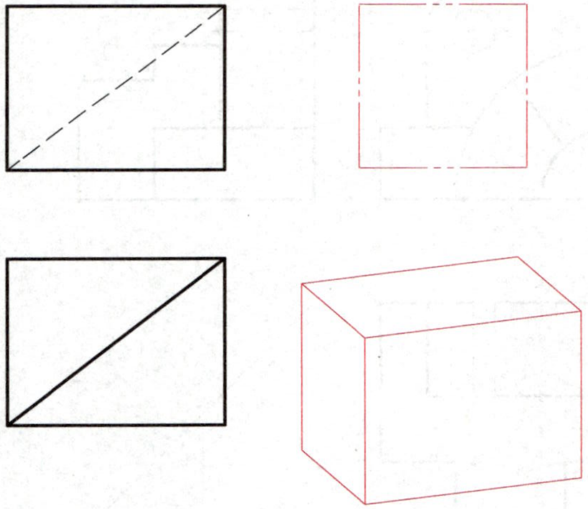

3-24-5

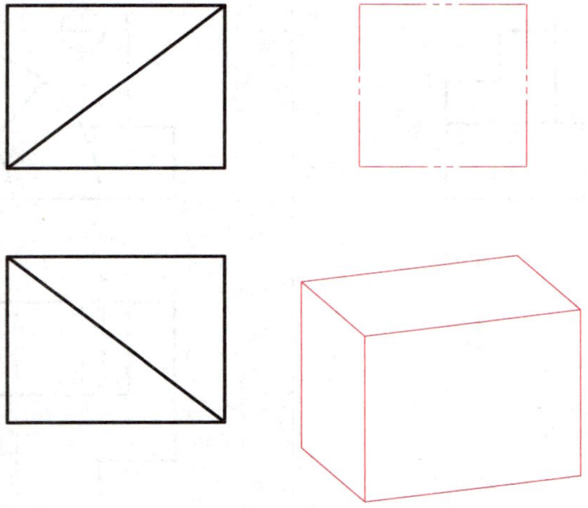

3-24-6

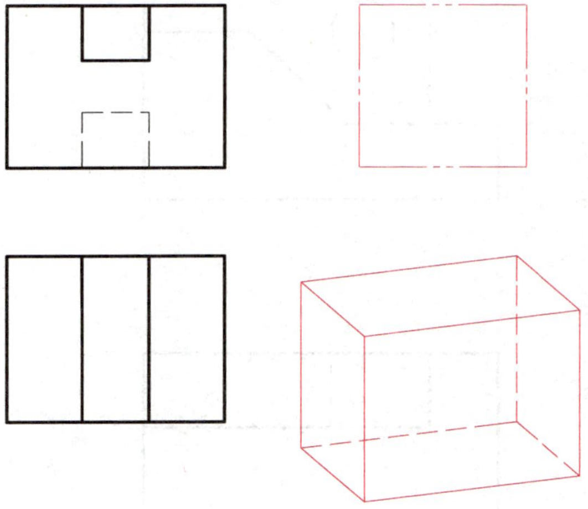

第四章　物体的表达方法

4-1　基本视图的画法及标注

班级　　　　姓名　　　　学号

4-1-1　根据已知三视图，补画右、仰、后视图，并按规定标注。

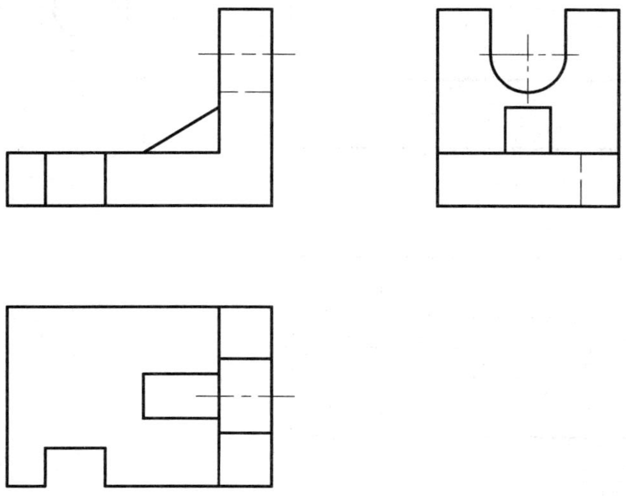

4-1-2　找出右、仰、后视图，并按规定标注。

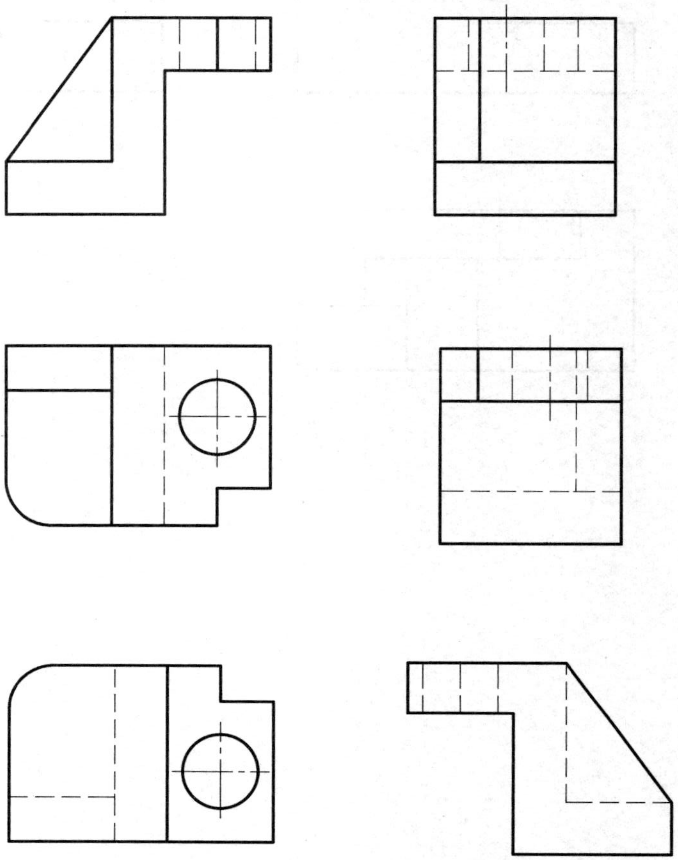

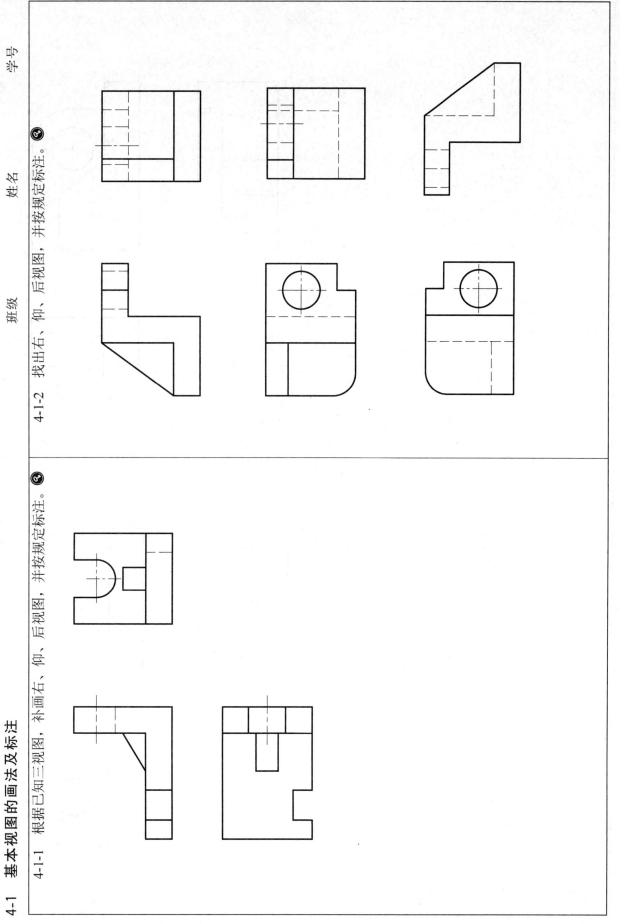

4-2 根据主、左、俯三个视图，补画右、仰、后视图，并按规定标注

班级　　姓名　　学号

4-2-1

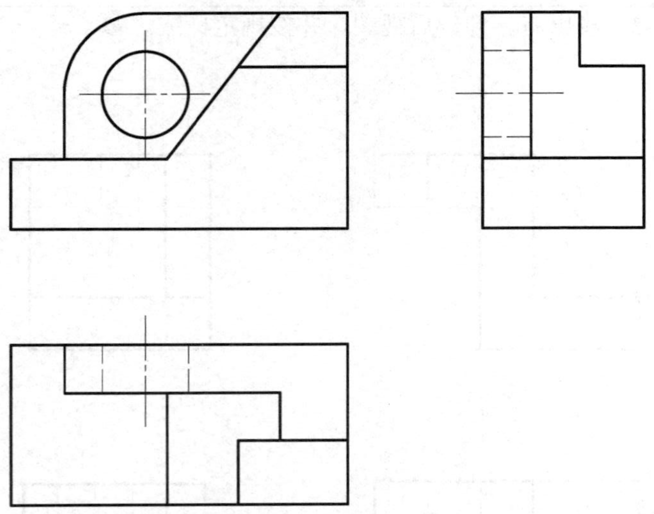

4-2-2

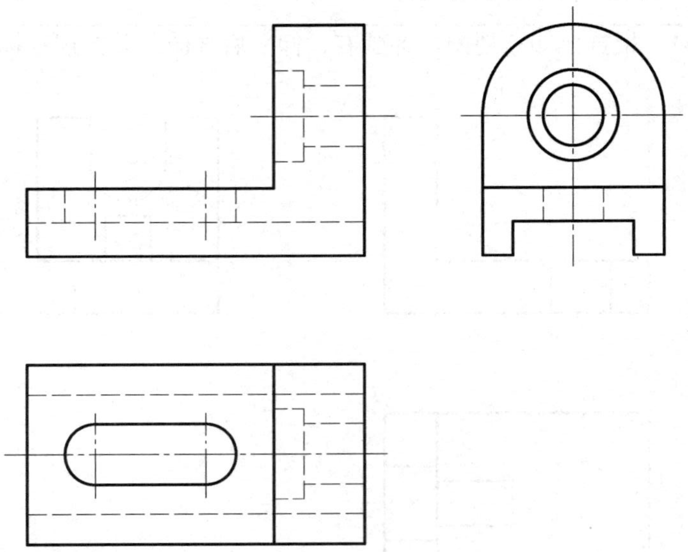

4-3 按箭头所指，画出斜视图（可旋转配置），并按规定标注（一）

班级　　　　姓名　　　　学号

4-3-1

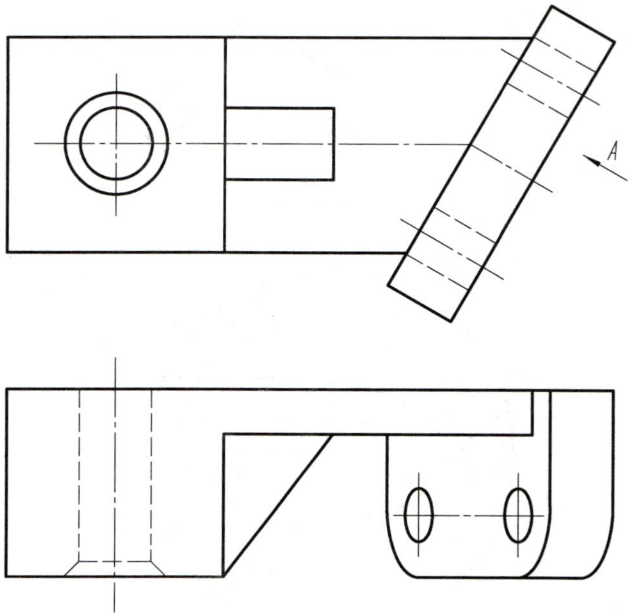

4-3-2

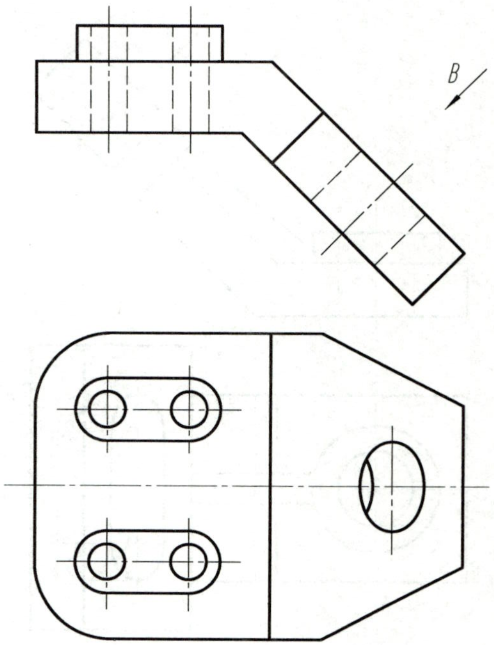

4-4 按箭头所指，画出斜视图（可旋转配置），并按规定标注（二）

班级　　姓名　　学号

4-4-1

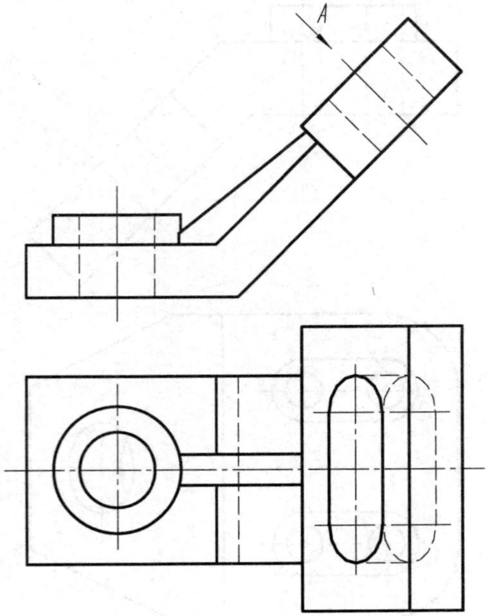

4-4-2

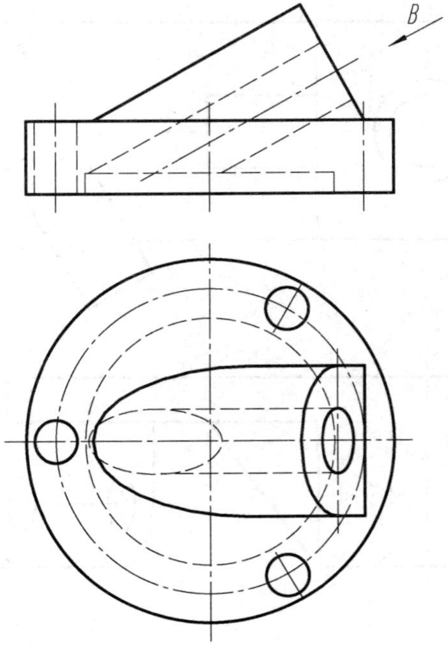

4-5 判别剖视图的正误

班级　　姓名　　学号

4-5-1 四个不同的主视图，哪一个是正确的？圈出错误图例的错误所在。

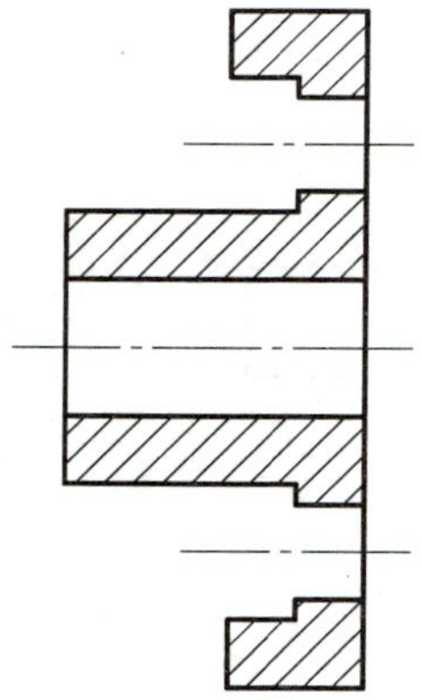

（正确、错误）

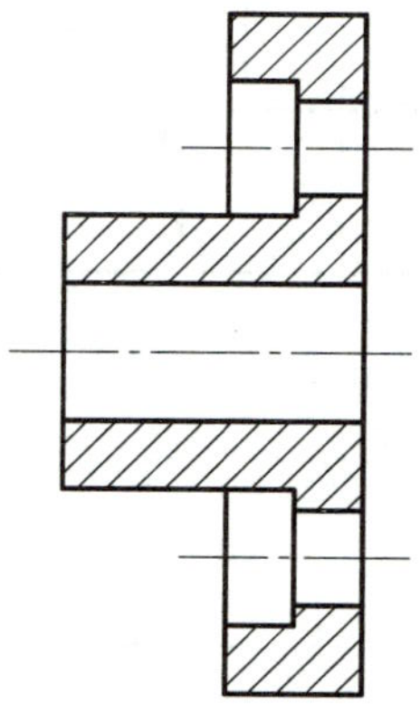

（正确、错误）

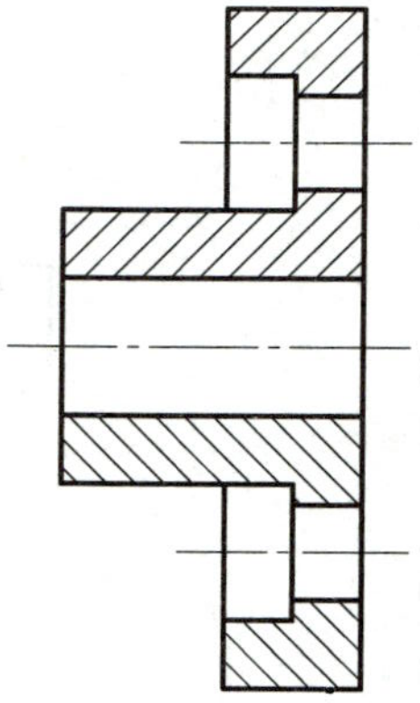

（正确、错误）

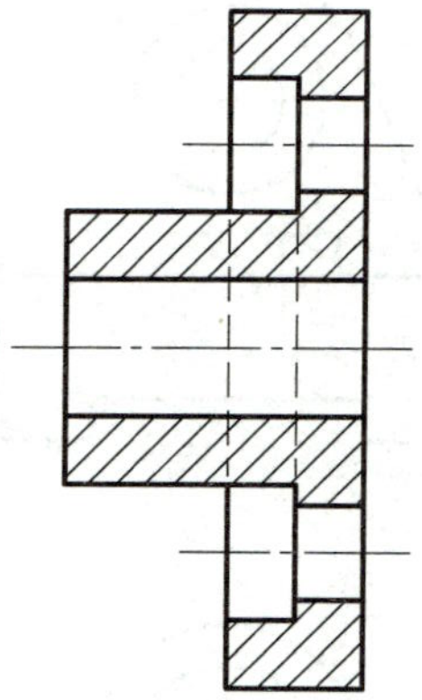

（正确、错误）

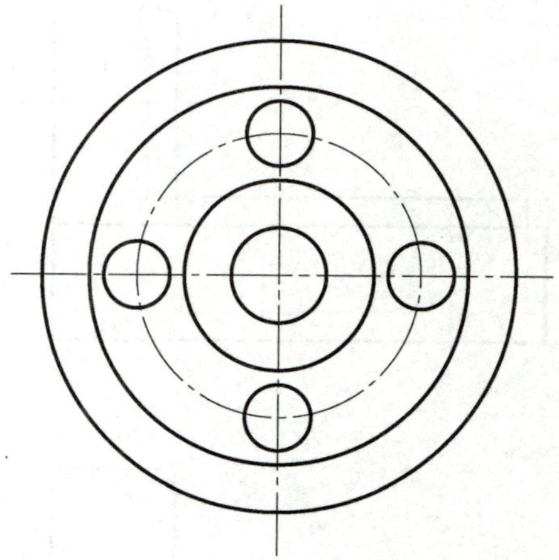

4-5-2 下面三组视图哪一组是正确的？圈出错误图例的错误所在。

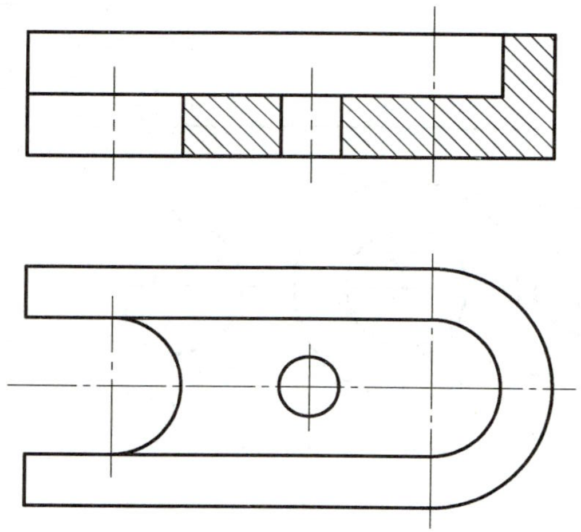

（正确、错误）

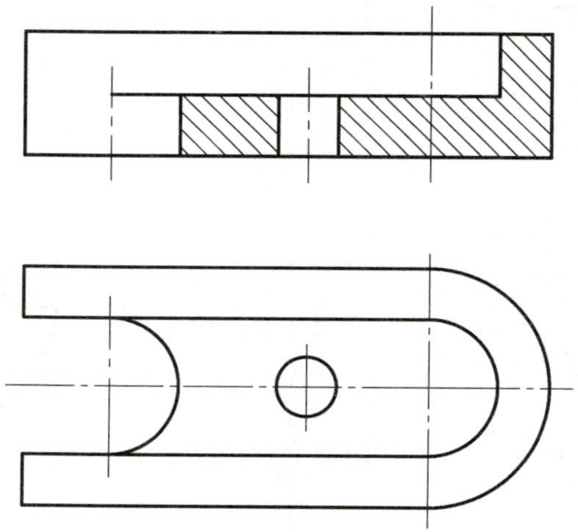

（正确、错误）

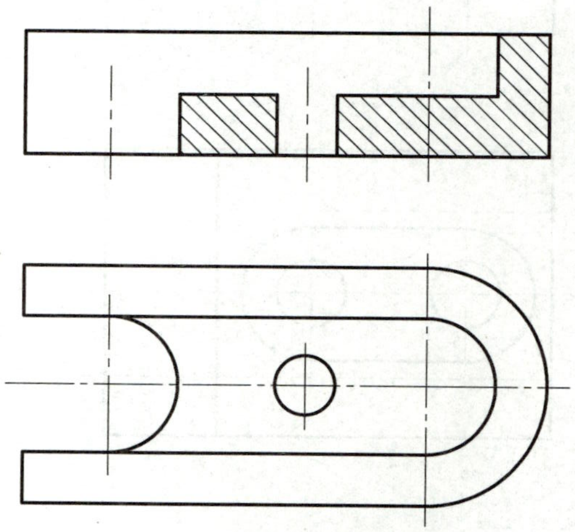

（正确、错误）

4-6 将主视图改画成全剖视图

班级　　姓名　　学号

4-6-1

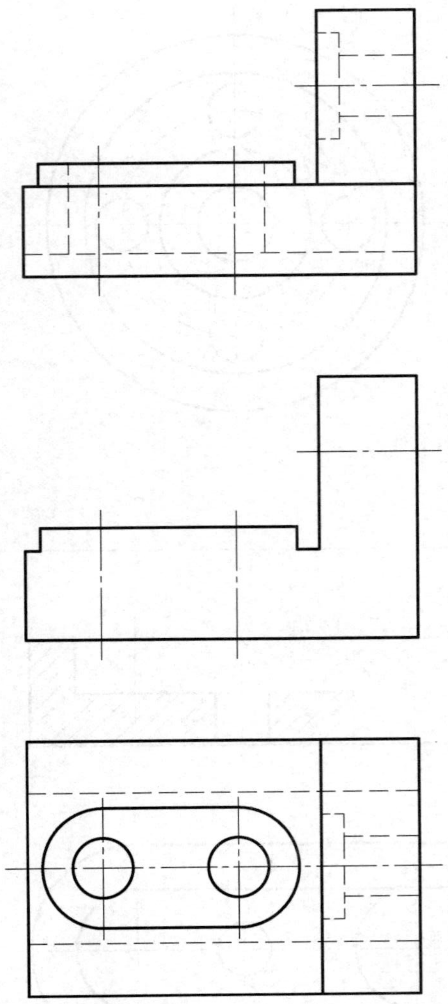

4-6-2

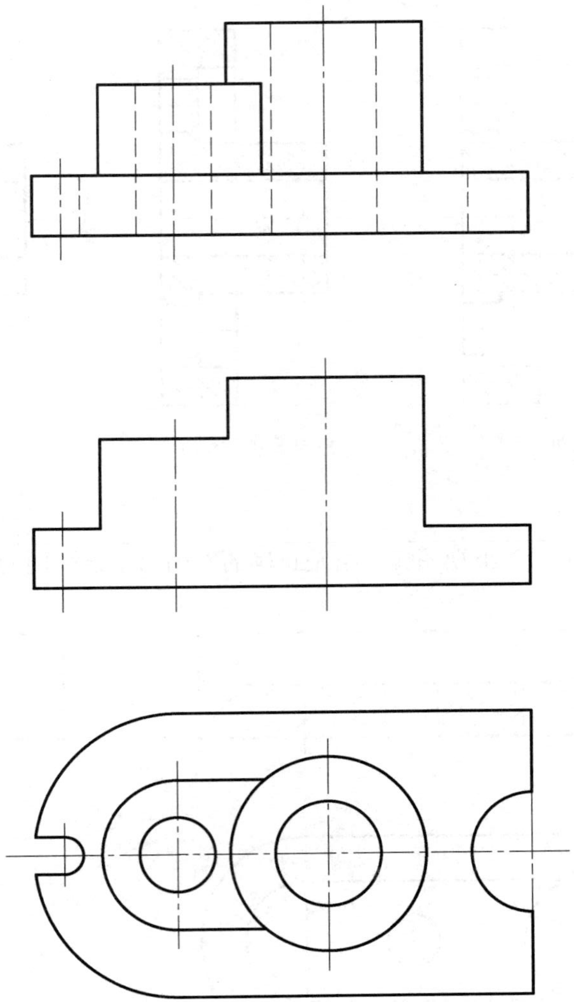

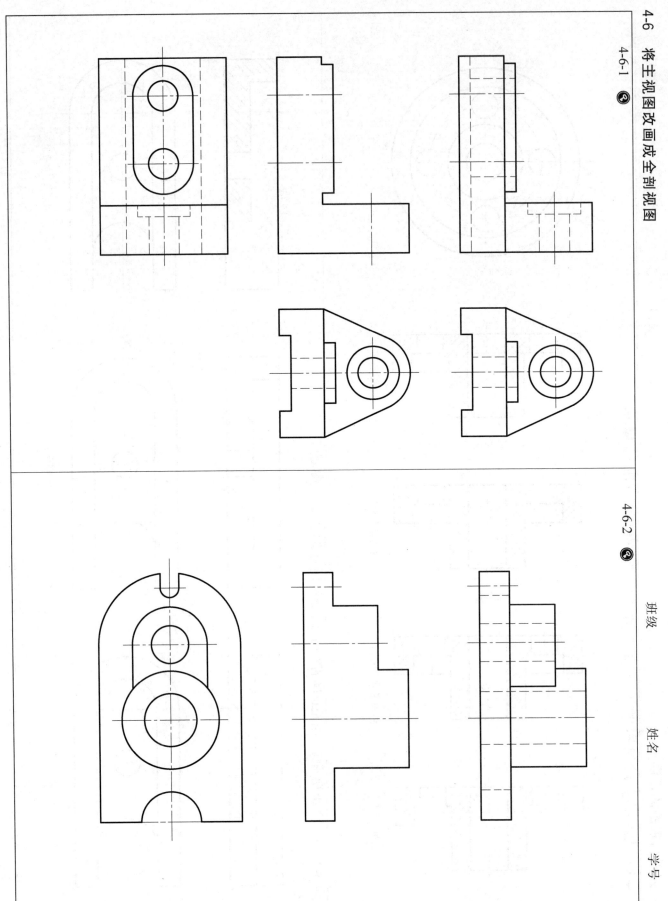

4-7 将左视图改画成全剖视图

班级　　　　姓名　　　　学号

4-7-1

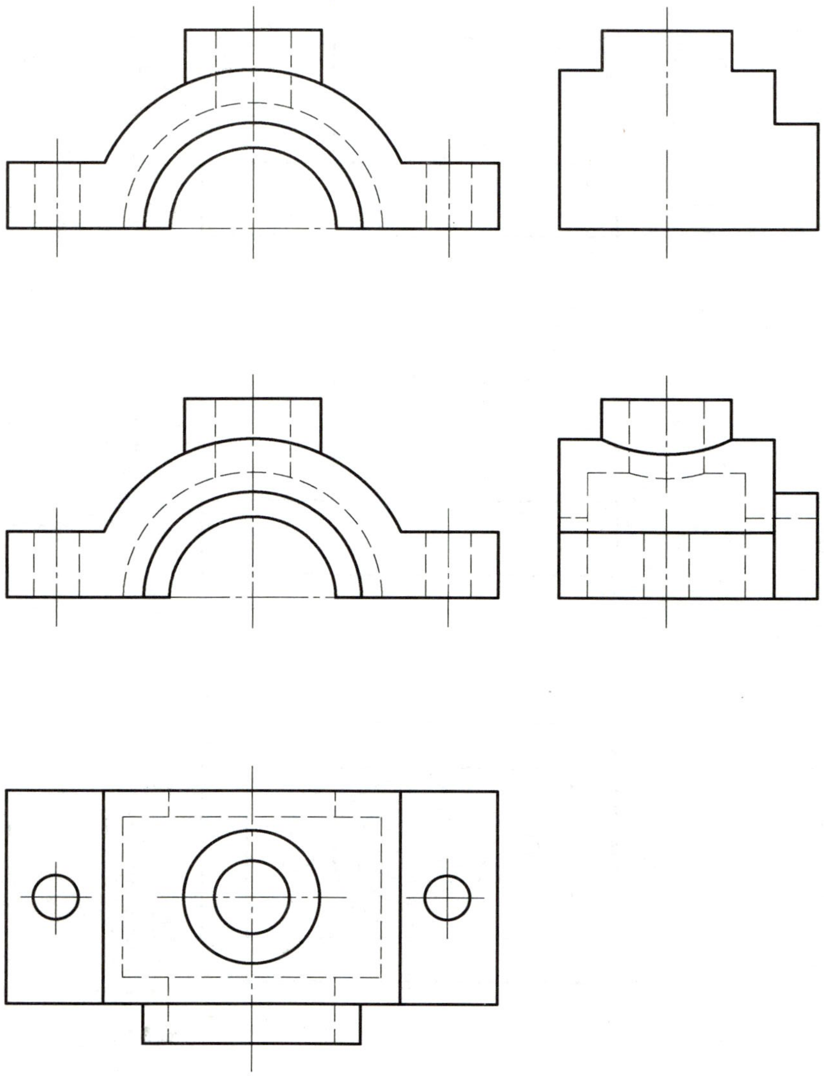

4-7-2

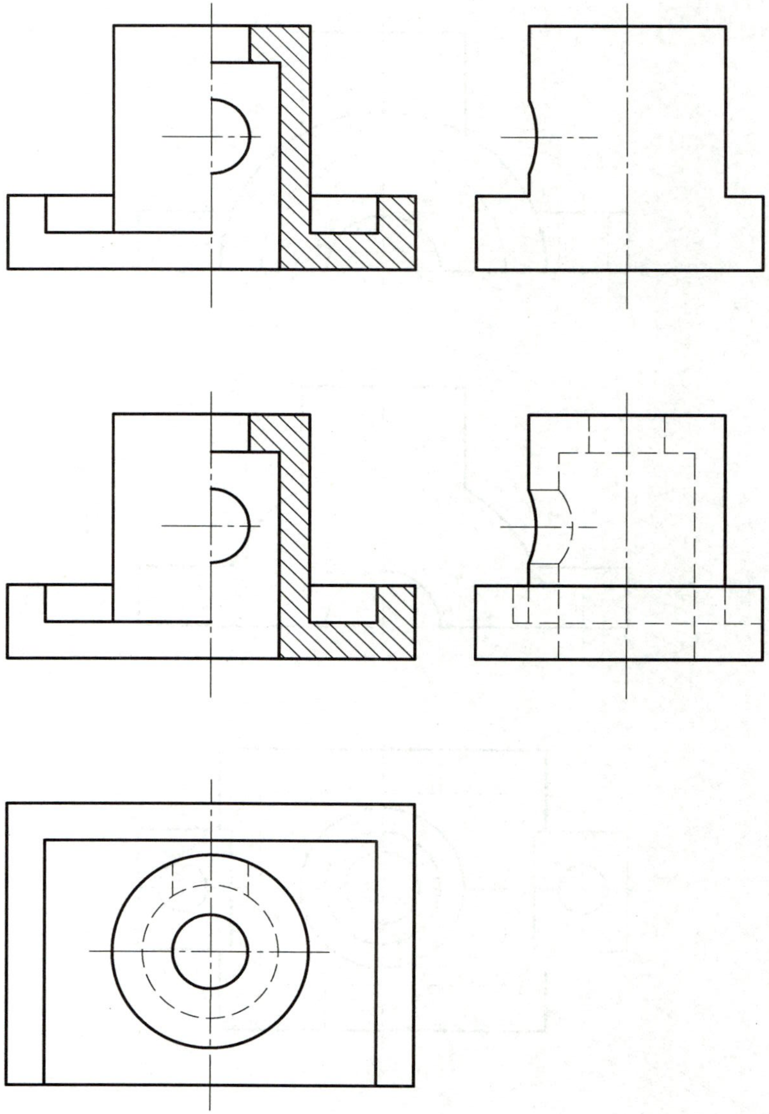

4-8 将主视图改画成半剖视图

班级　　　　姓名　　　　学号

4-8-1

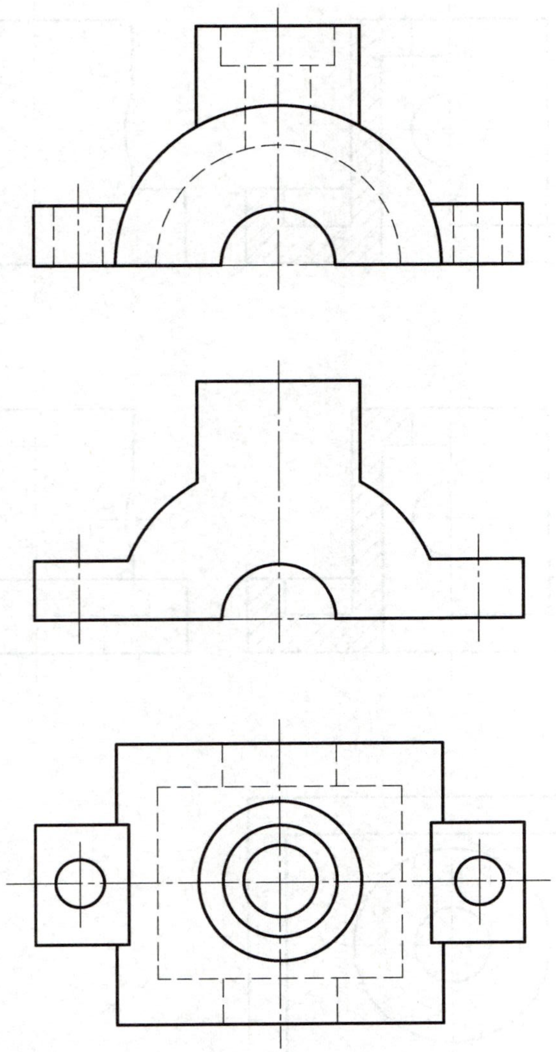

4-8-2

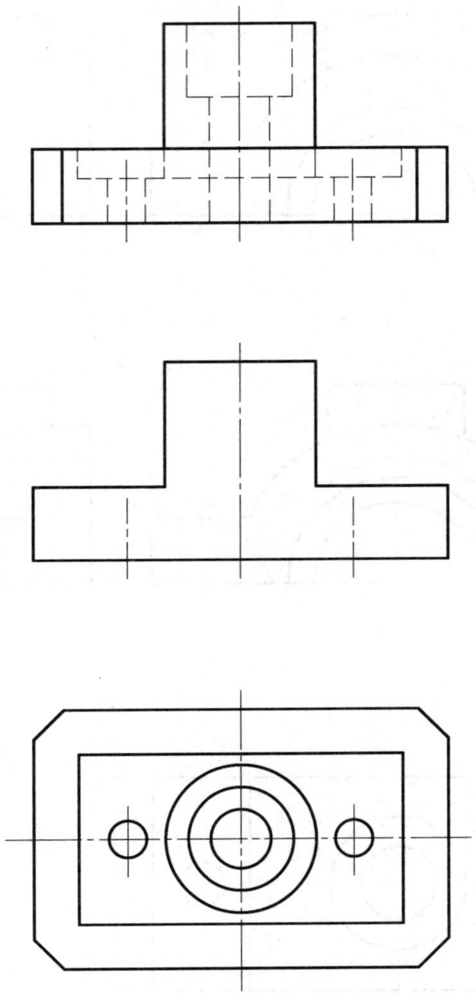

4-9 将主视图改画成半剖视图，将左视图改画成全剖视图

班级　　　　姓名　　　　学号

4-9-1

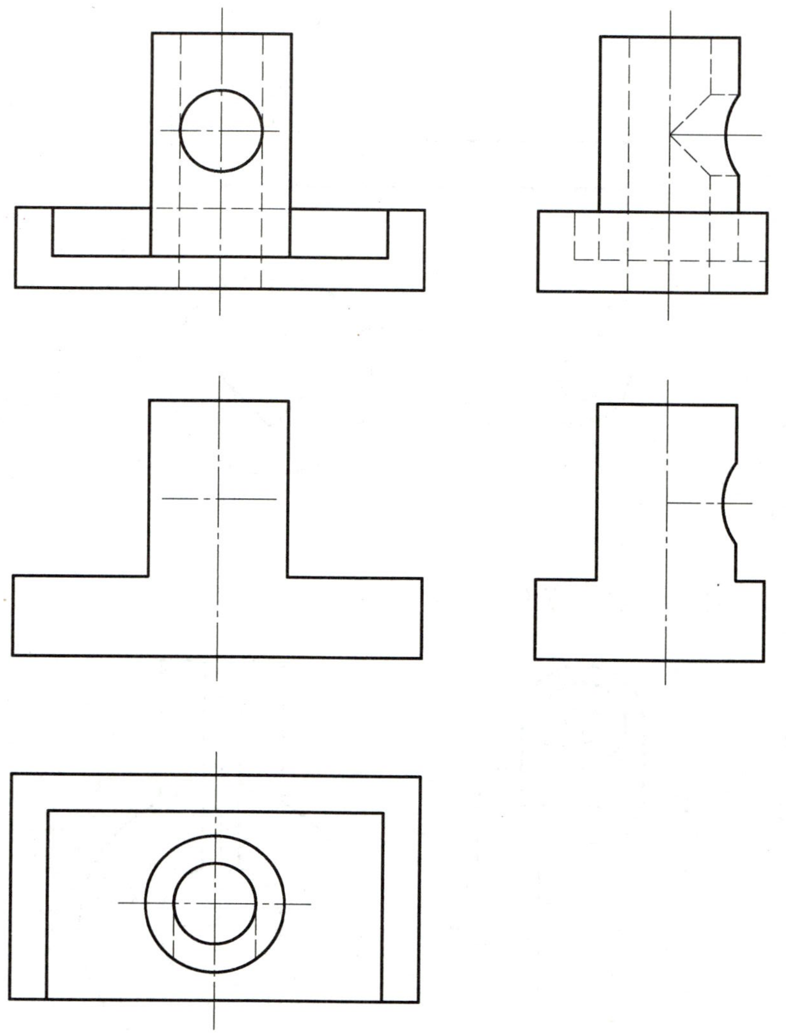

4-9-2

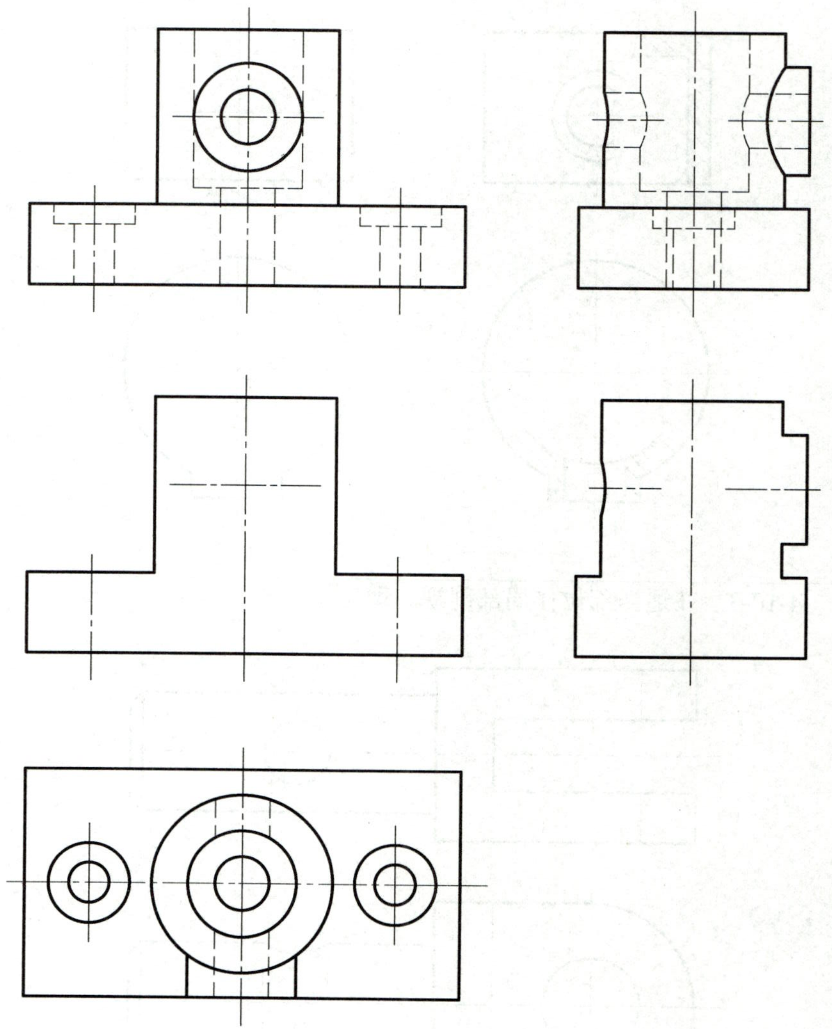

4-10 局部剖视图练习

班级　　姓名　　学号

4-10-1 分析左侧局部剖视图的错误，画出其正确的局部剖视图。

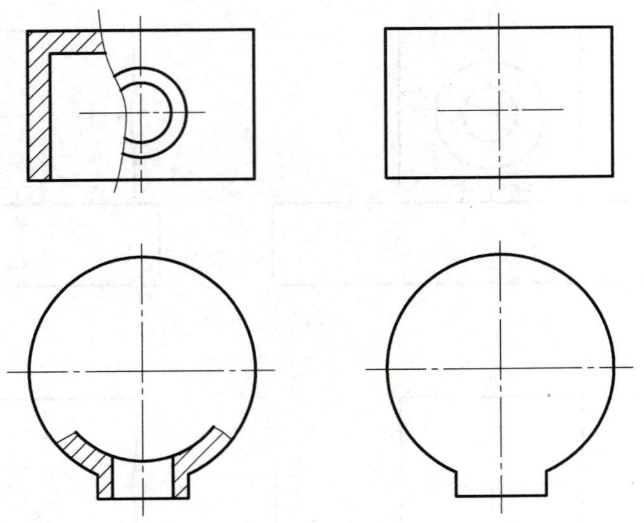

4-10-2 将主视图改画成局部剖视图。

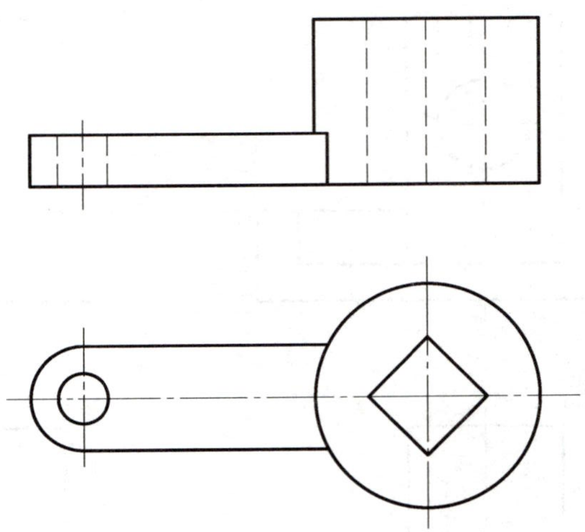

4-10-3 在适当部位作局部剖视。

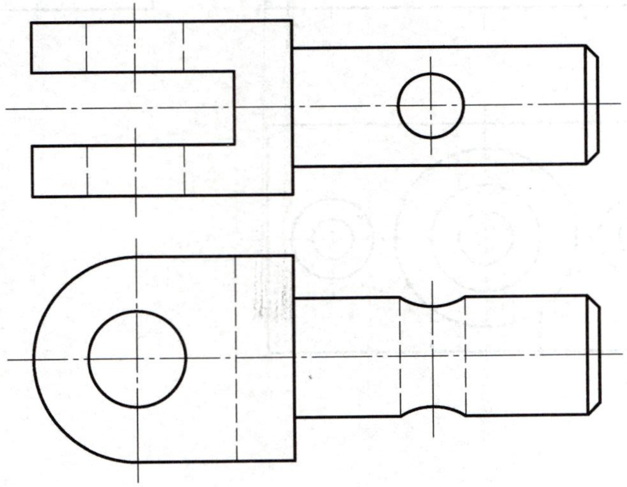

4-10-4 在适当部位作局部剖视。

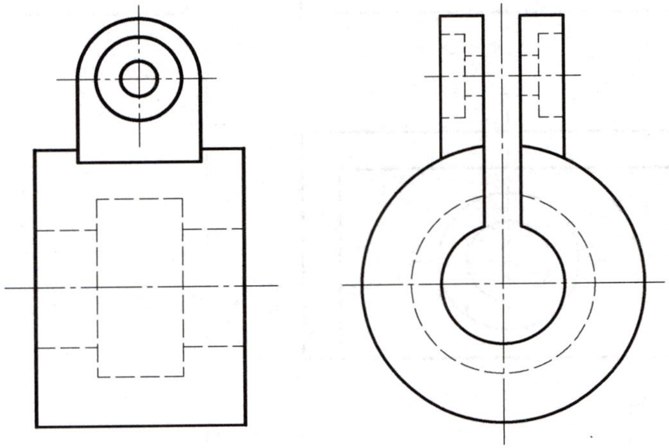

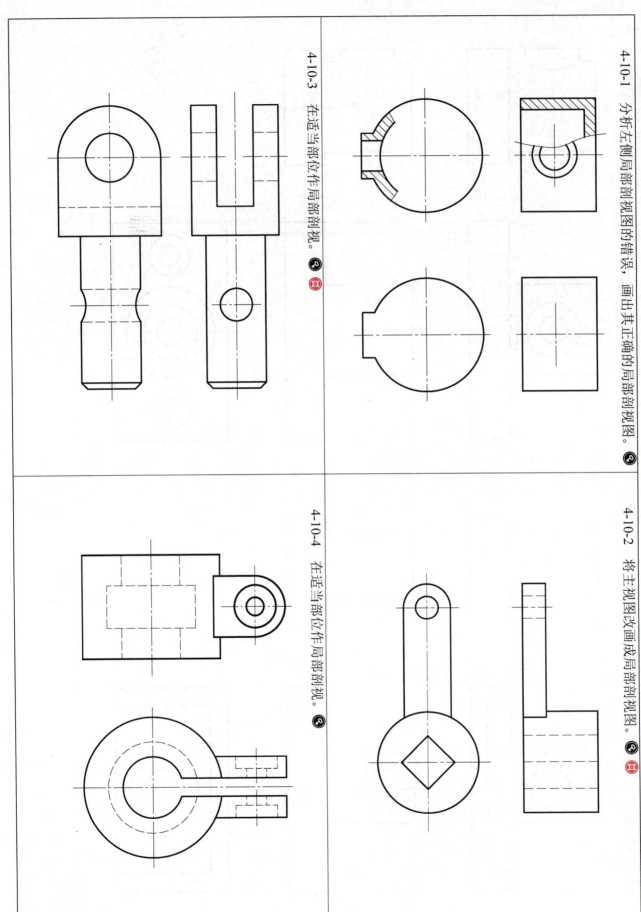

4-11 用相交的剖切平面，将主视图改画成全剖视图

班级　　姓名　　学号

4-11-1

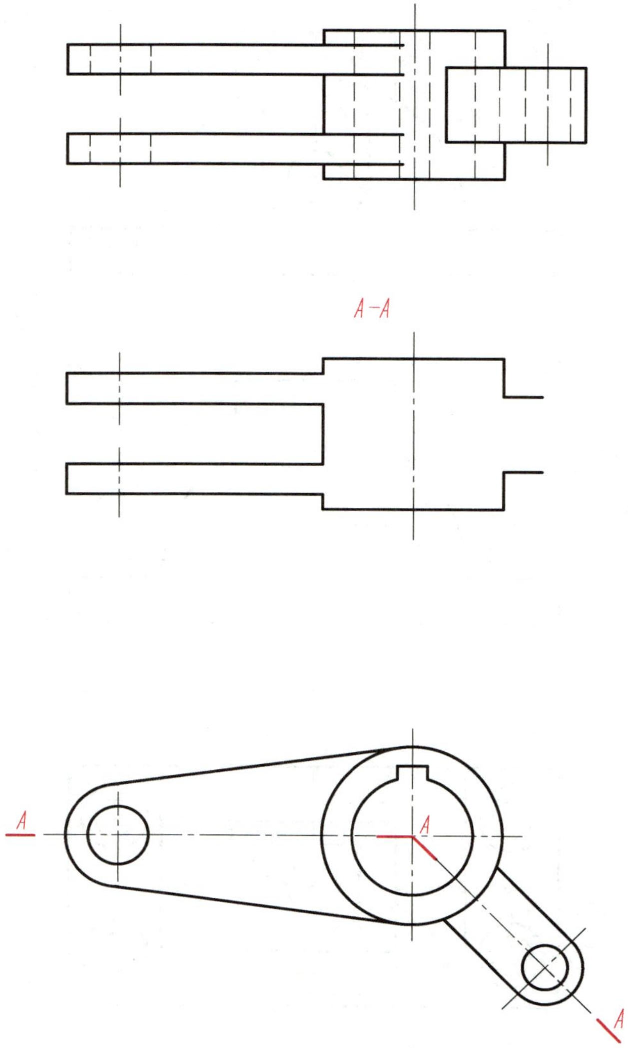

4-11-2

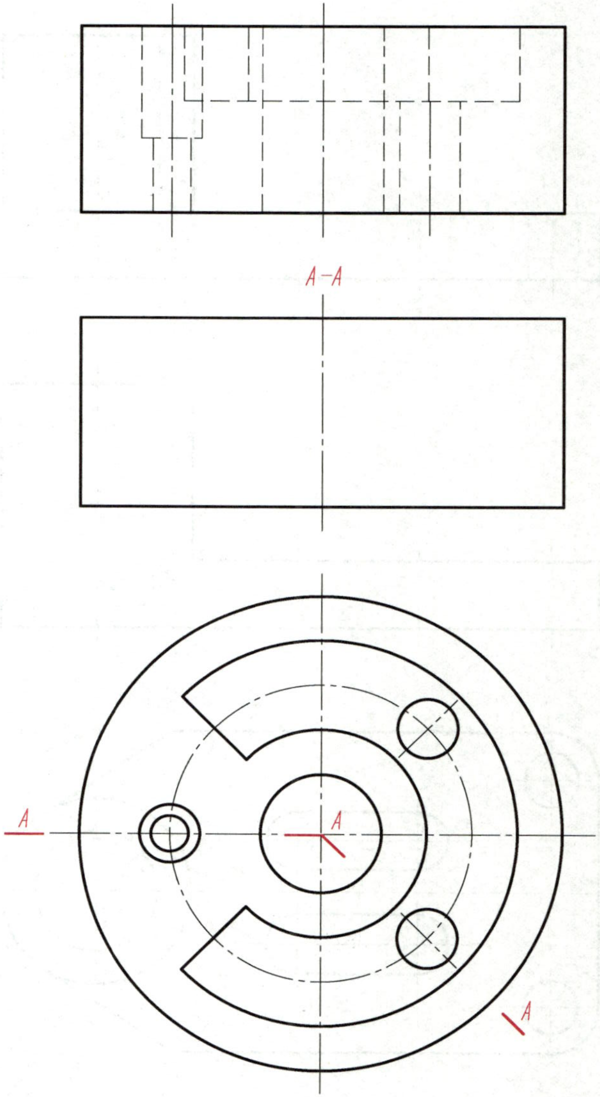

4-12 用平行的剖切平面，将主视图改画成剖视图

班级　　　　姓名　　　　学号

4-12-1 将主视图改画成全剖视图。

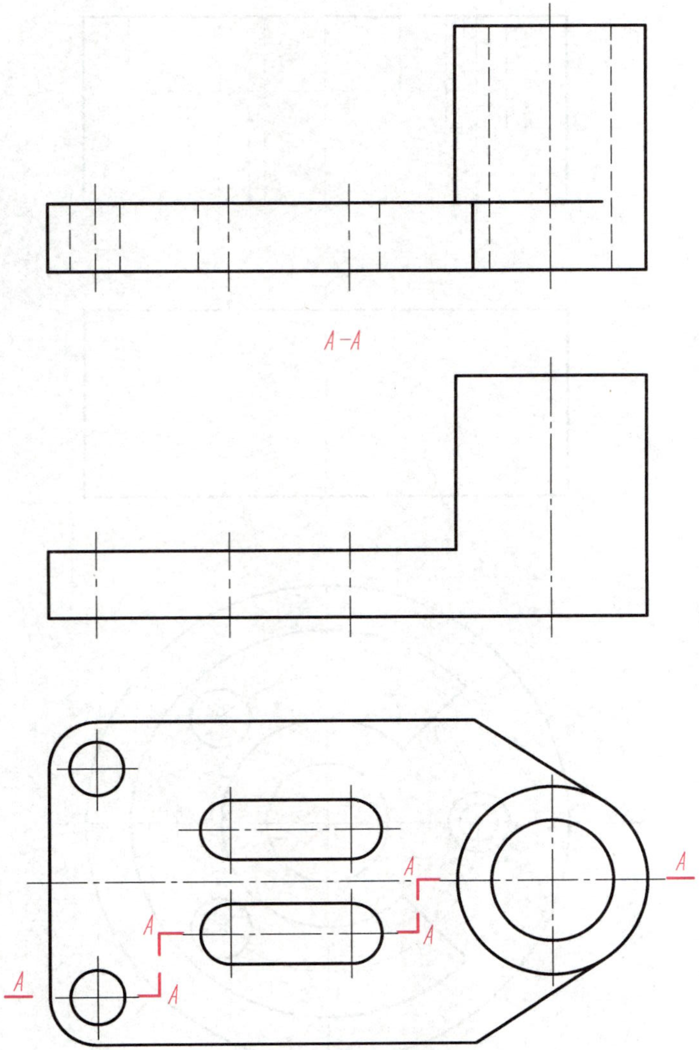

4-12-2 将主视图改画成半剖视图。

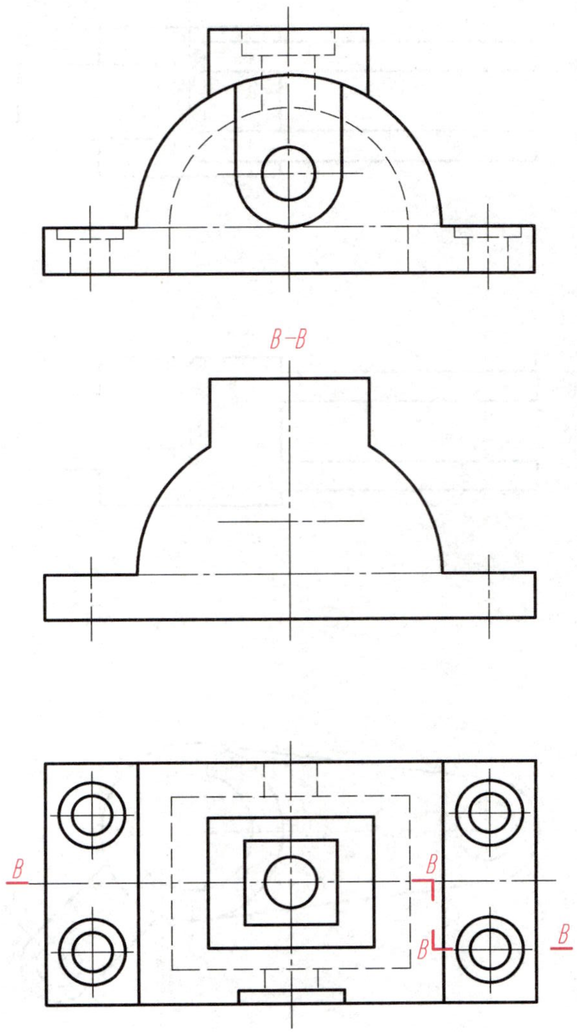

4-13　用组合的剖切面，将主视图改画成全剖视图

班级　　　　姓名　　　　学号

4-13-1

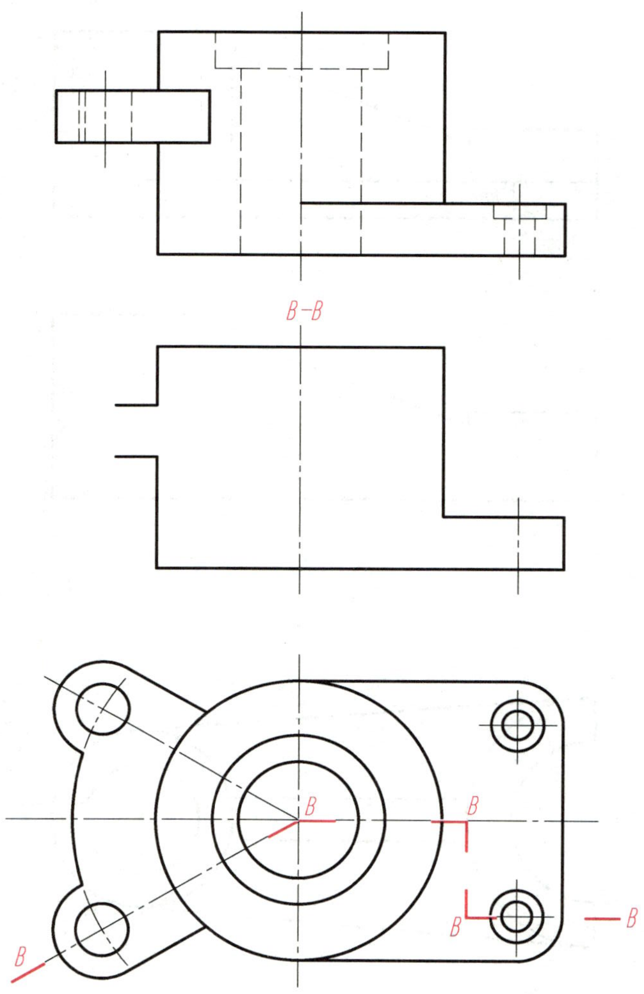

4-13-2

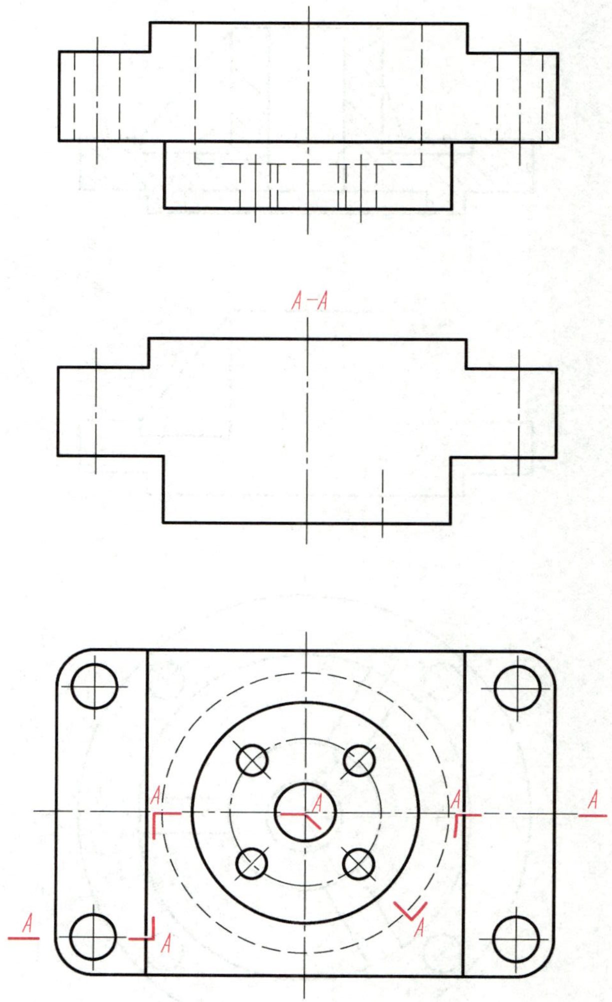

4-14 按规定画法在指定位置画出正确的剖视图

班级　　姓名　　学号

4-14-1

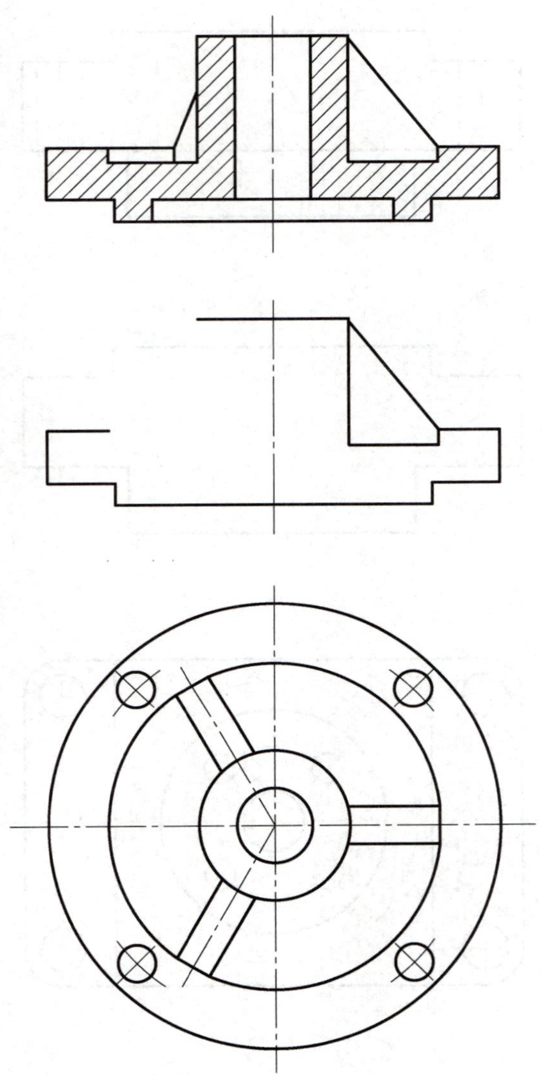

4-14-2

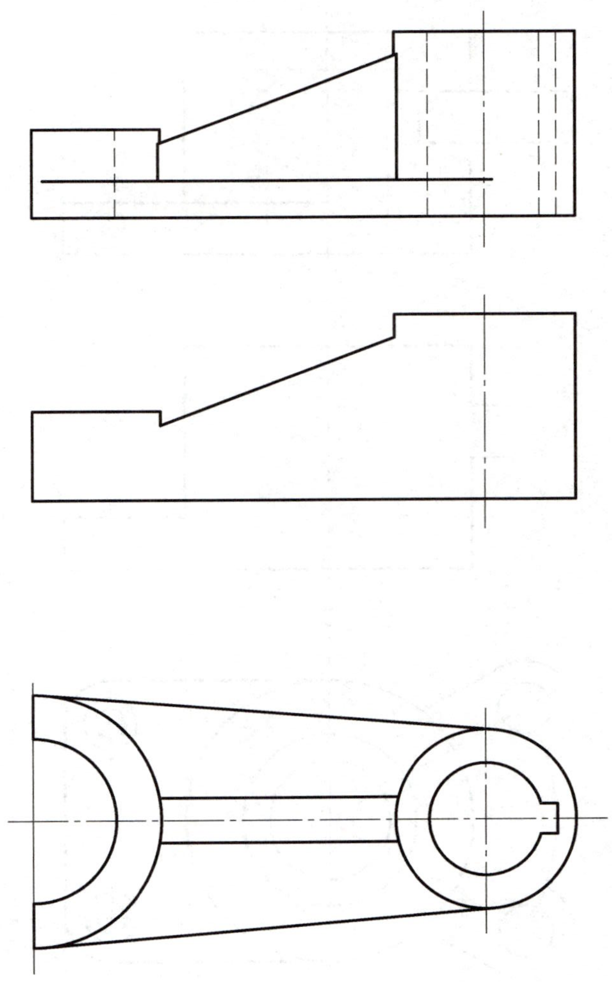

4-15 选出正确的移出断面图（在括号中画√）　　班级　　姓名　　学号

4-15-1

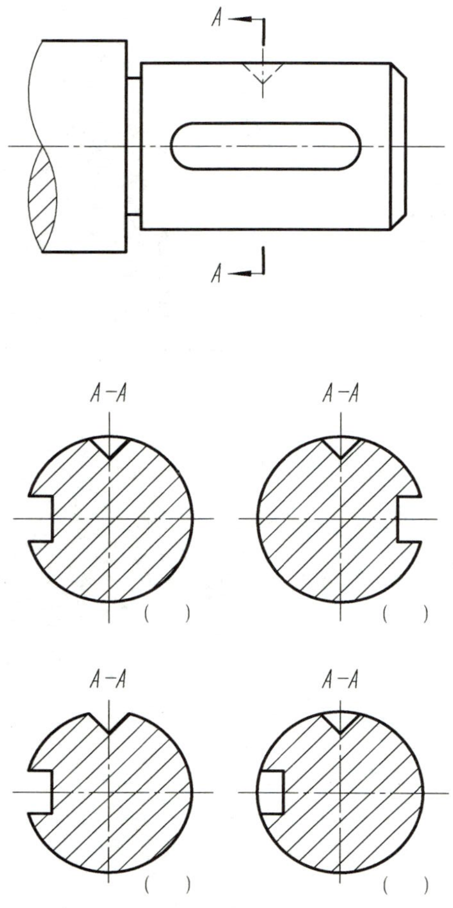

4-15-2

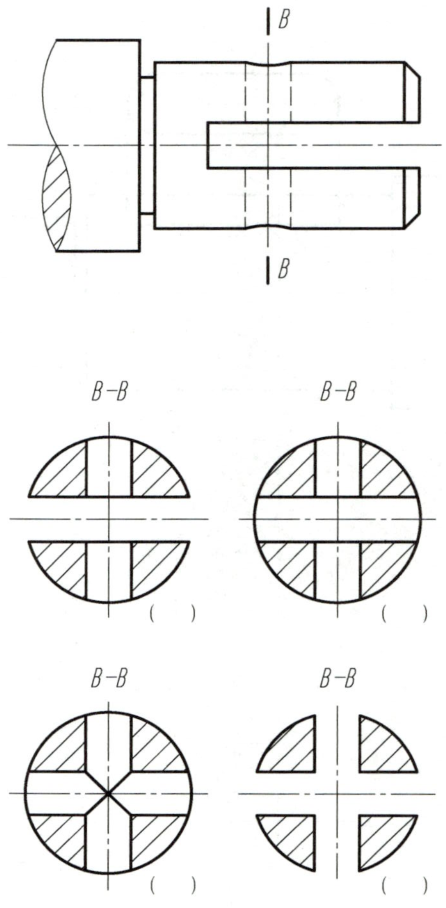

4-15-3

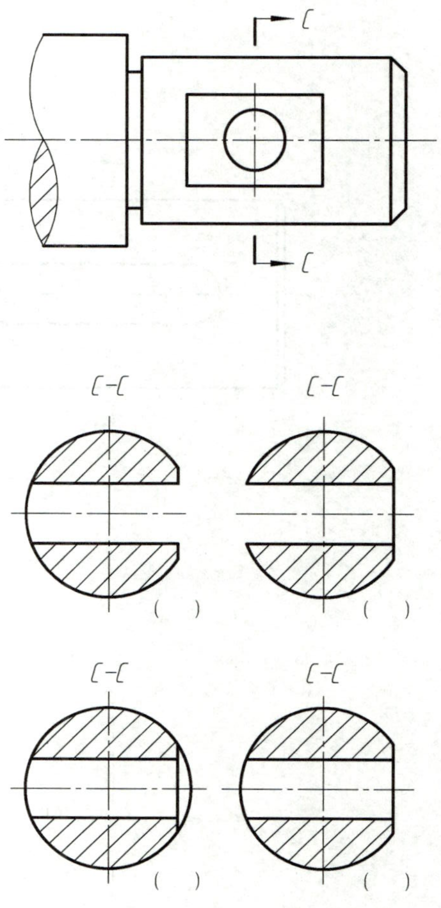

4-16 按指定位置画出移出断面图，尺寸由图中量取整数

班级 姓名 学号

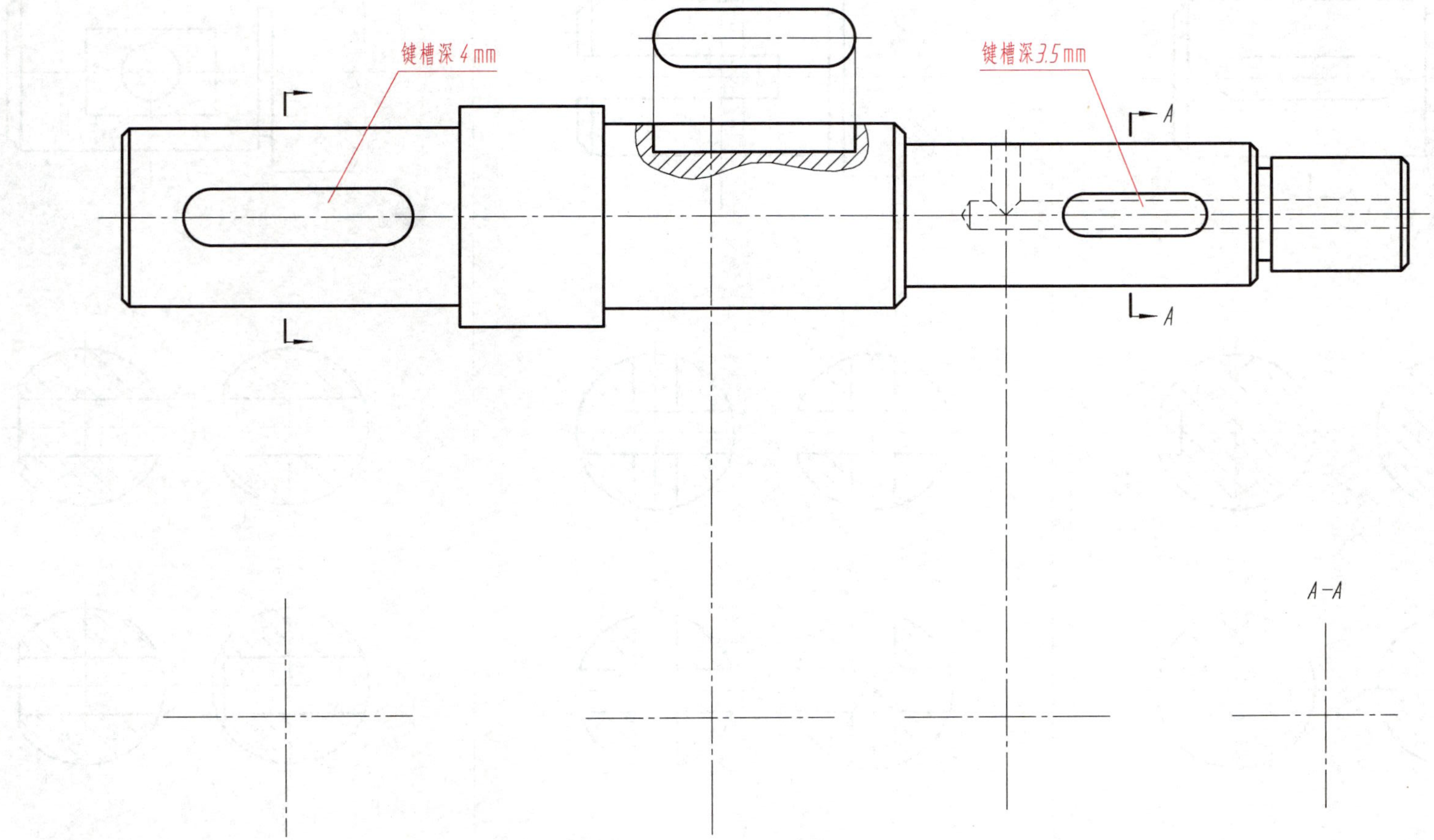

4-17 按要求完成下列题目

班级　　　　姓名　　　　学号

4-17-1 回答：移出断面与重合断面的画法有何不同。

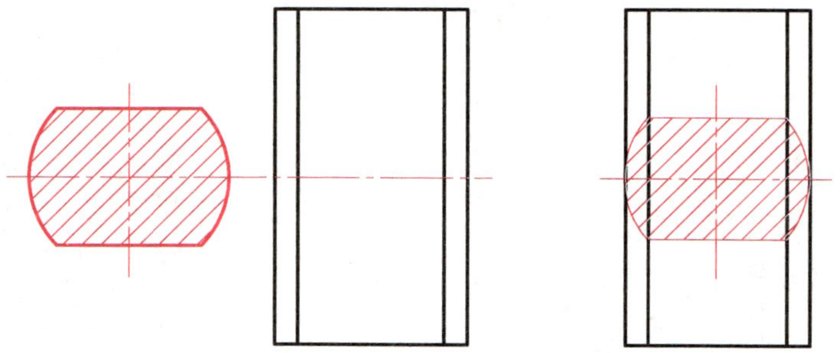

4-17-2 在适当位置画出重合断面图。

4-17-3 在指定位置画出移出断面。

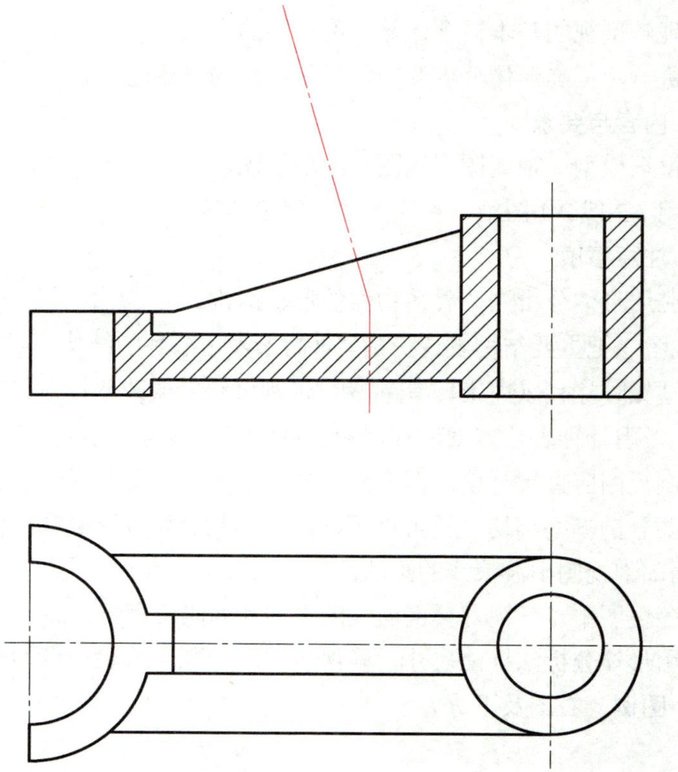

作业指导书（四）

一、目的

1）理解剖视的基本概念，熟悉剖视图的画法。

2）进一步提高形体分析及物体形状结构的表达能力。

二、内容与要求

1）根据模型（轴测图或视图）画剖视图。

2）用 A3 或 A4 图纸，标注尺寸，铅笔描深。

三、注意事项

1）应用形体分析法，看懂物体的形状结构。

首先考虑把主要结构表达清楚，对尚未表达清楚的结构，可采用适当的方法（局部视图、向视图、斜视图、剖视图等）或改变投射方向予以解决，可多考虑几种表达方案进行比较，从中确定最佳方案。

2）剖视图应直接画出，而不是先画成视图，再将视图改成剖视图。

3）要分清哪些剖切位置可以不标注，哪些剖切位置必须标注，要特别注意局部剖视图中波浪线的画法。

4）各视图中，剖视部分剖面线的方向和间隔应保持一致。

5）用形体分析法标注尺寸，确保所注尺寸既不遗漏，也不重复。

四、图例（右图及下页）

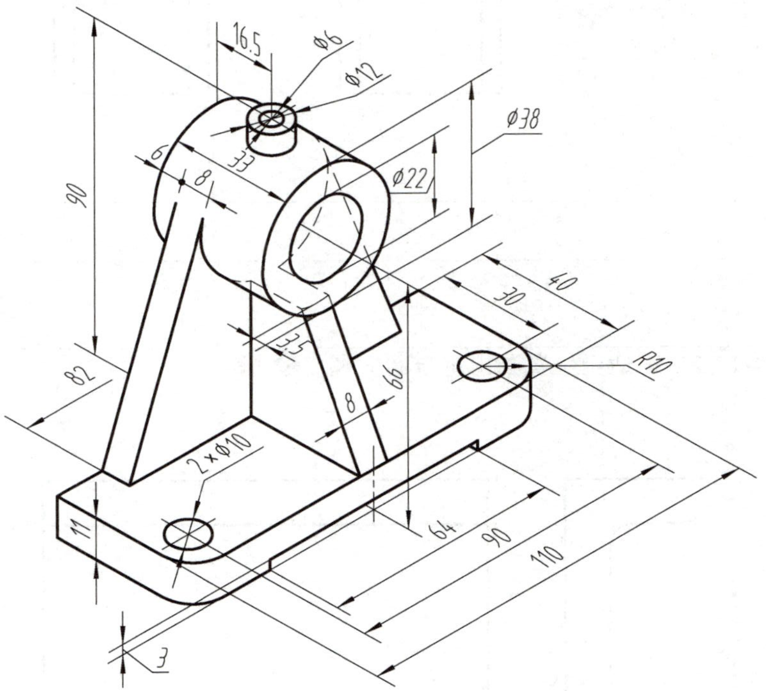

4-19 表达方法综合练习图例

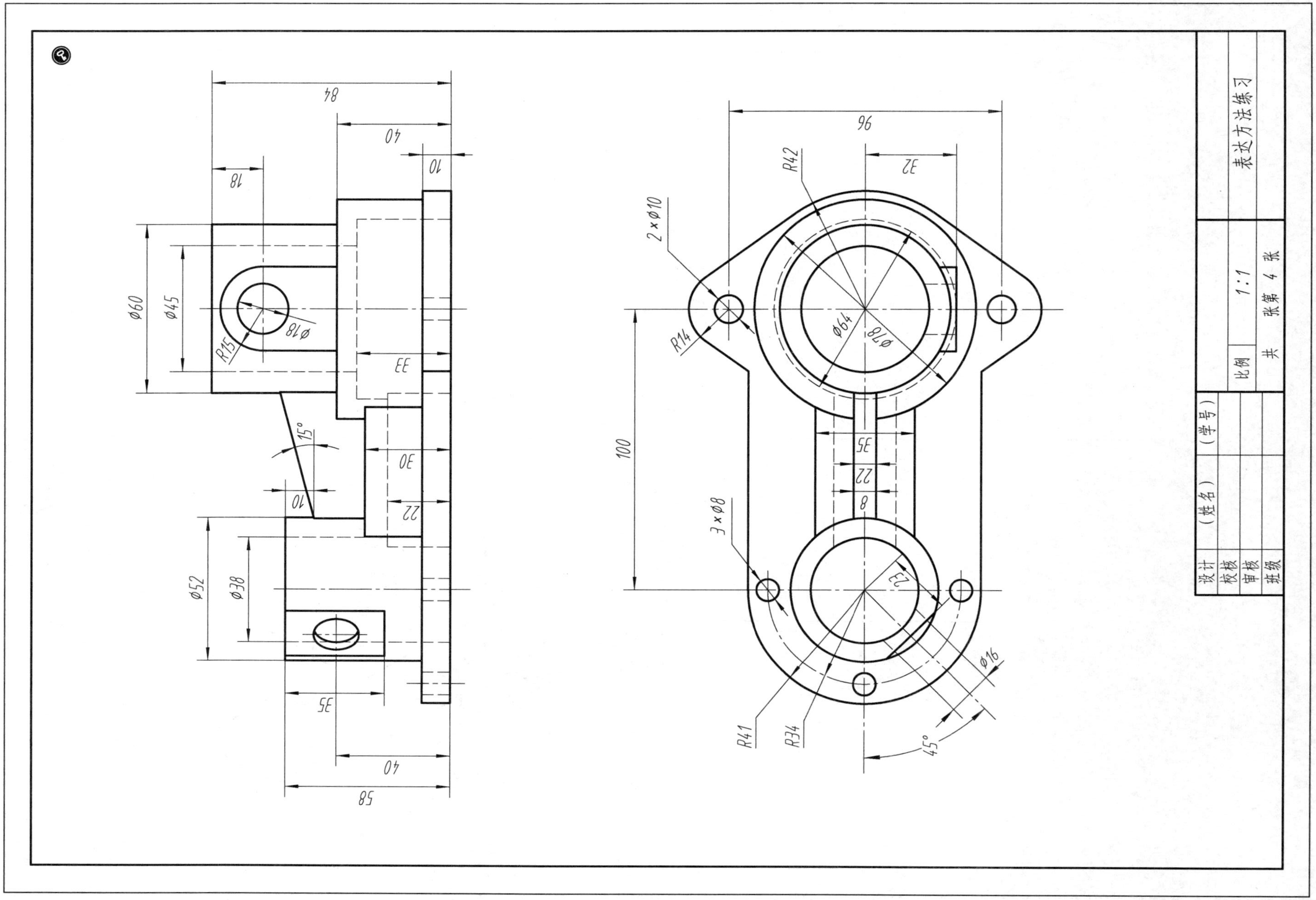

4-20 根据轴测图，用第三角画法（配置）画出物体的六面视图

班级　　　　姓名　　　　学号

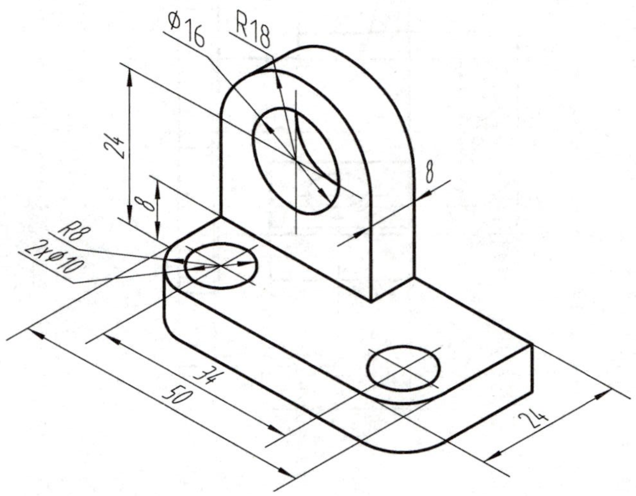

4-21　补画第三角画法中所缺的视图（一）

班级　　　　姓名　　　　学号

4-21-1

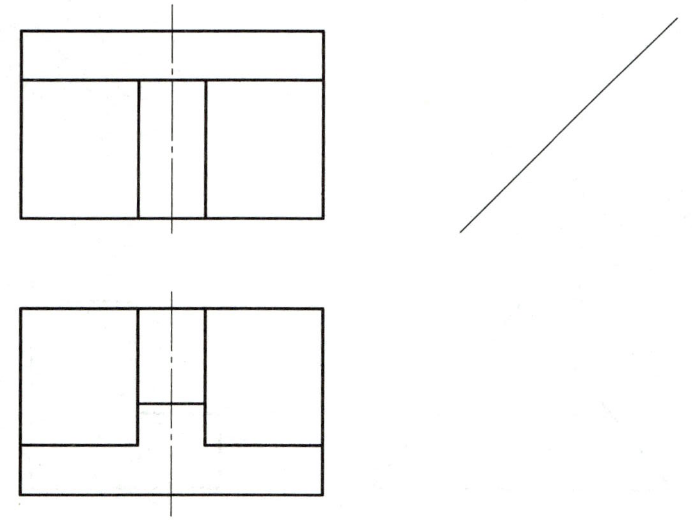

4-21-2

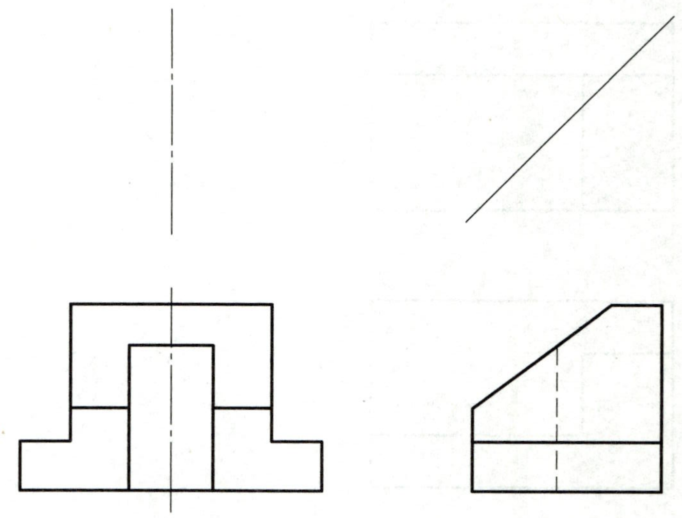

4-21-3

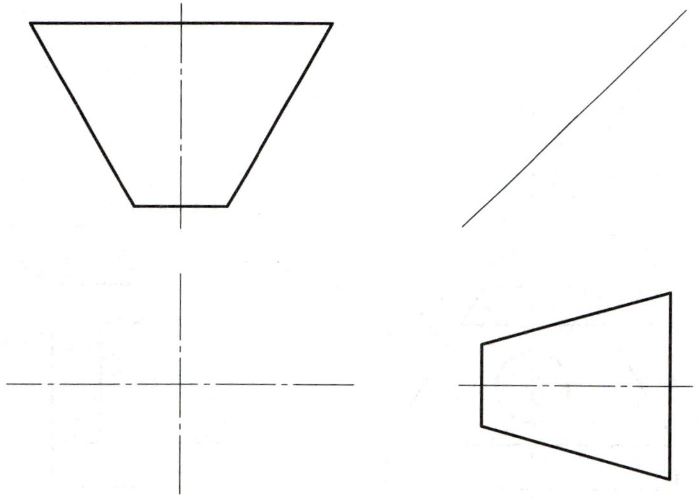

4-21-4

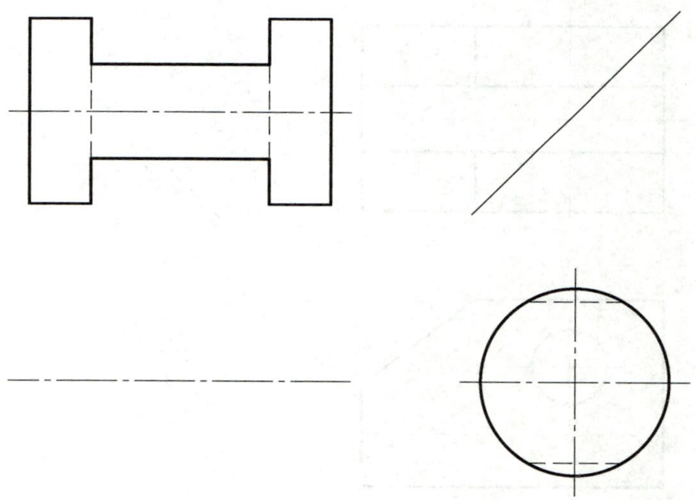

4-22 补画第三角画法中所缺的视图（二）

班级　　　　姓名　　　　学号

4-22-1

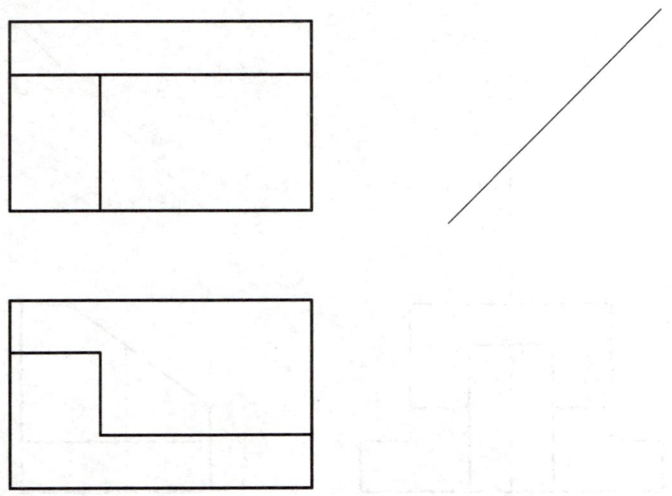

4-22-2

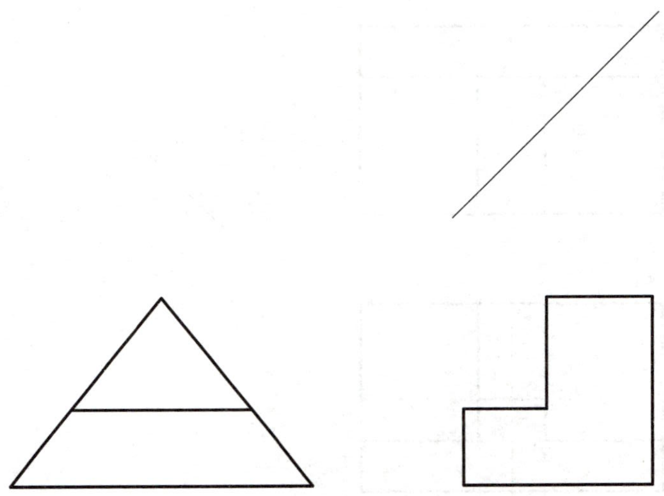

4-22-3

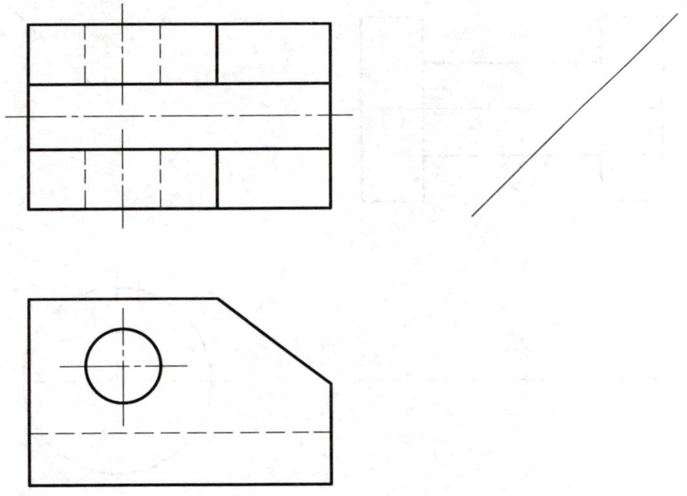

4-22-4

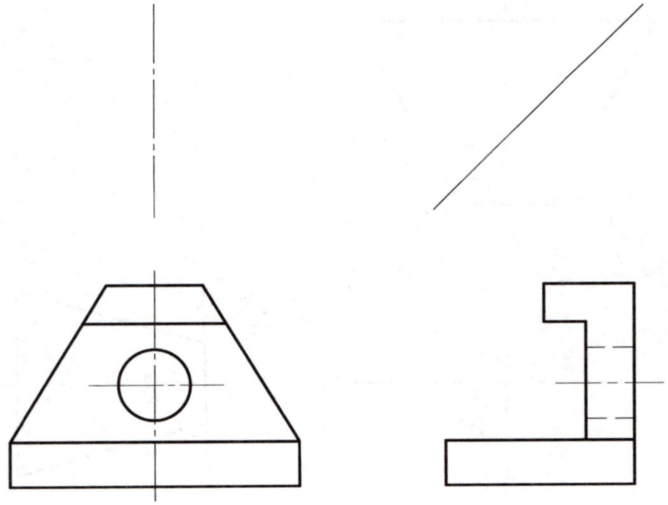

4-23 找出下列外螺纹画法中的错误，用铅笔圈出　　班级　　姓名　　学号

4-23-1

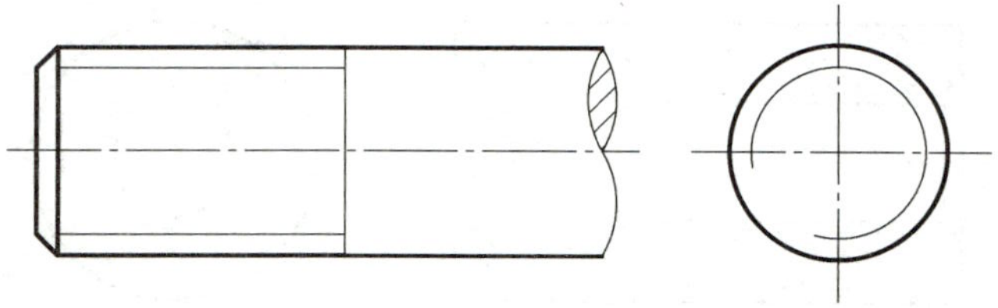

4-23-2

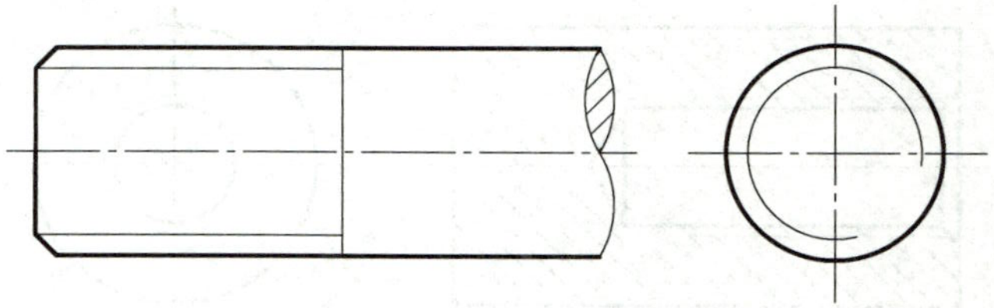

4-23-3

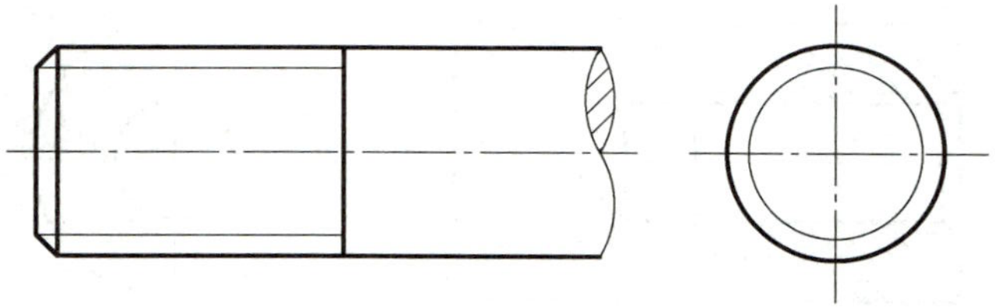

4-23-4

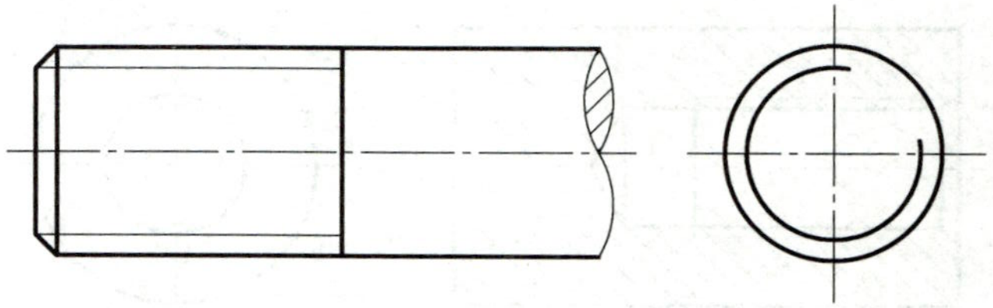

4-23-5

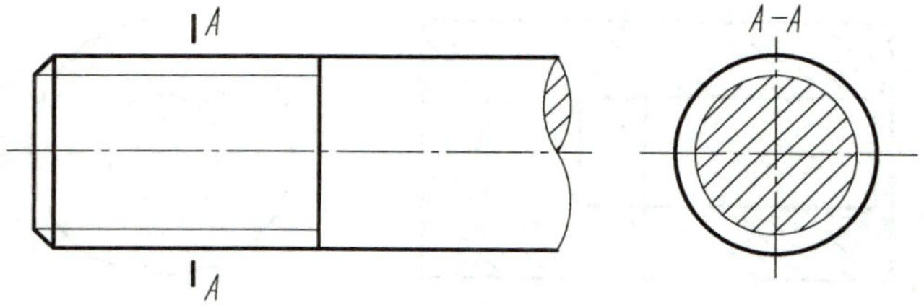

4-23-6

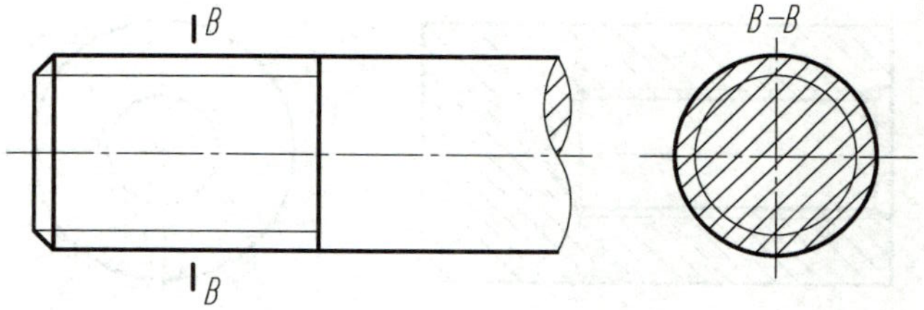

4-23-7

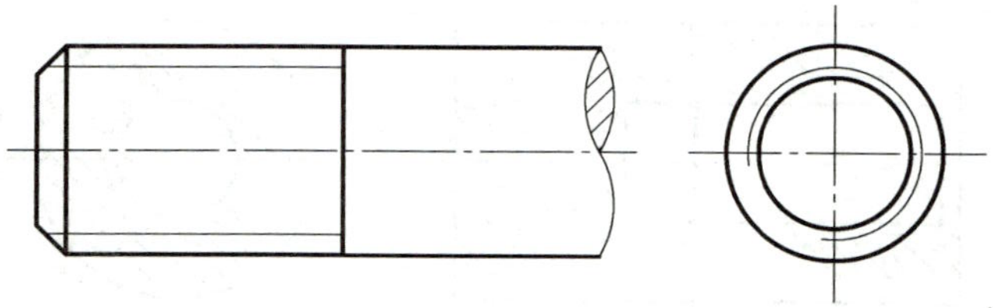

4-23-8

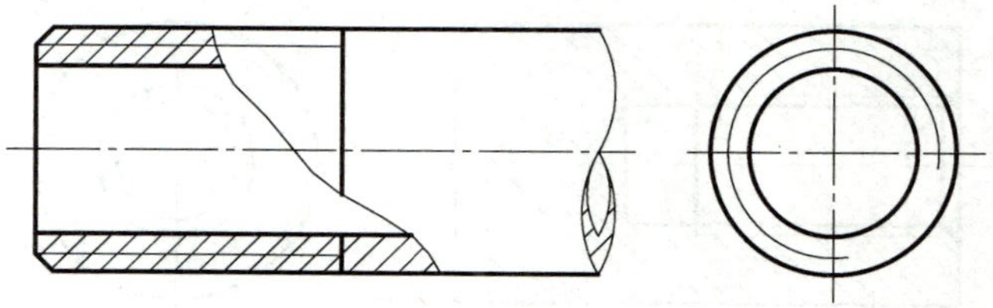

4-24 找出下列内螺纹画法中的错误，用铅笔圈出　　　　班级　　　　姓名　　　　学号

4-24-1

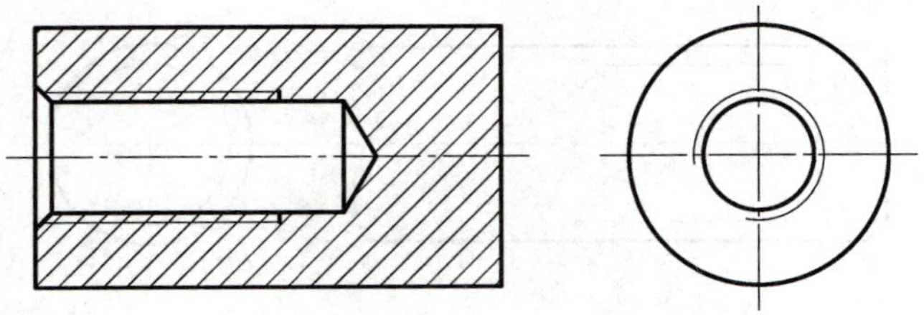

4-24-2

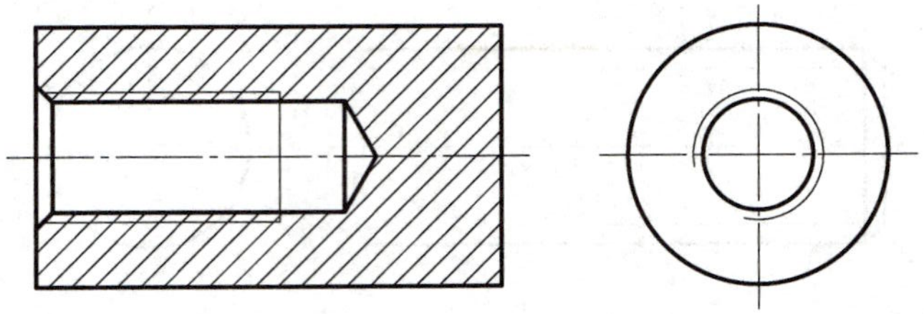

4-24-3

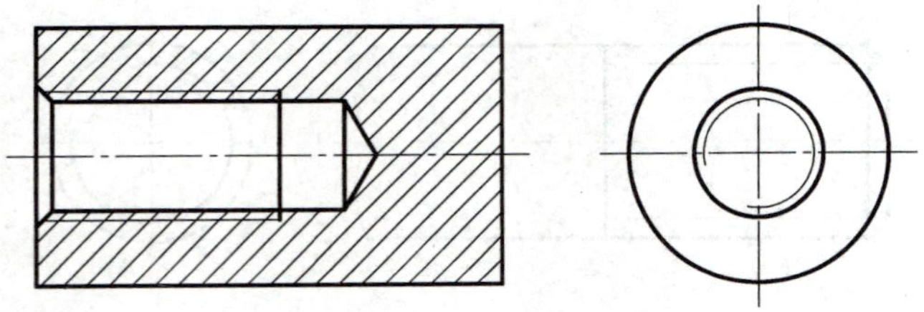

4-24-4

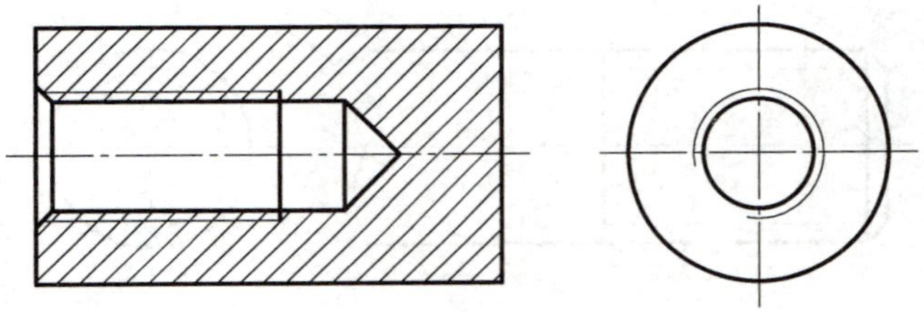

4-24-5

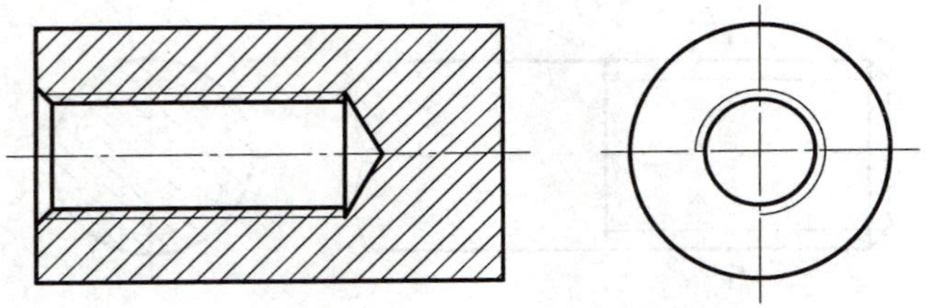

4-24-6

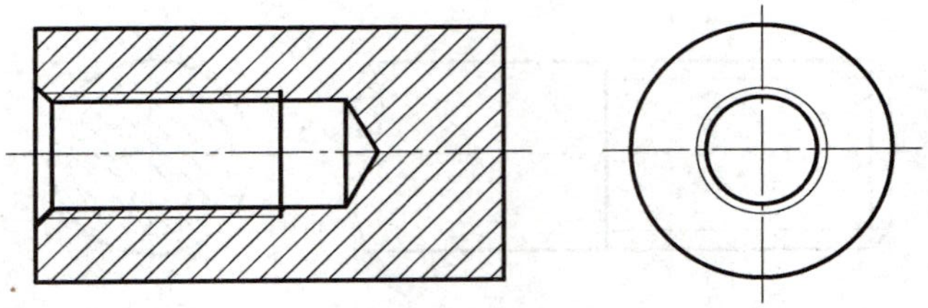

4-24-7

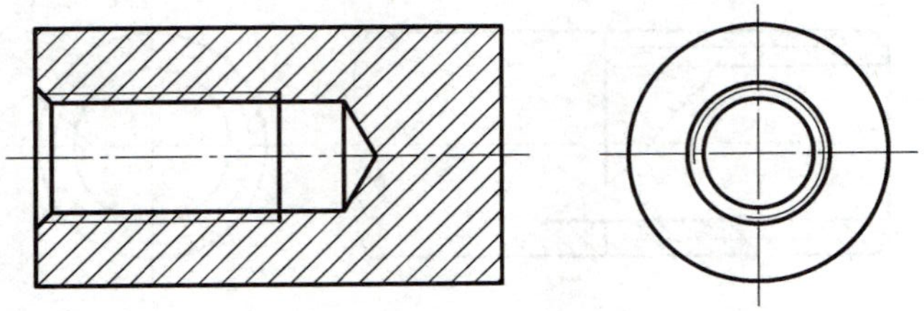

4-24-8

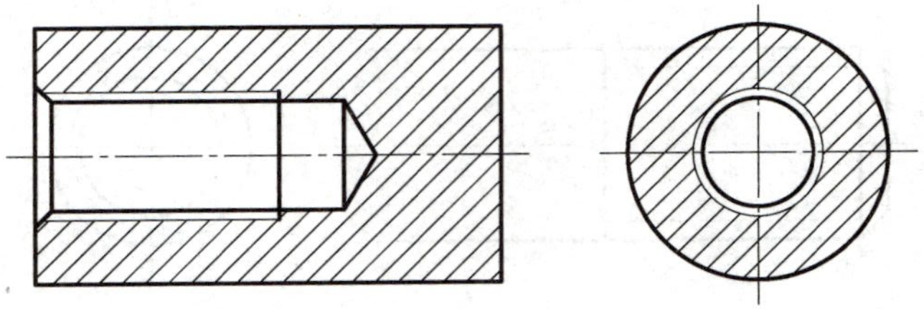

4-25 找出下列螺纹联接画法中的错误，用铅笔圈出　　班级　　姓名　　学号

4-25-1

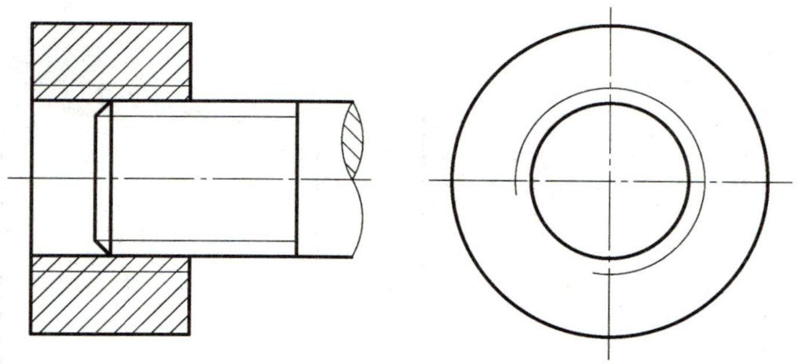

4-25-2

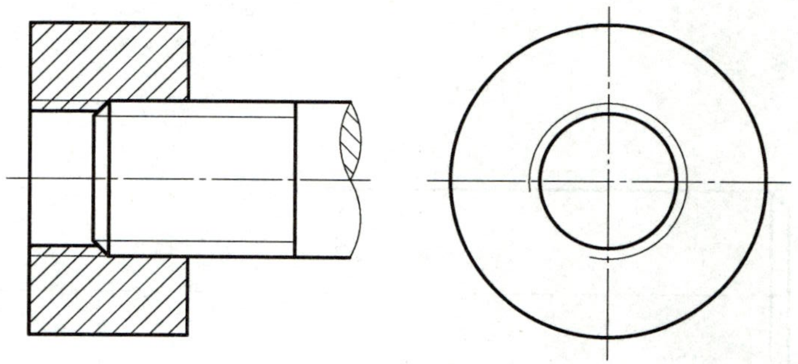

4-25-3

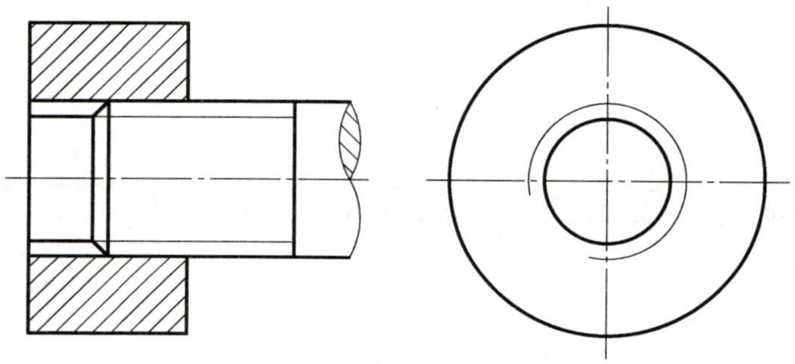

4-25-4

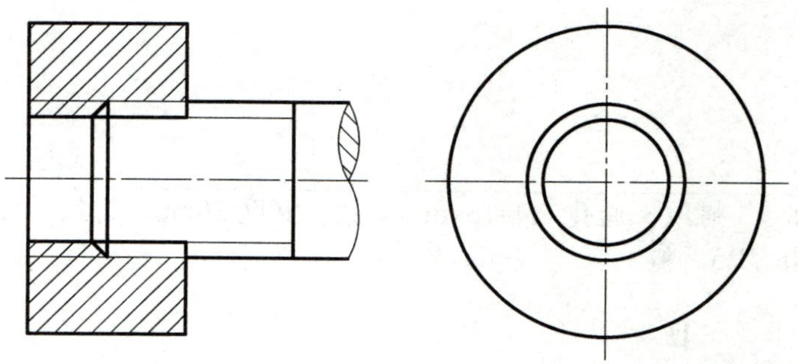

4-25-5

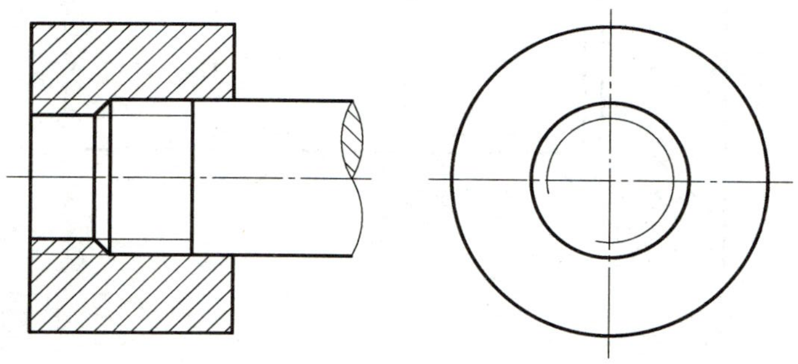

4-25-6

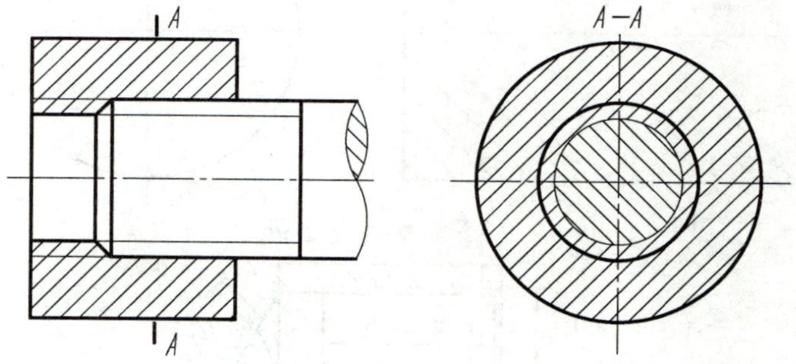

4-26 按给定的尺寸，根据螺纹规定画法画出螺纹

班级　　　　姓名　　　　学号

4-26-1 外螺纹（d=24mm），螺纹长度为 35mm。

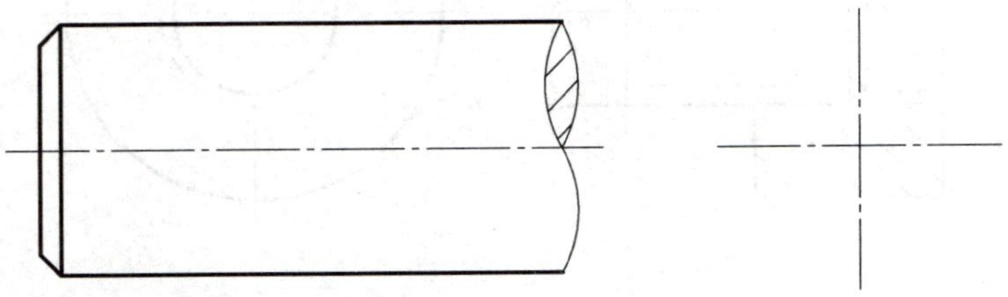

4-26-2 螺纹通孔（D=20mm），两端孔口倒角 C1.5。

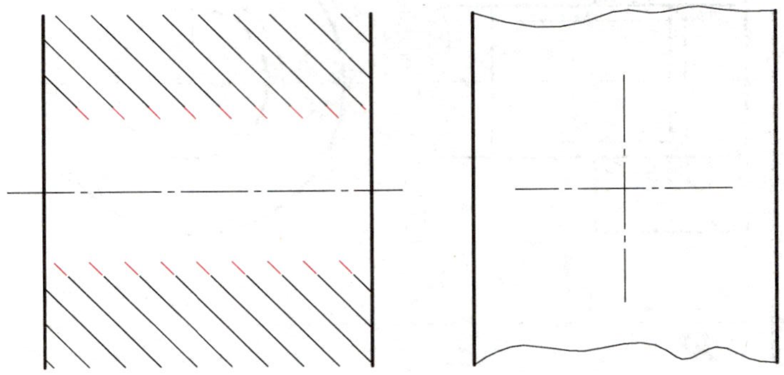

4-26-3 螺纹不通孔（D=16mm），钻孔深度 30mm，螺纹深度 22mm，孔口倒角 C1.5。

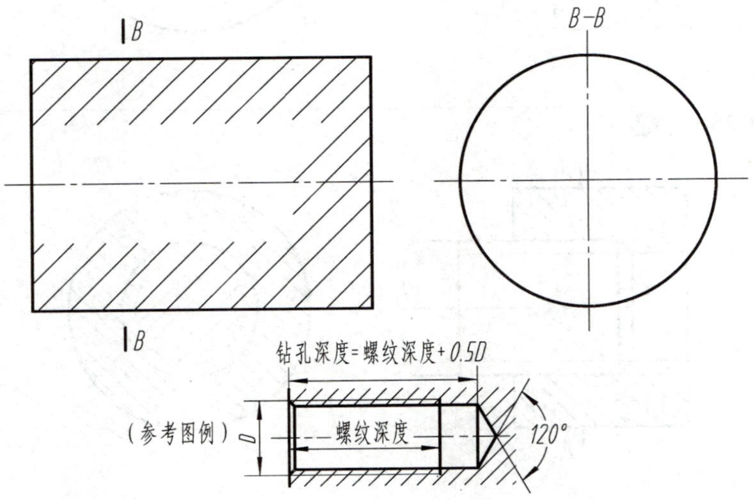

4-26-4 按螺纹联接的规定画法完成下列图形。

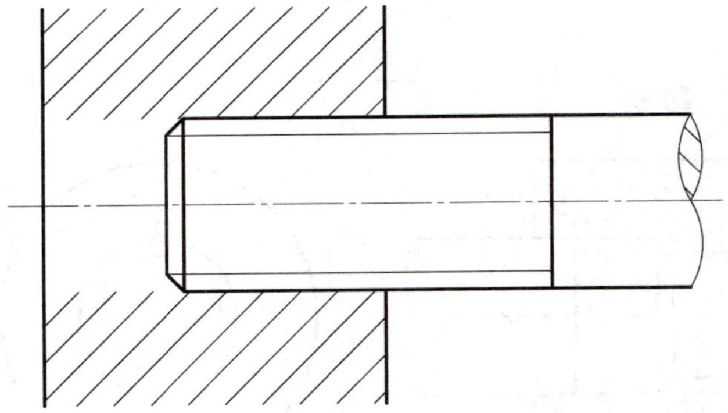

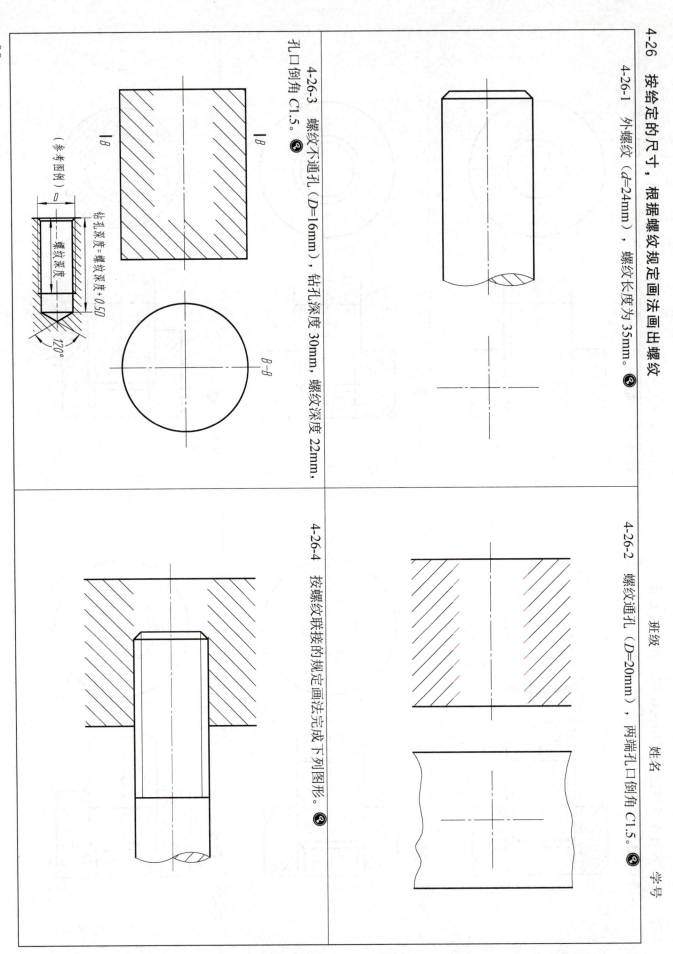

4-27 **查教材附录确定下列各标准件的尺寸，并写出规定标记** 班级 姓名 学号

4-27-1 六角头螺栓（GB/T 5782—2016）。

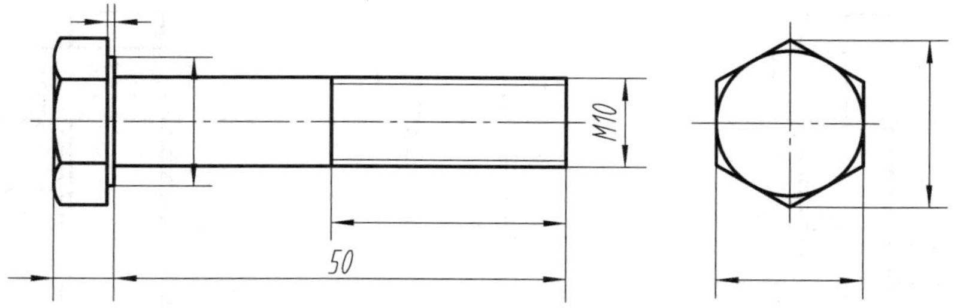

规定标记 ______________________

4-27-2 1 型六角螺母（GB/T 6170—2015）。

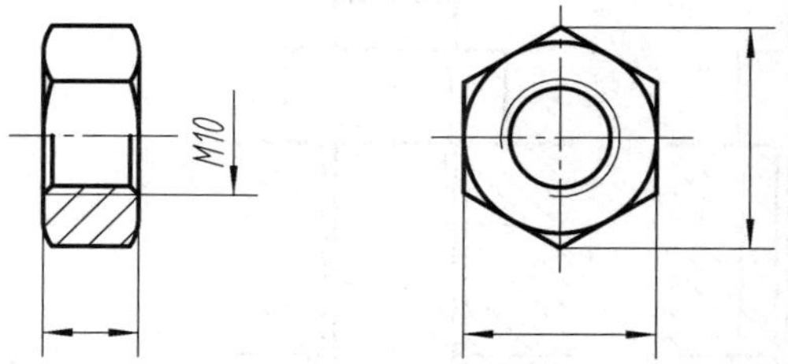

规定标记 ______________________

4-27-3 等长双头螺柱 B 级（GB/T 901—1988）。

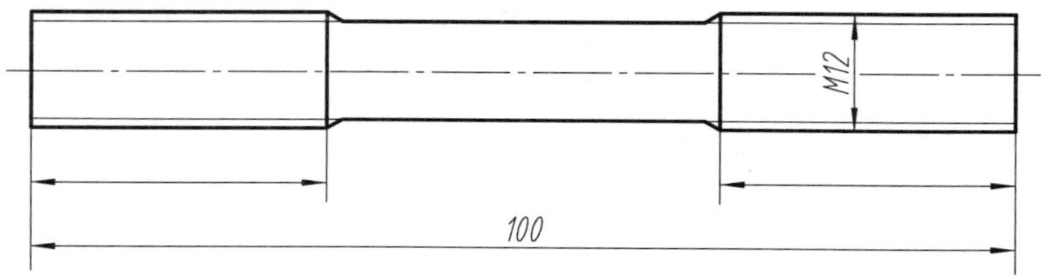

规定标记 ______________________

4-27-4 压力容器用 A 型等长双头螺柱（NB/T 47027—2012）。

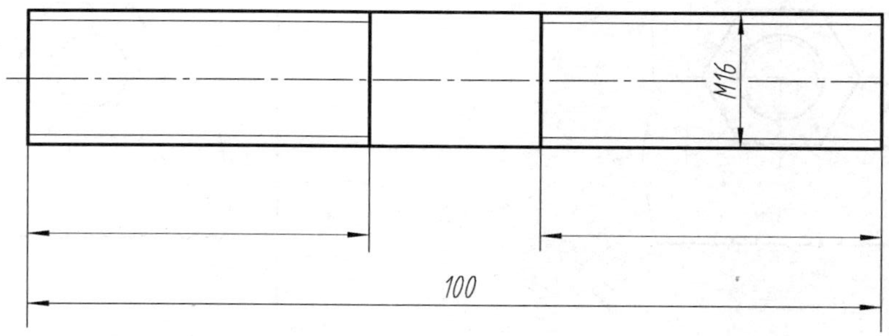

规定标记 ______________________

4-28 找出螺栓联接三视图中的错误（每题 3 处，用铅笔圈出）

班级　　姓名　　学号

4-28-1

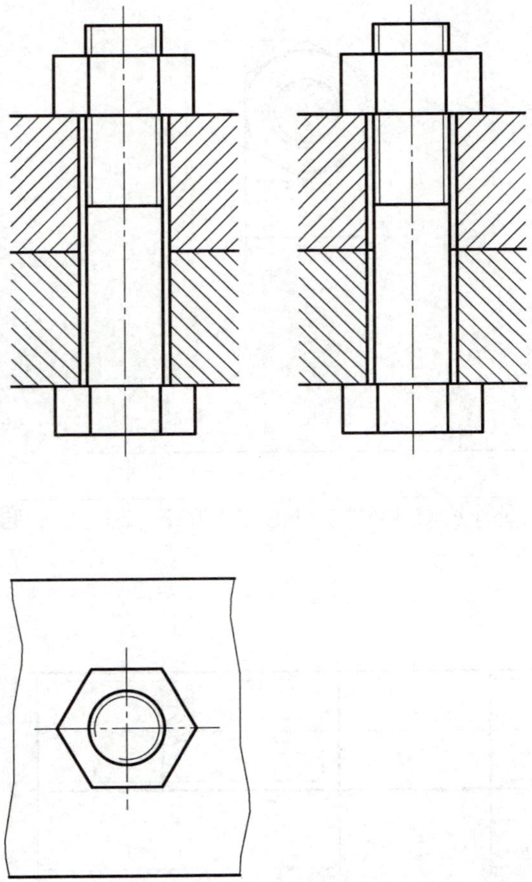

4-28-2

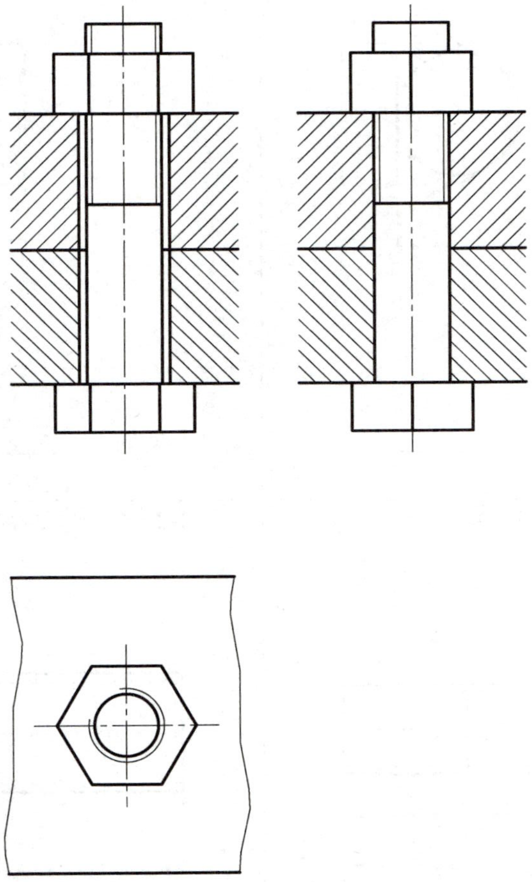

4-28-3

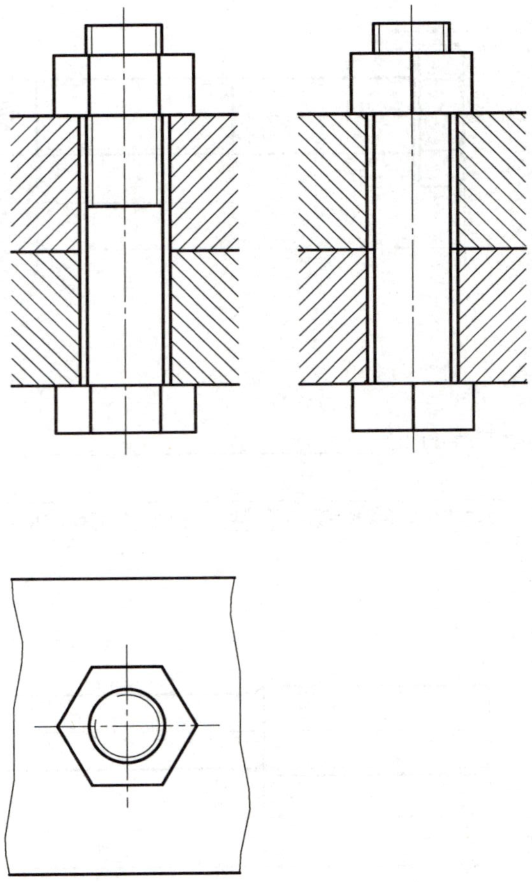

4-29 找出螺栓联接三视图中的错误（每题3处，用铅笔圈出） 班级 姓名 学号

4-29-1

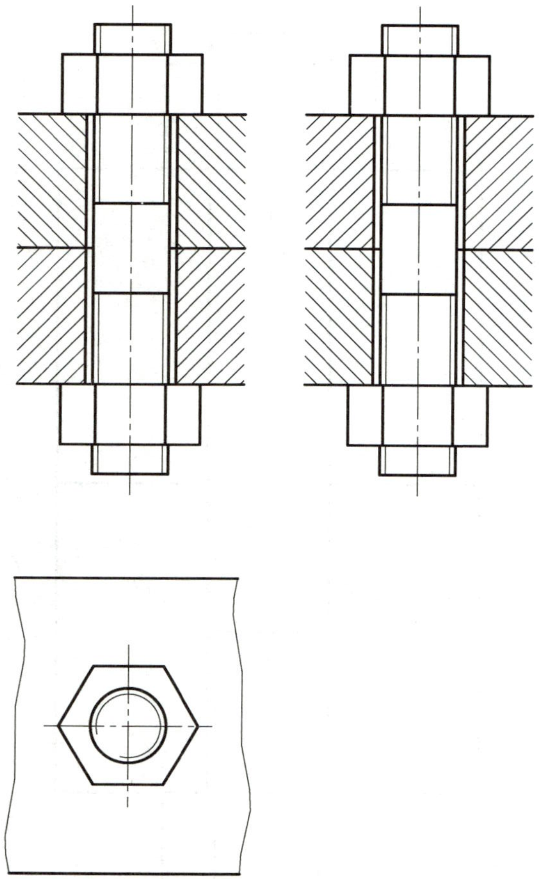

4-29-2

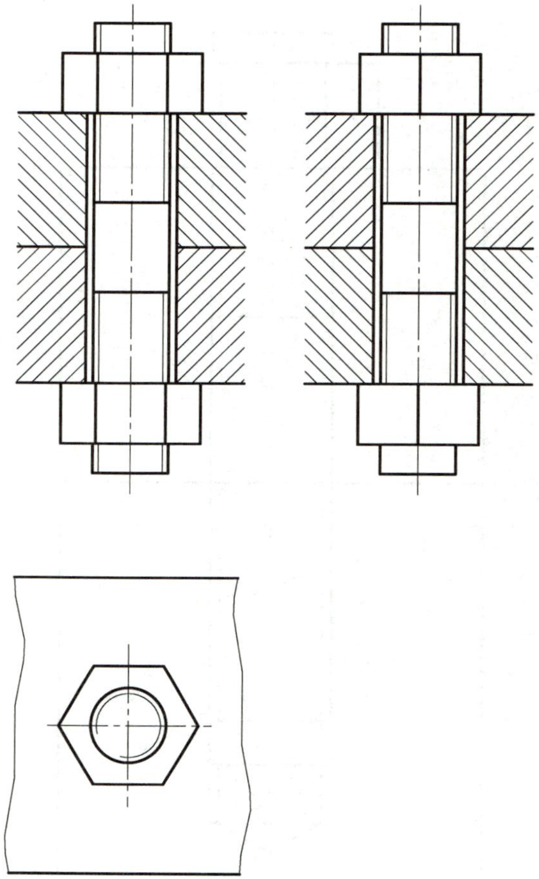

4-29-3

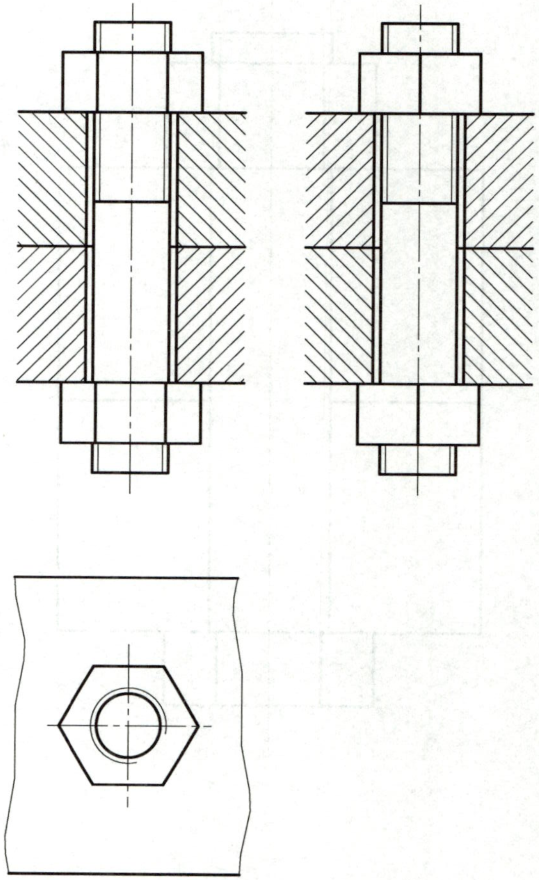

4-30 螺纹紧固件的联接画法

班级 姓名 学号

4-30-1 按简化画法完成螺栓联接的全剖视图（螺栓规格按 1∶1 由图中量得）。

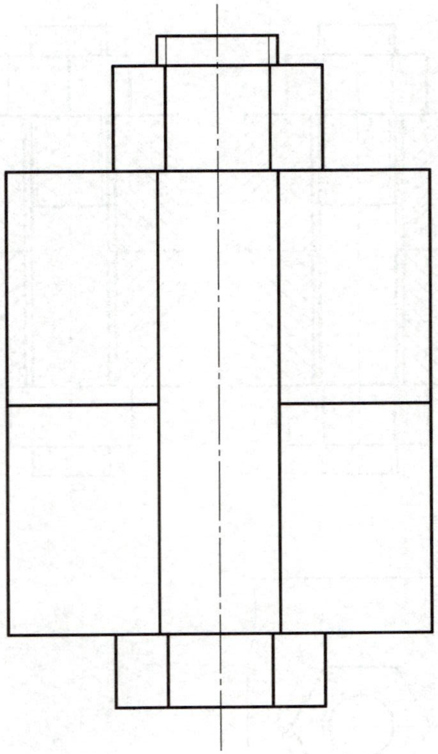

4-30-2 按简化画法完成双头螺柱联接的全剖视图。

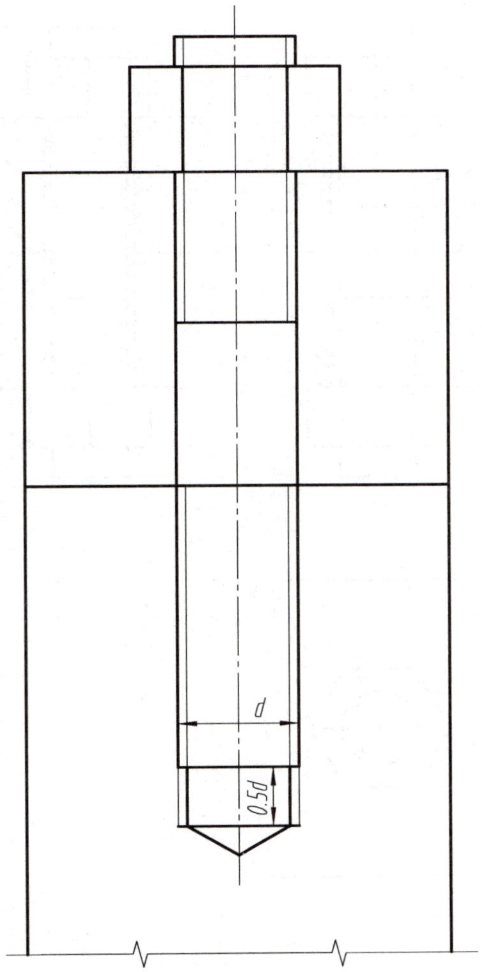

4-30-3 按简化画法完成等长双头螺柱联接的全剖视图。

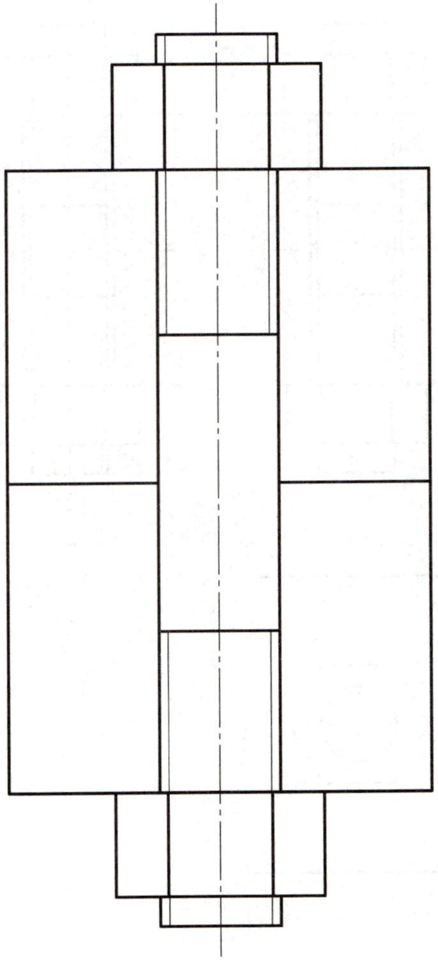

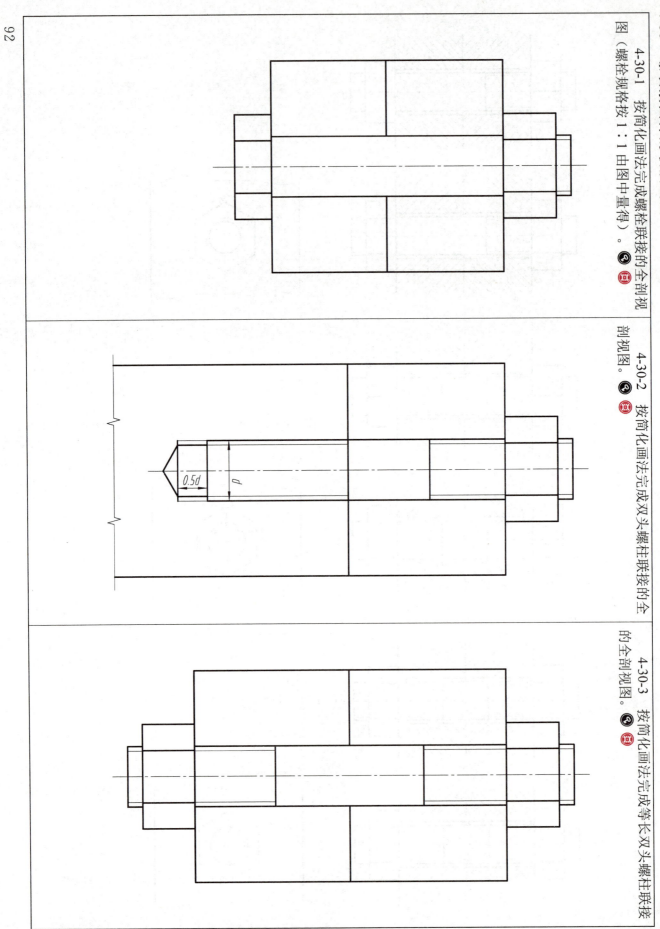

第五章 零 件 图

5-1 根据零件轴测图，选择正确的表达方案（可徒手画出零件图，不注尺寸）

5-1-1

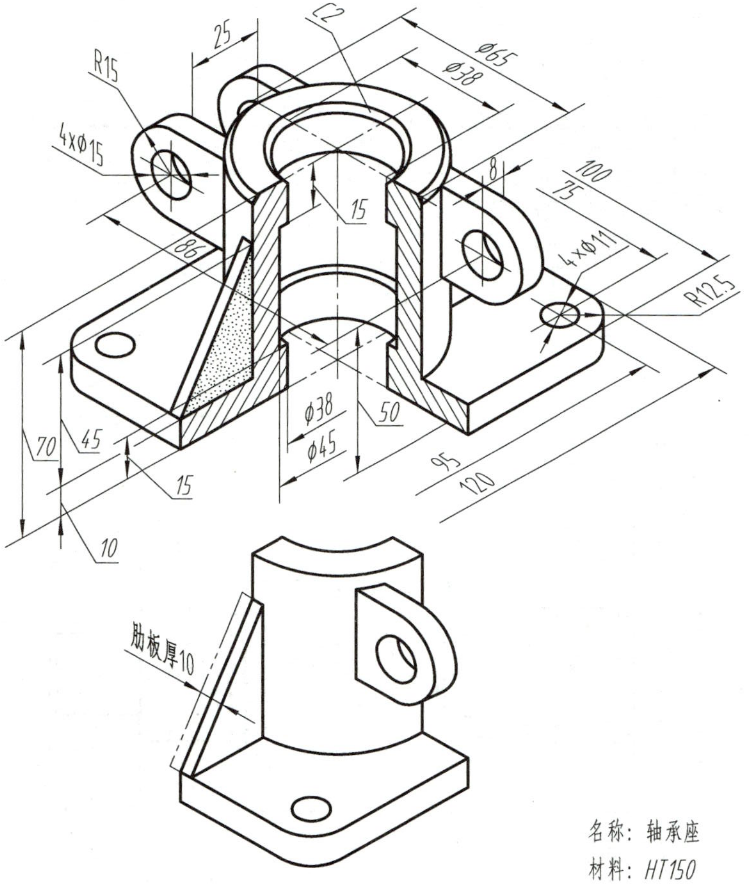

名称：轴承座
材料：HT150

5-1-2

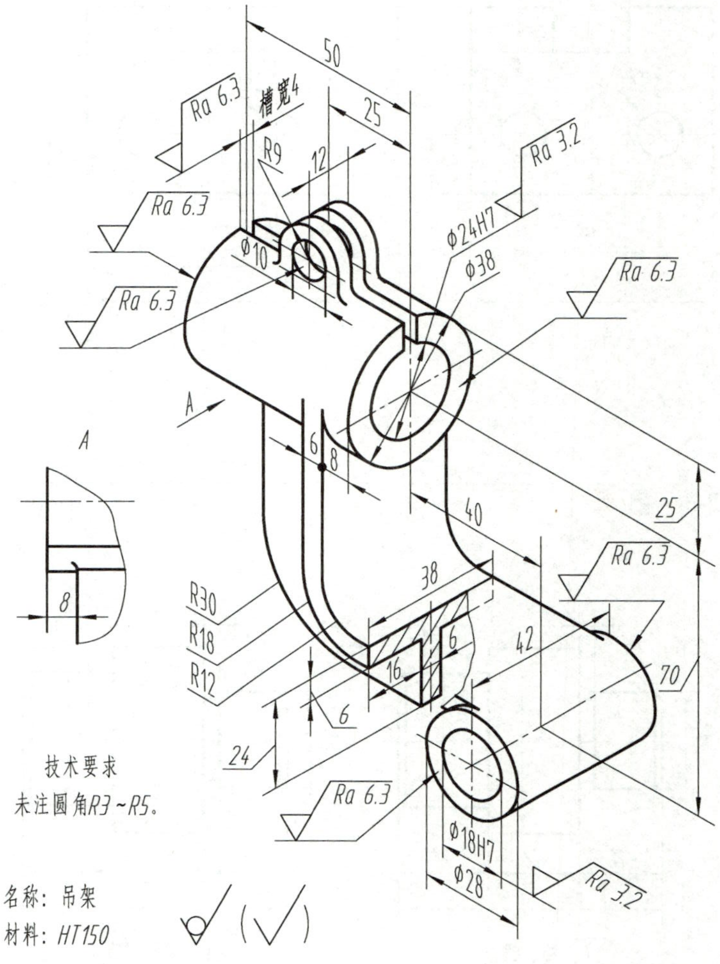

技术要求
未注圆角R3~R5。

名称：吊架
材料：HT150

5-2 请仔细观察，判断下面4组零件图尺寸标注的正误

班级　　姓名　　学号

5-2-1

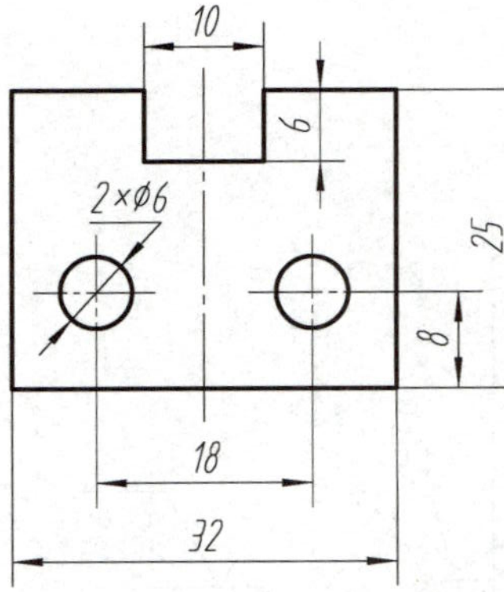

（正确、错误）

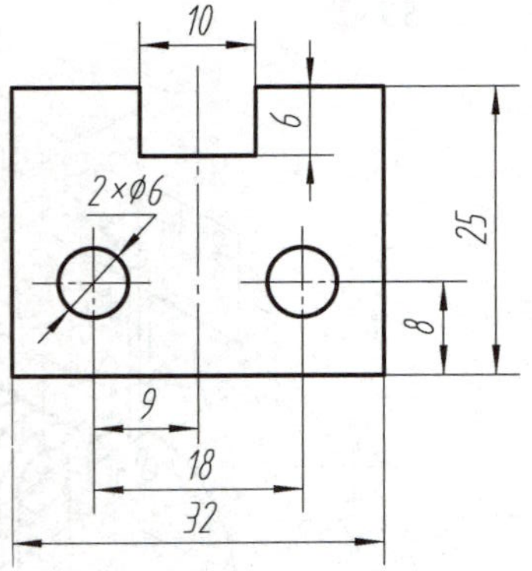

（正确、错误）

5-2-2

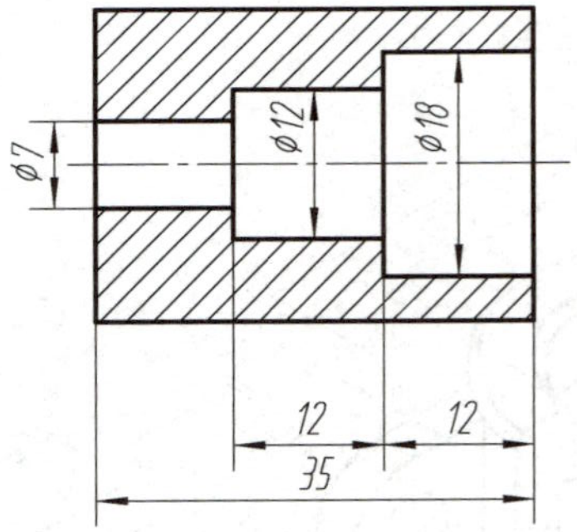

（正确、错误）

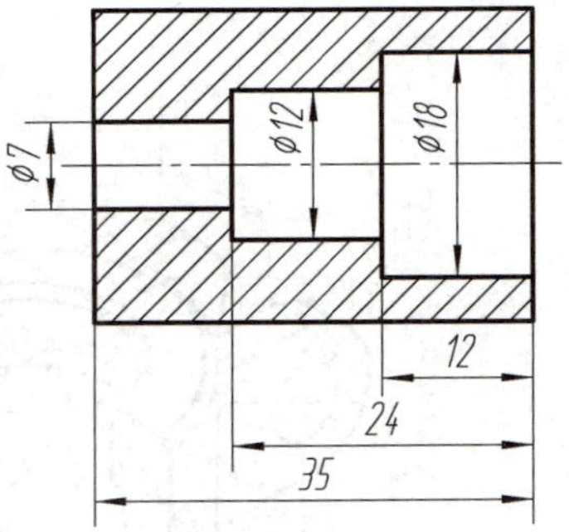

（正确、错误）

5-2-3

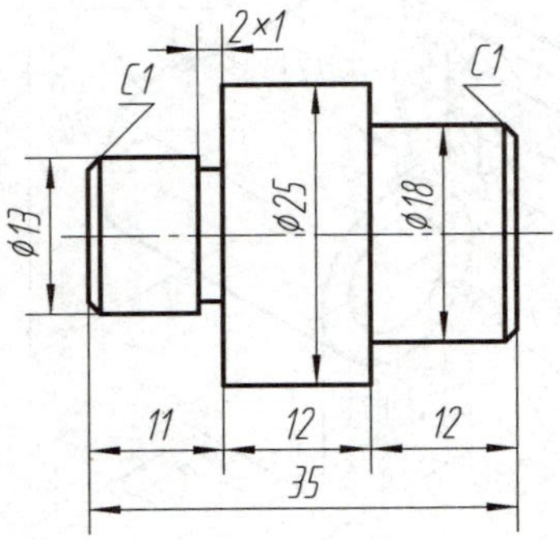

（正确、错误）

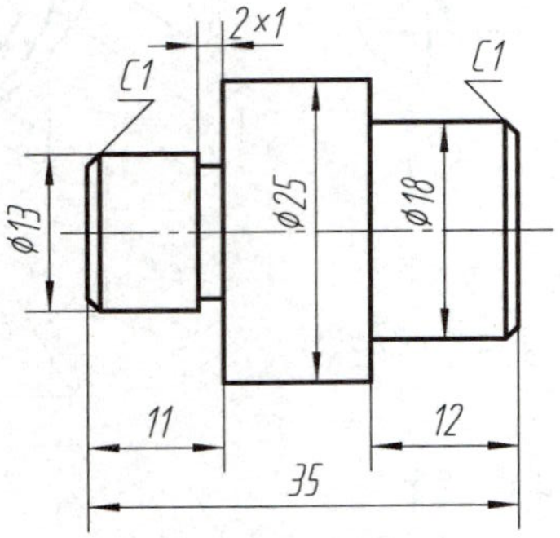

（正确、错误）

5-2-4

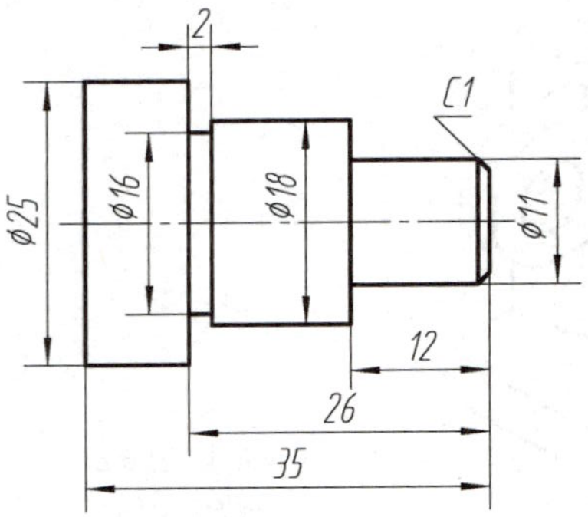

（正确、错误）

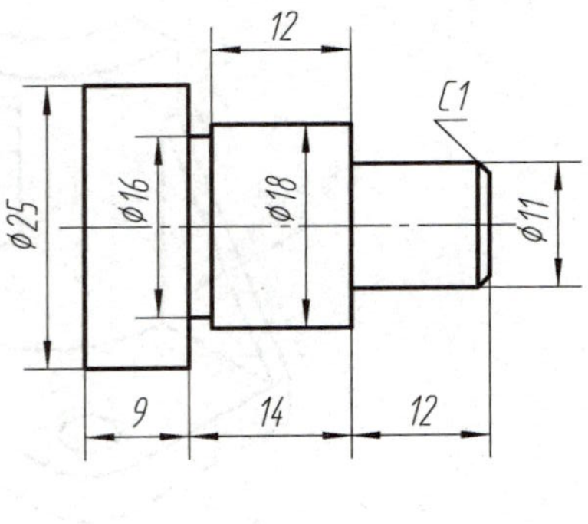

（正确、错误）

5-3-1 将表中给定的表面粗糙度，标注在相应的零件表面上。

表面	端面、底面	A	B	C、D、E	其余表面
Ra	6.3	1.6	3.2	12.5	√

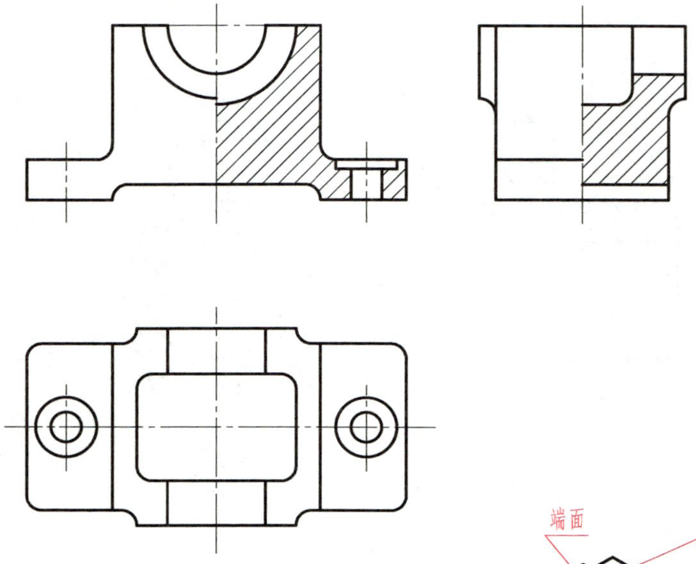

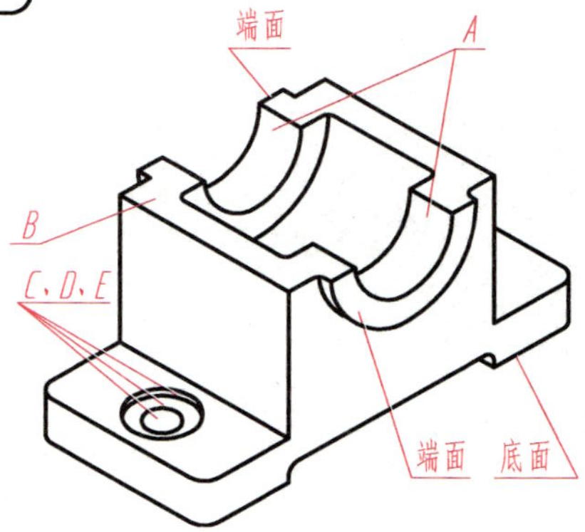

5-3-2 找出表面粗糙度的标注错误，并将正确的注法标注在下图中。

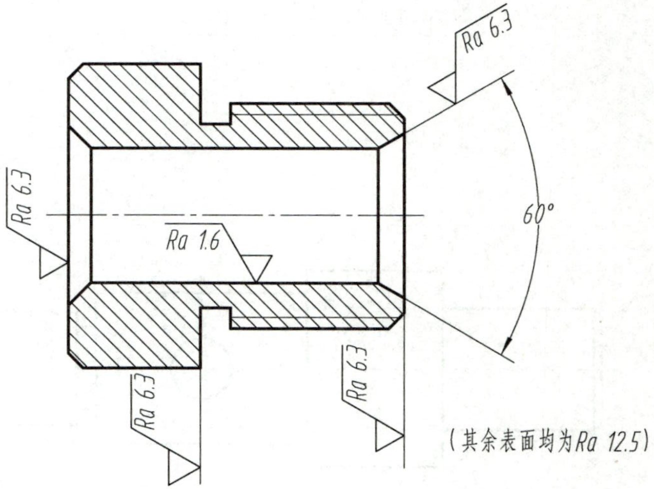

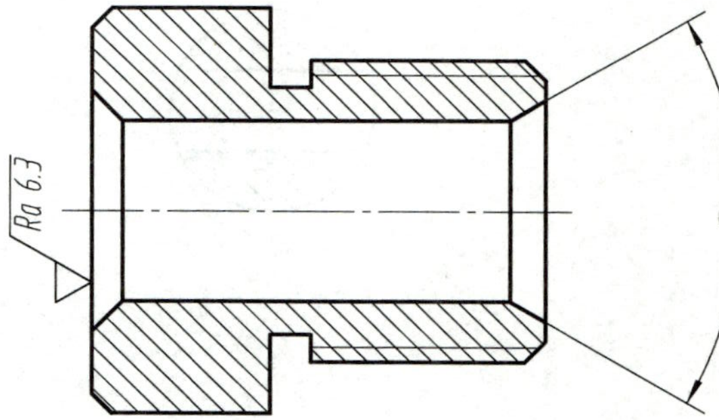

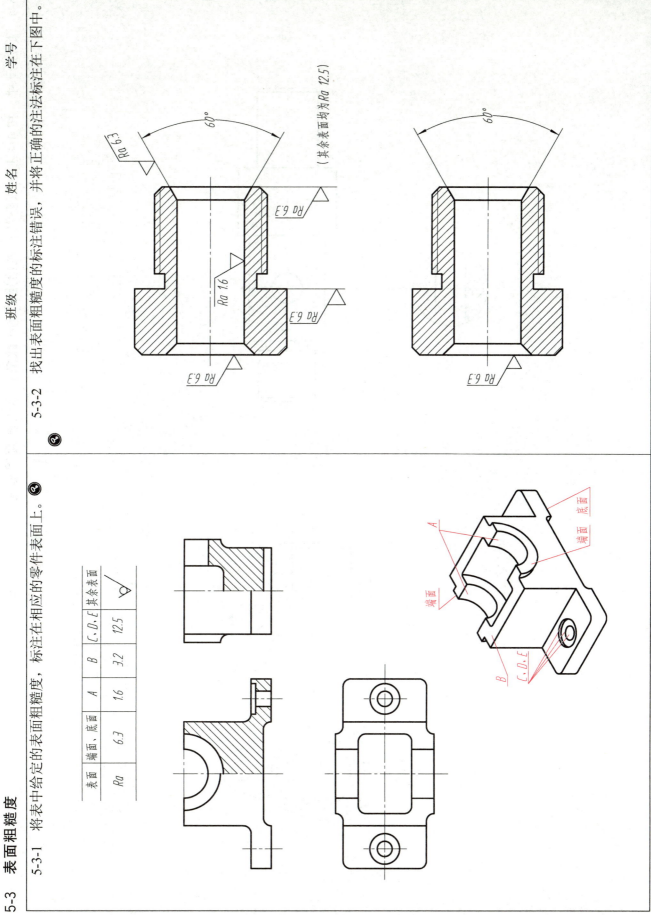

5-4 标注尺寸，按 1∶1 量取整数；按给定的 Ra 数值，标注表面粗糙度

班级　　　　姓名　　　　学号

5-4-1

表面	A	B	C	D	其余表面
Ra	6.3	12.5	3.2	6.3	25

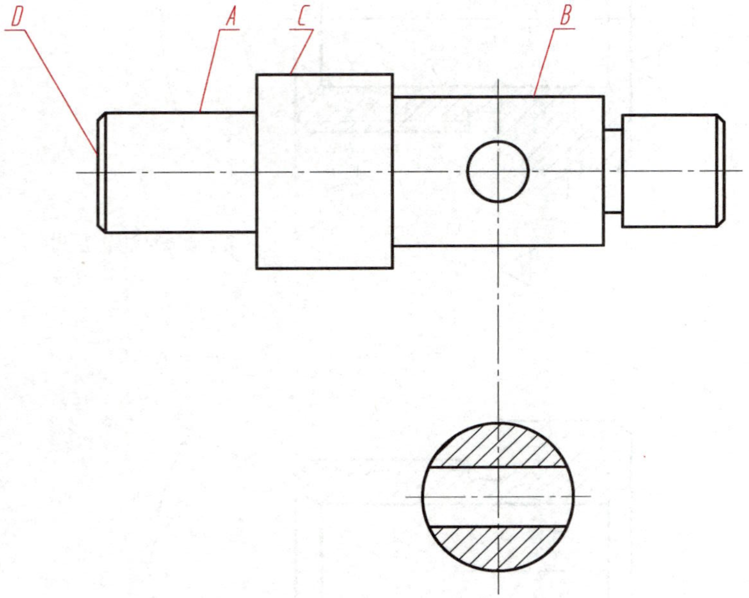

5-4-2

表面	A	B	C	D	其余表面
Ra	6.3	12.5	3.2	6.3	25

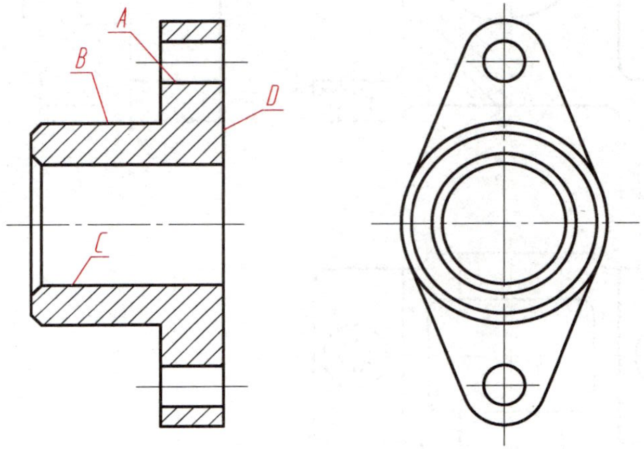

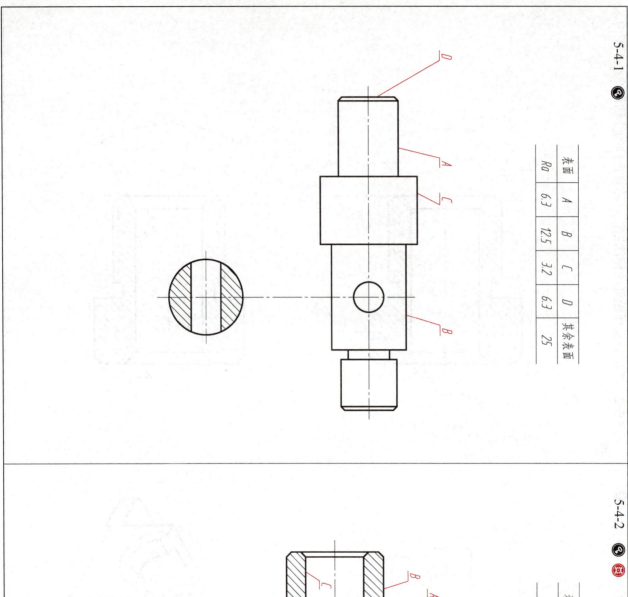

5-5 解释配合代号的含义；根据配合代号查表，注出孔和轴的极限偏差值

班级　　　　姓名　　　　学号

5-5-1

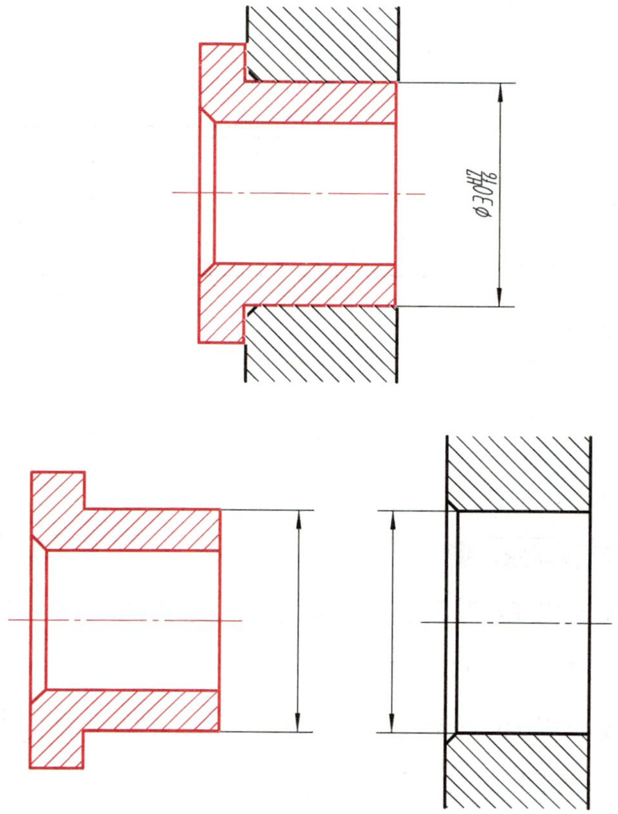

轴套与孔，属于基________制__________配合。

公差等级：轴套为IT_______级，孔为IT_______级。

基本偏差代号：轴套为_______，孔为_______。

5-5-2

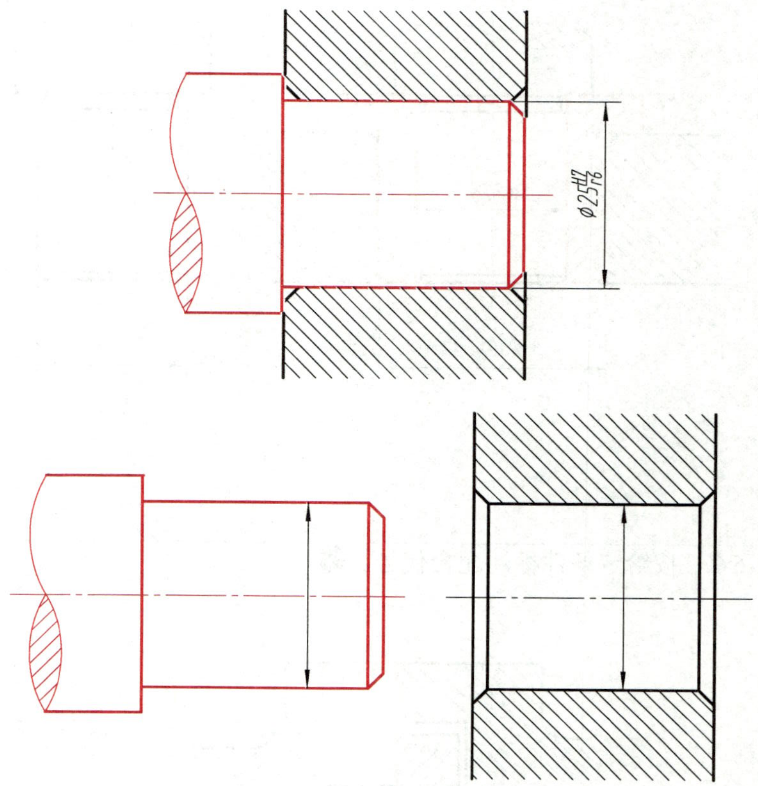

轴与孔，属于基________制__________配合。

公差等级：轴为IT_______级，孔为IT_______级。

基本偏差代号：轴为_______，孔为_______。

5-6 极限与配合　　　　班级　　　　姓名　　　　学号

5-6-1 根据配合代号查表，将极限偏差值注在相应的零件图上。

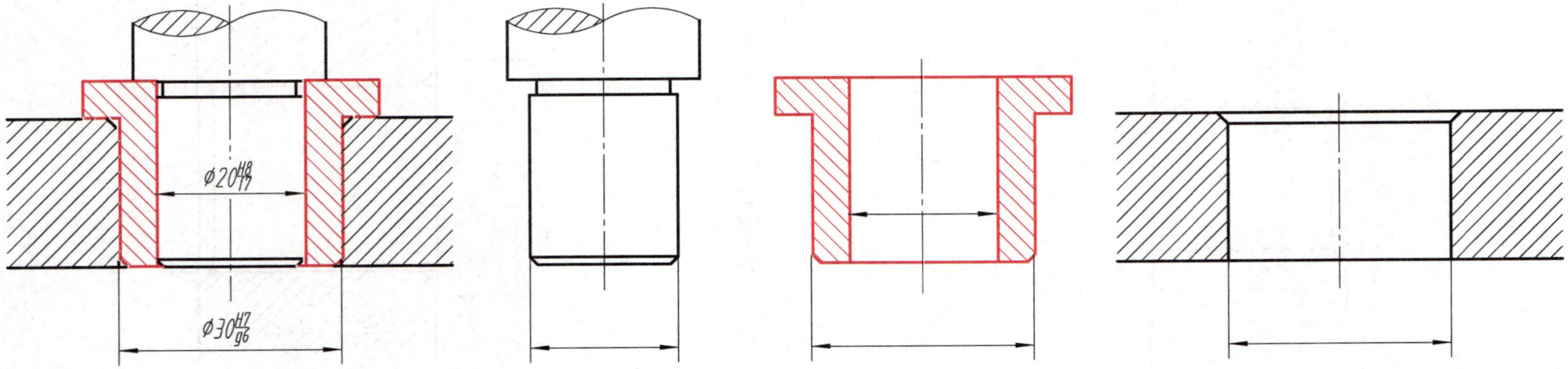

5-6-2 按给定条件标注配合代号。

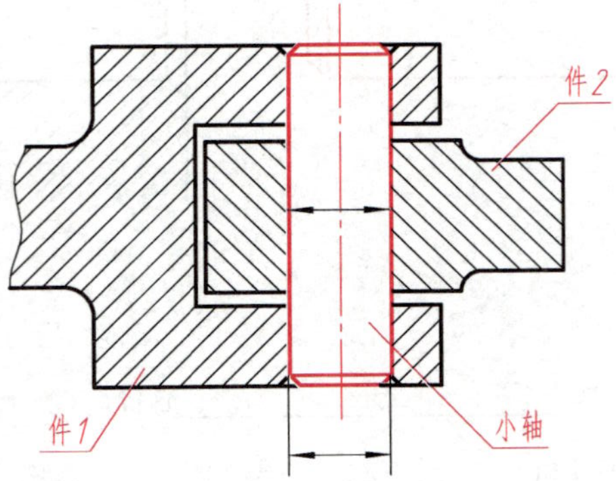

小轴为 φ10h6；　件 1 孔为 φ10K7；　件 2 孔为 φ10G7

5-6-3 回答问题。

（1） φ20H7/f6 为基______制________配合。轴的公差带代号为_____，孔的公差带代号为_____。

（2） φ35H7/s6 为基______制________配合。轴的上极限尺寸为________，下极限尺寸为________，公差为________。

（3）第 2 题中小轴的上极限偏差为_____，下极限偏差为________；件 1 孔的上极限偏差为________，下极限偏差为_______，它们构成基制_______配合。

（4）第 2 题中件 2 孔的基本偏差代号为________，标准公差等级为_____级，它与小轴构成基_____制_______配合。

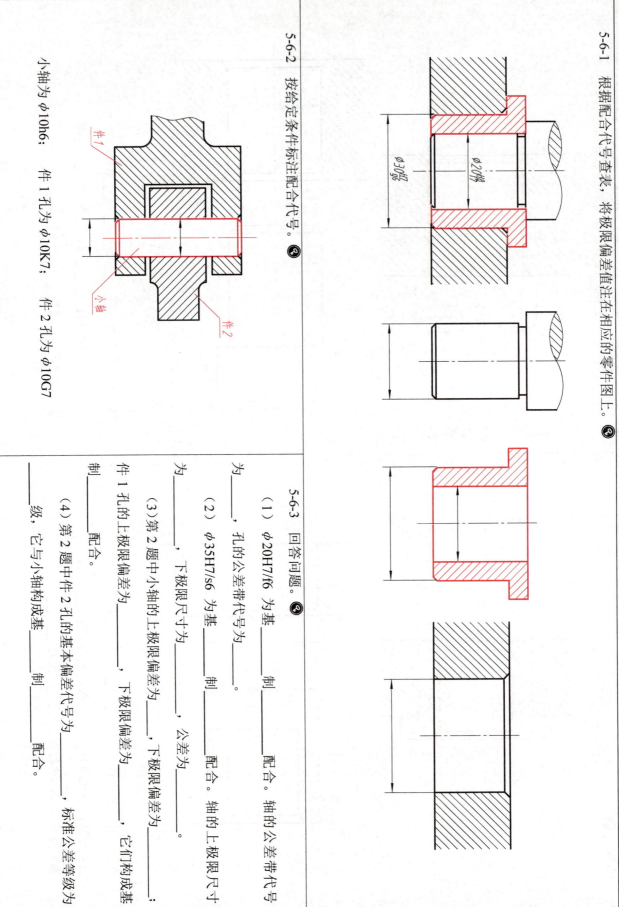

5-7 阅读轴的零件图，回答问题

班级　　姓名　　学号

（1）该零件名称为__________，材料为_____。

（2）主视图轴线水平放置，主要考虑符合零件的________位置。

（3）除主视图外，用两个____图表达键槽断面形状；用两个___________________表达Ⅰ、Ⅱ两处沟槽结构。

（4）分析尺寸基准，在图中标出该轴的径向基准和轴向主要基准，试找出两个键槽及孔的定位尺寸及尺寸基准。

（5）$\phi 14^{-0.016}_{-0.034}$ 表示该轴段的公称尺寸为_______，上极限尺寸为___________________，下极限尺寸为________，公差为_________。

（6）$\phi 14$ 轴段上键槽的宽度为________，深度为_______，注出“11”表示深度，是为了便于________。

（7）$\phi 14$ 轴段左端轴肩处所注 2×1 表示了___________的尺寸，“2”为________，“1”为__________。

（8）分析轴上各面的表面粗糙度要求，最光面的 Ra 值为_________，最粗糙面的 Ra 值为__________。

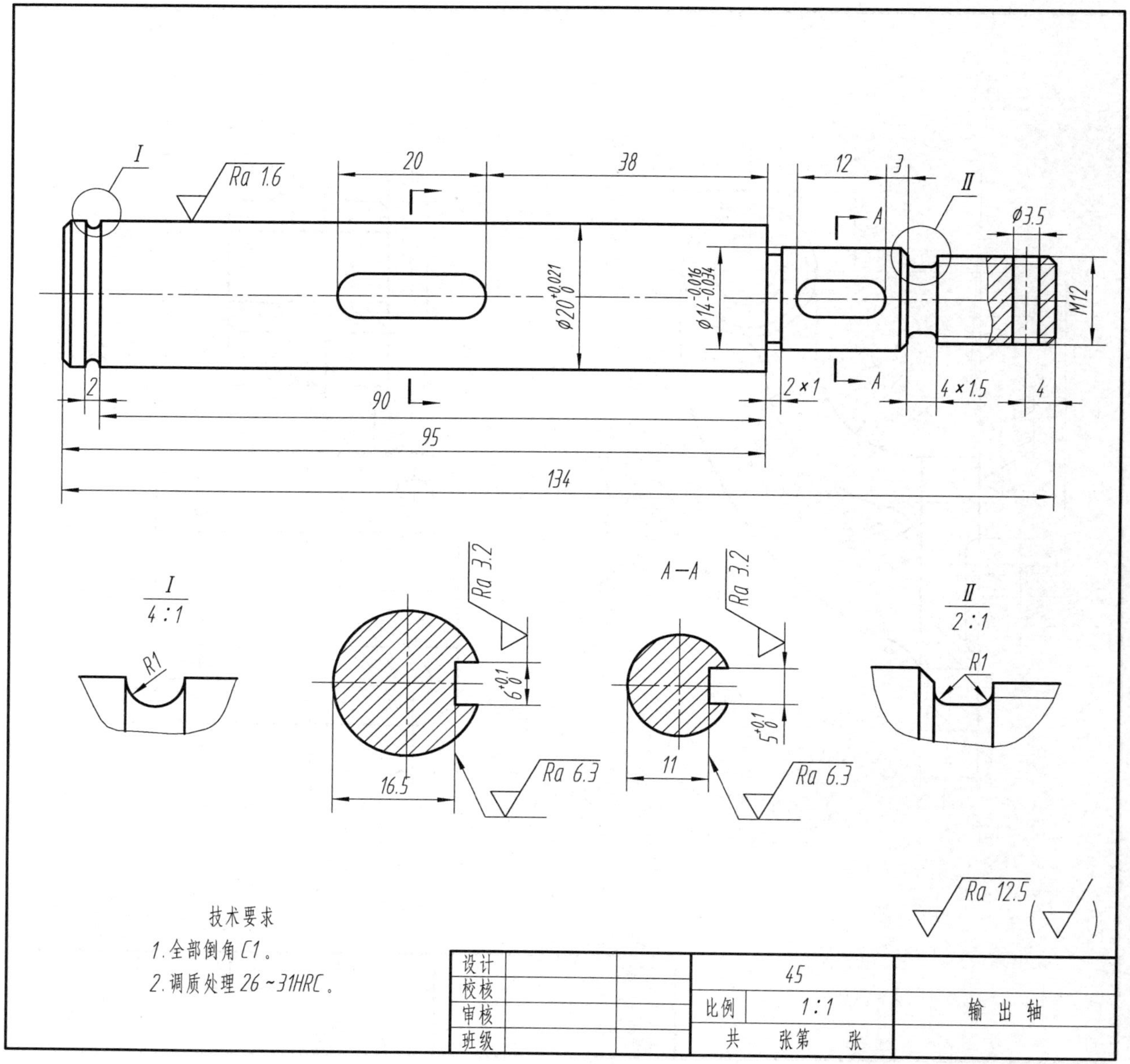

5-8 阅读踏脚座的零件图，回答问题

班级　　　　姓名　　　　学号

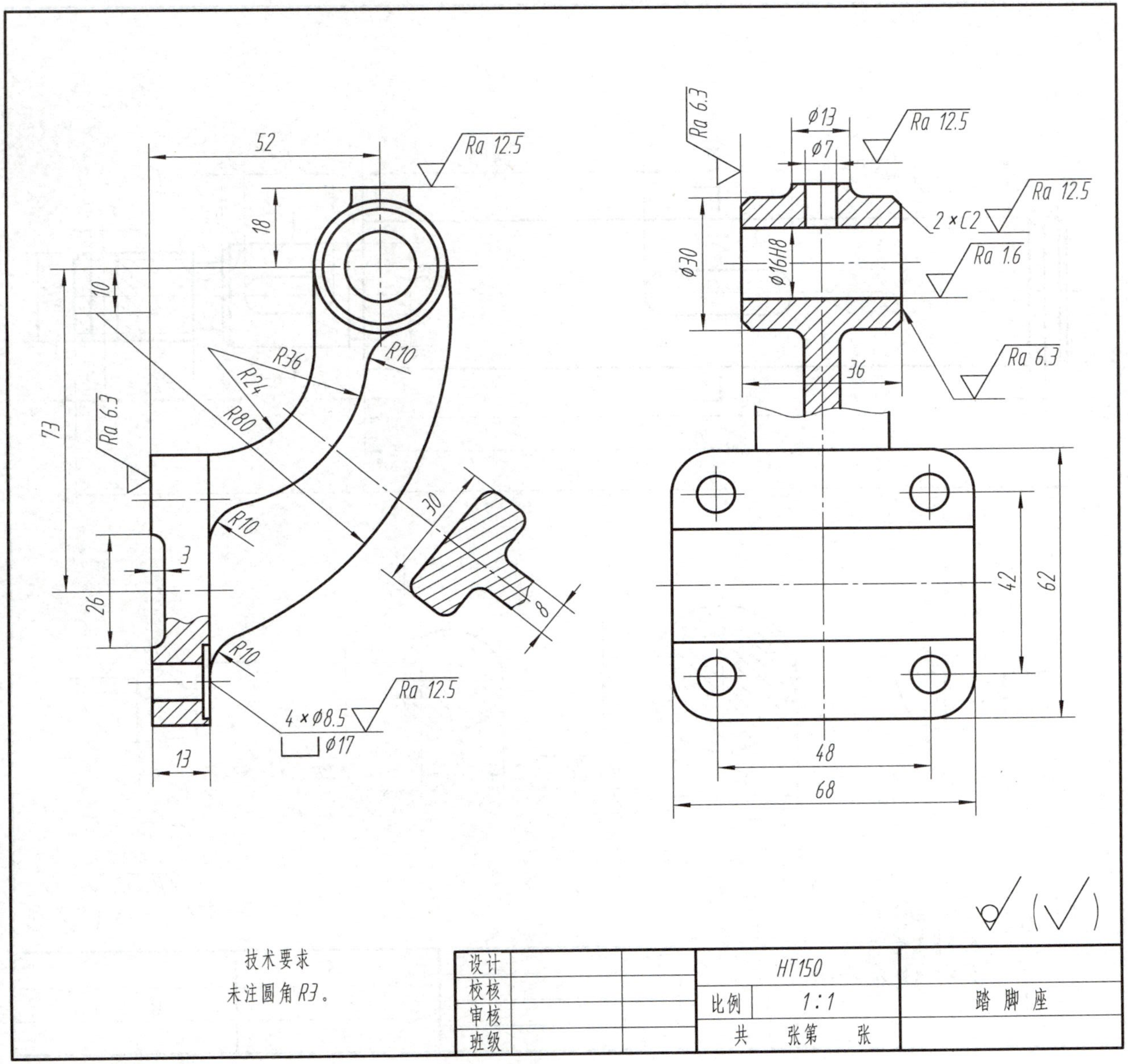

（1）该零件名称为________，其主视图反映了零件的________位置和形状特征。

（2）主视图采用了________剖视，用于表达__________结构，解释该结构尺寸 4×ϕ8.5 ⌴ϕ17 的含义。

（3）左视图采用了________剖视，其剖切位置如何？试在视图上标注出来。

（4）除主视图和左视图外的另一图形是____________图，试指出该图中尺寸在左视图上相应的位置。

（5）轴孔尺寸 ϕ16H8 中的“H”为________，“8”为__________。该尺寸的下极限偏差为_____，上极限偏差为__________（查表确定）。

（6）指出零件长、宽、高三个方向的主要尺寸基准，分析各结构的定形和定位尺寸。

（7）该零件哪些面是加工面？哪个面最光滑？其 *Ra* 值为________。

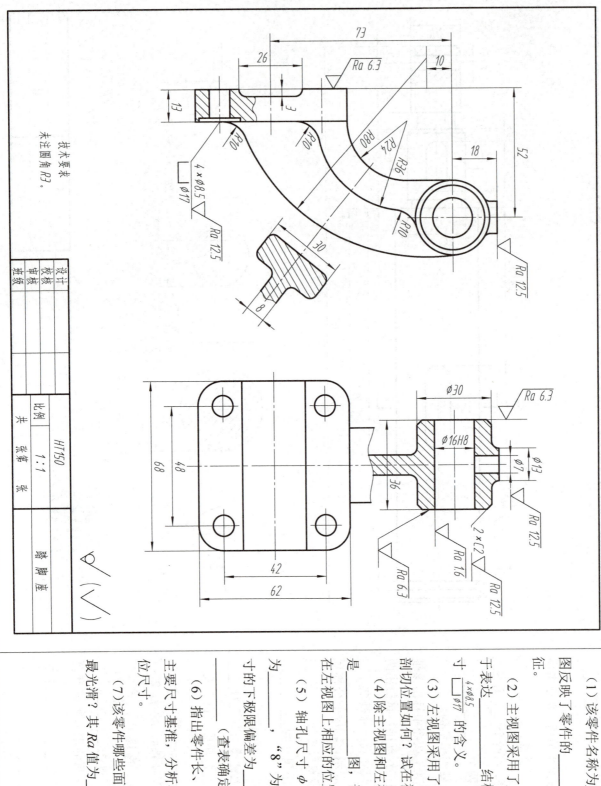

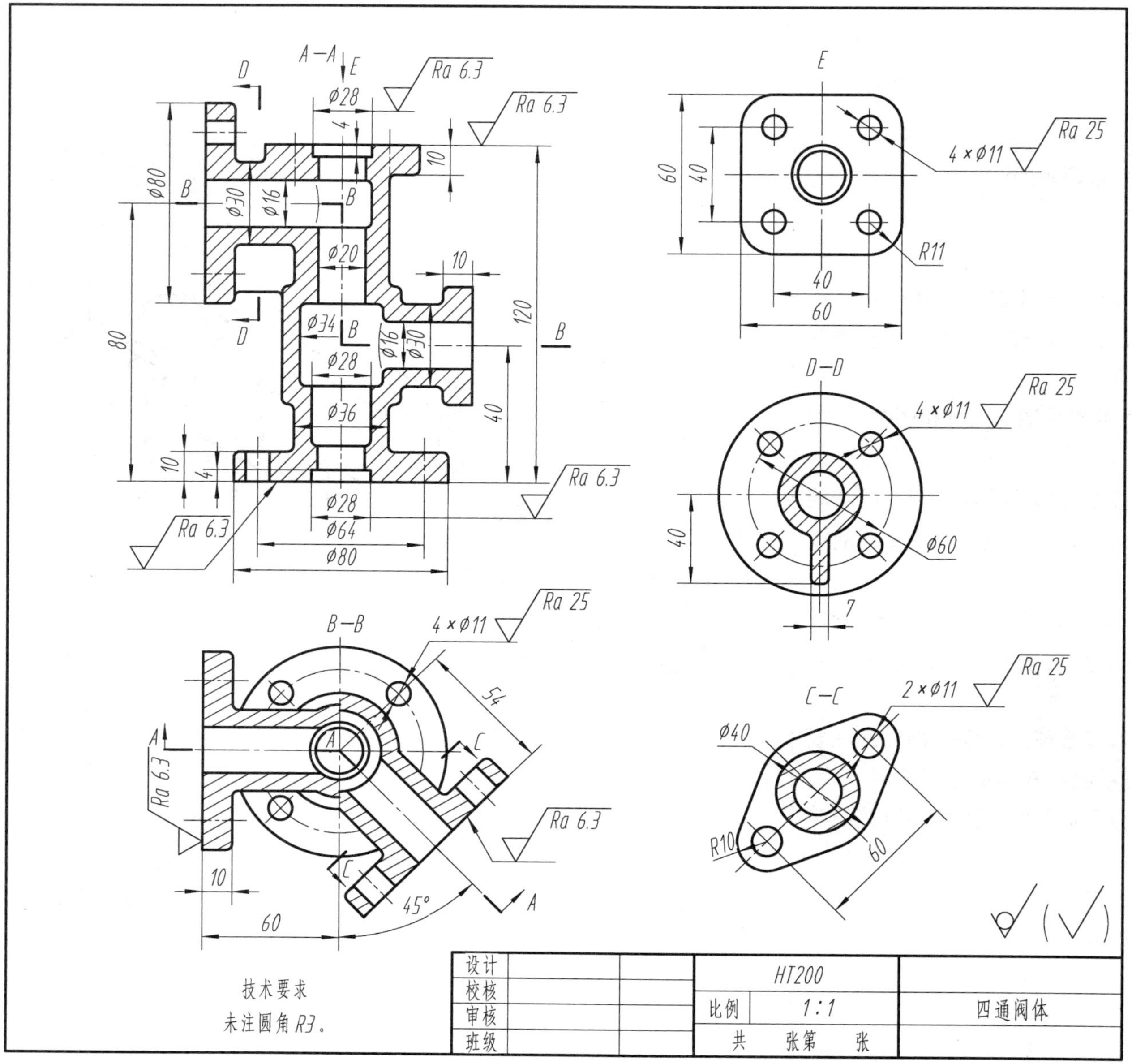

(1)该零件的一组视图中哪个是主视图？哪些是基本视图？主、俯视图采用哪些表达方法？

(2) 分析各剖视图的剖切面：*A*—*A* 剖视图采用了______剖；*B*—*B* 剖视图采用了______________剖；*C*—*C* 剖视图采用的______剖视。

(3) *D*—*D* 剖视图的投射方向如何？标注中的箭头可否省略？*E* 向视图表达部位和投射方向如何？

(4) 分析零件的结构形状：四通由主管和左、右侧两管组成，左右两管之间的相对位置如何？四通的上端面、下底面、左管端面和右侧管端面各是什么形状？分别在哪个视图上反映出来？

(5) 分析零件各方向上的尺寸基准。试找出左、右两管的定位尺寸。

(6) 分析零件上哪些面是加工面，哪些面是毛坯面。

作业指导书（五）

一、目的

1）熟悉零件测绘的方法和步骤。

2）熟悉零件的视图选择、尺寸标注及技术要求的注写。

3）训练徒手画零件草图的能力。

二、内容和要求

1）根据实际零件或轴测图，选择表达方案，徒手画出零件草图。

2）若测绘实际零件，要测量零件尺寸，并评定技术要求；由轴测图画的零件图，须选择加工面的粗糙度。

3）按教师指定，在图纸上画出一个零件的零件图。比例和图幅自定。

三、注意事项

1）选择主视图应考虑加工位置、工作位置及形状特征原则，所选的一组视图必须把零件表达完整、清楚，并尽量简洁；可设想几种不同的视图表达方案，通过比较，择优选用。

2）标注尺寸要做到正确、完整，力求清晰、合理；测绘实际零件时，要先在草图上画好尺寸界线、尺寸线和箭头，然后统一测量，标注尺寸数字。

3）重要尺寸须注出公差带代号或极限偏差数值；表面粗糙度注法要正确；测绘实际零件的技术要求参考有关资料或在教师指导下确定。

4）零件上的倒角、退刀槽、键槽、各种孔以及铸造圆角和过渡线等要正确画出和标注。

5）对所画零件草图要进行认真细致的检查。

四、图例（右图）

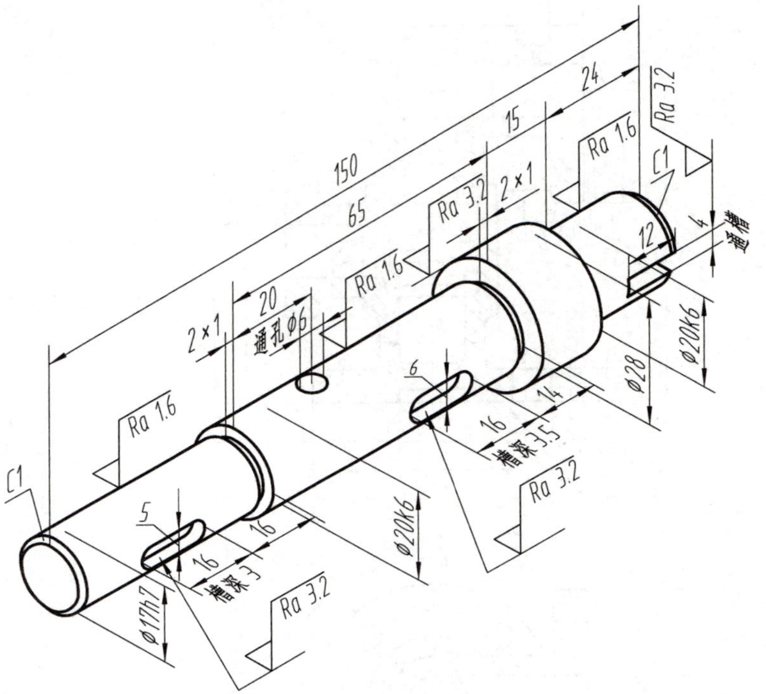

技术要求

名称：输出轴　　1. 淬火硬度40~50HRC。

材料：45　　2. 去除毛刺。

Ra 12.5 (√)

第六章　化工设备图

6-1　根据规定标记（查附录），注出下列标准零部件的尺寸（一）

班级　　　　姓名　　　　学号

6-1-1　公称直径 1400mm、名义厚度 14mm、材质 16MnR、以内径为基准的椭圆形封头。

EHA　1400×14-16MnR　GB/T 25198—2010

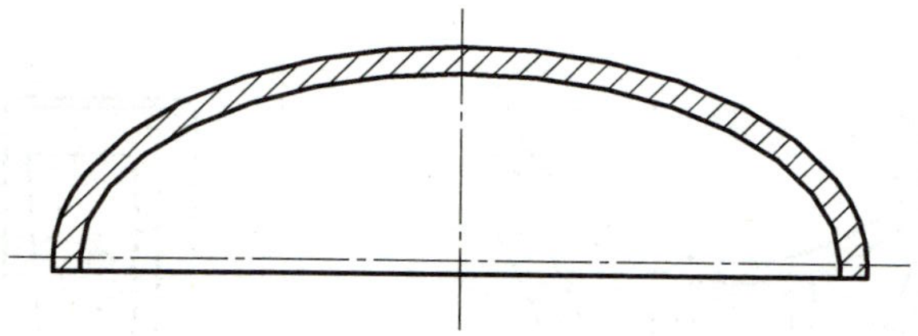

6-1-2　接管公称直径 d_N450 mm、补强圈厚度为 14mm、坡口型式为 A 型、材料为 Q235B 的补强圈。

d_N450×14-A-Q235B　JB/T 4736—2002

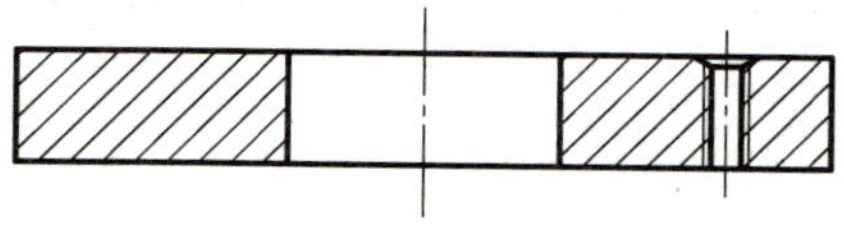

6-1-3　公称尺寸见下表，公称压力 *PN*1.6，配用公制管的突面板式平焊钢制管法兰，材料为 Q235A。

HG/T 20592—2009　法兰　PL××-1.6　RF　Q235A

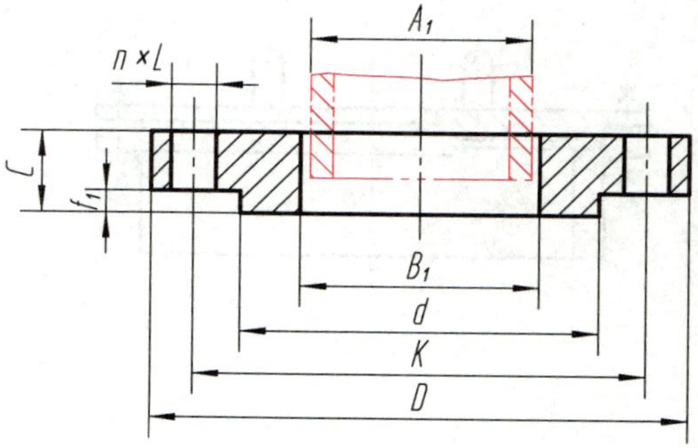

管口符号		a	$b_{1\text{-}4}$	c	d	f	g
公称压力/MPa		1.6					
接管尺寸/mm		$\phi32\times3.5$	$\phi25\times3$	$\phi57\times3.5$	$\phi32\times3.5$	$\phi32\times3.5$	$\phi32\times3.5$
公称通径 *DN*							
法兰尺寸	A_1						
	B_1						
	D						
	K						
	d						
	C						
	f_1						
	$n\times L$						

6-2 根据规定标记（查附录），注出下列标准零部件的尺寸（二）

班级　　姓名　　学号

6-2-1 公称直径 DN450、H_1=160、Ⅰ类材料、采用石棉橡胶板垫片的常压人孔。

人孔 Ⅰb（A-XB350） 450 HG/T 21515—2014

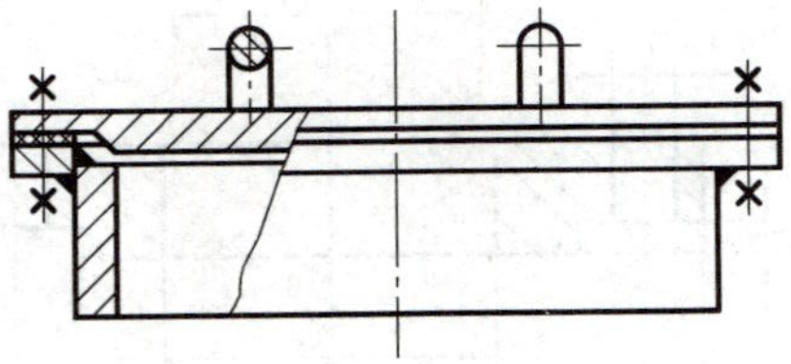

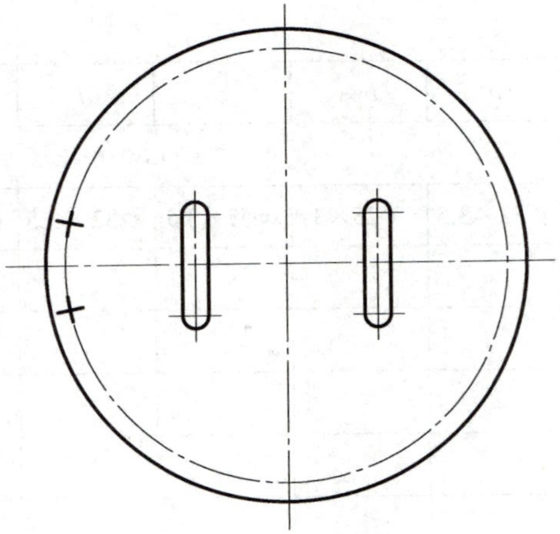

6-2-2 容器的公称直径为 800 mm、支座包角为 120°、重型、带垫板、标准高度的固定式焊制鞍座（鞍座材料 Q235A·F）。

JB/T 4712.1—2007，鞍座 BⅠ 1400-F

JB/T 4712.1—2007，鞍座 BⅠ 1400-S

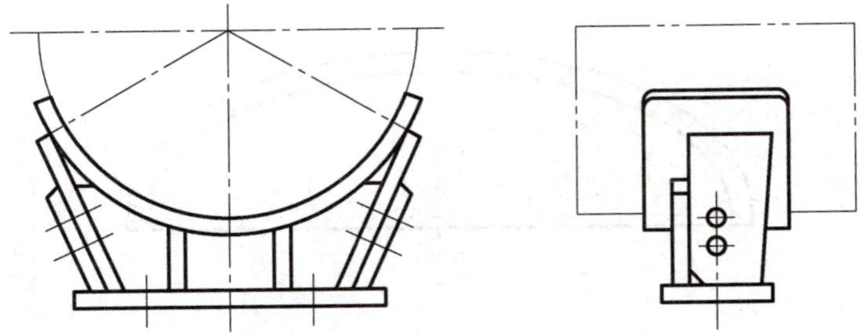

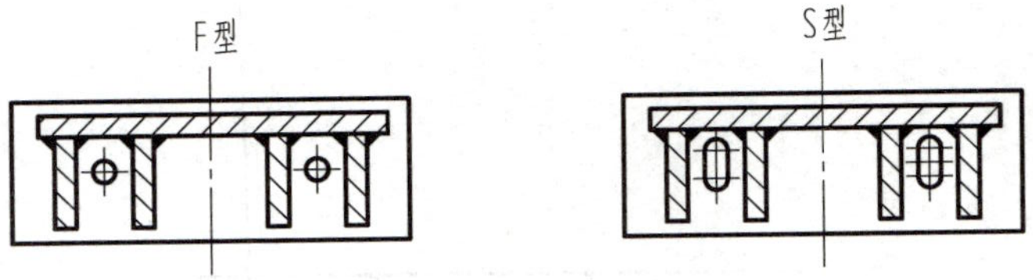

6-3 完成下列题目

班级　　　　姓名　　　　学号

6-3-1　回答下列问题。

（1）在金属焊接图样中，优先采用图示法？还是焊缝符号表示法？_

（2）完整的“焊缝符号”包括哪几项内容？__________________

____

（3）焊缝的“基本符号”表示焊缝__________的形式或特征。

（4）“补充符号”是必须要标出的吗？________

（5）这些阿拉伯数字代表哪些焊接方法？111：______________、212：____________、311：_____________、84：_____________

（6）箭头线位于__________________一侧，则将基本符号标在基准线的细实线上。

（7）________时，可以在焊缝符号中标注尺寸。

（8）“焊脚尺寸”和“焊角尺寸”哪一个对？____________

（9）坡口角度和坡口面角度是一回事吗？_____________

（10）什么样焊缝称为“双面焊缝”？_______________________ 什么样焊缝称为“对称焊缝”？________________________________

6-3-2　写出下列符号的名称，并判断其类别（画√）。

符号	名　称	类　别	
		基本符号	补充符号

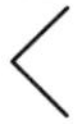			

6-4 判断焊缝画法及标注正确与否

6-4-1 下列表示焊缝的视图和剖视图中，哪一幅是正确的？

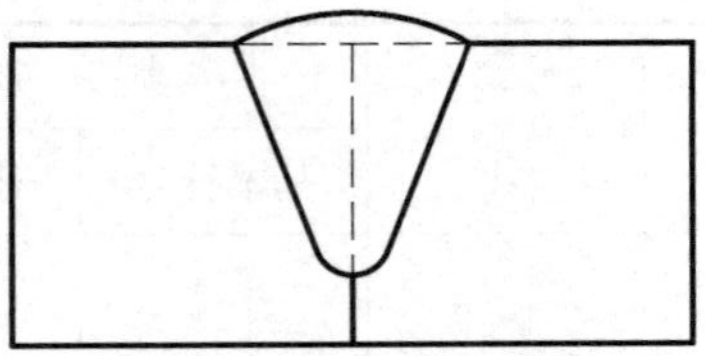
（正确、错误）

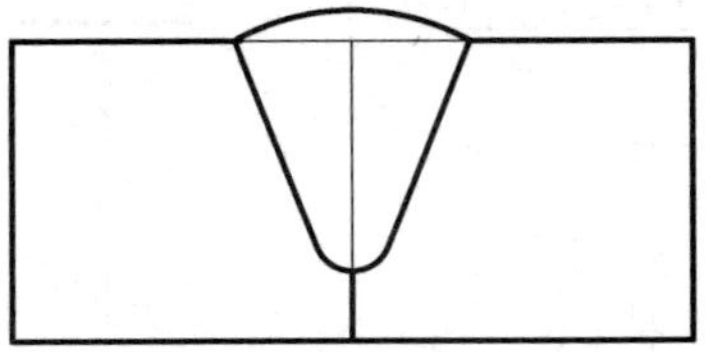
（正确、错误）

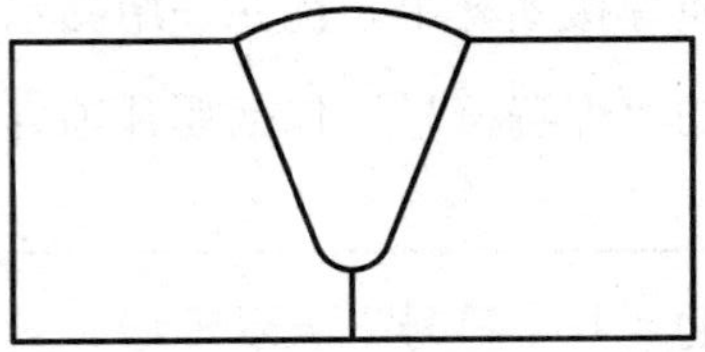
（正确、错误）

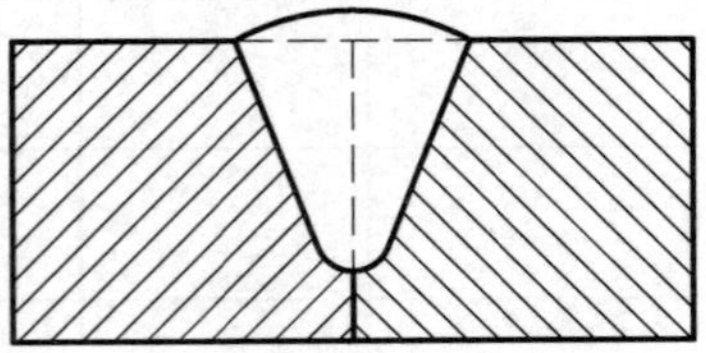
（正确、错误）

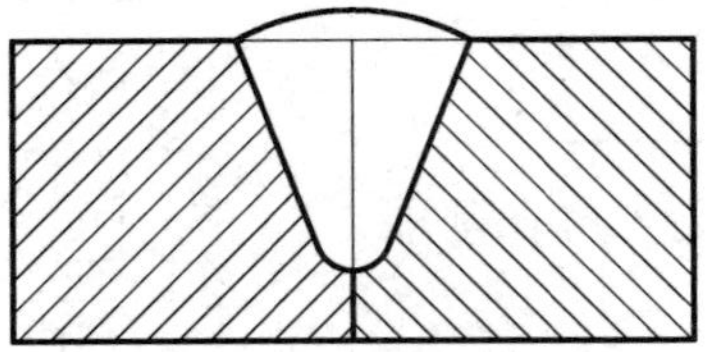
（正确、错误）

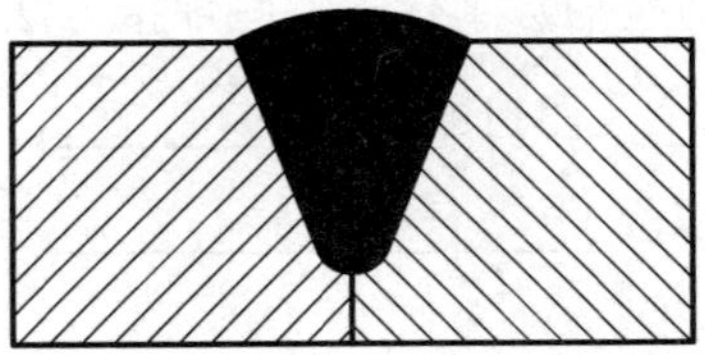
（正确、错误）

6-4-2 在下列两组标注焊缝符号的图形中，哪一幅是正确的？

（示意图）

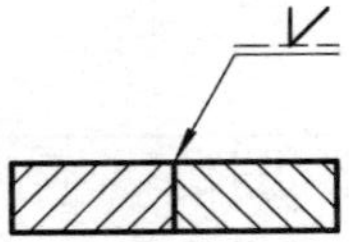
（正确、错误）

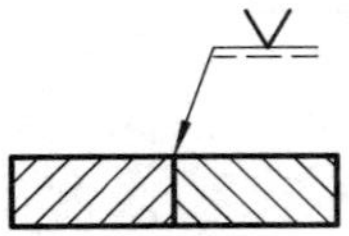
（正确、错误）

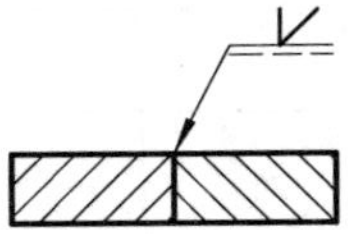
（正确、错误）

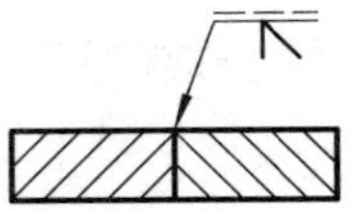
（正确、错误）

（示意图）

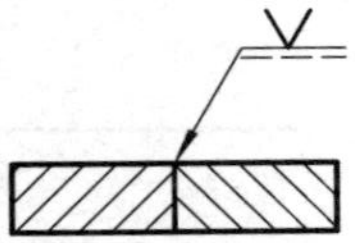
（正确、错误）

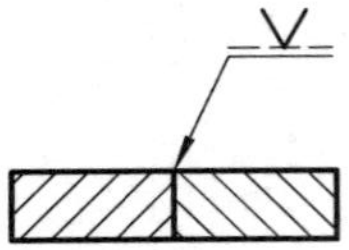
（正确、错误）

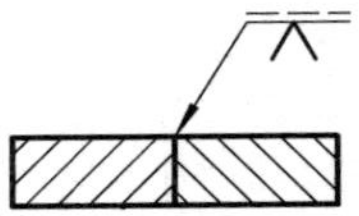
（正确、错误）

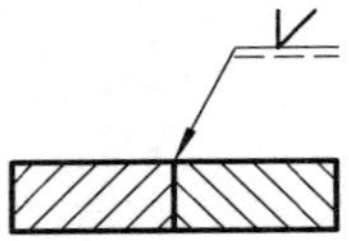
（正确、错误）

6-5 判断焊缝符号标注正确与否

班级　　姓名　　学号

6-5-1

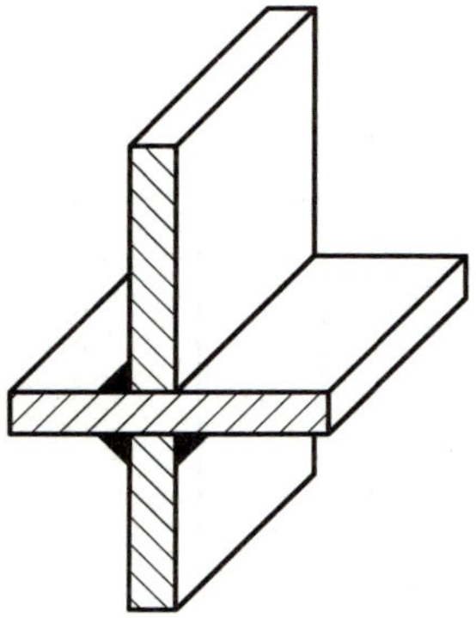
(示意图)

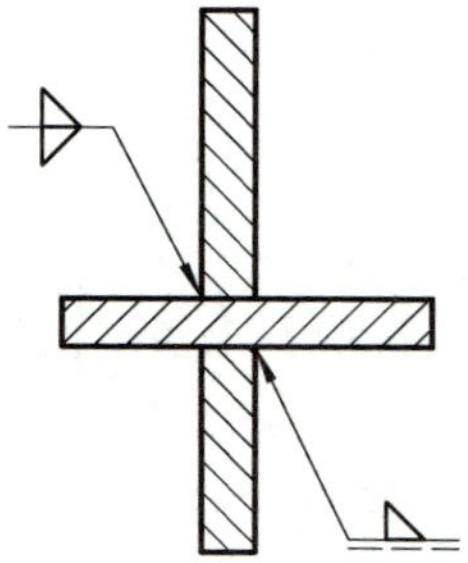
(正确、错误)

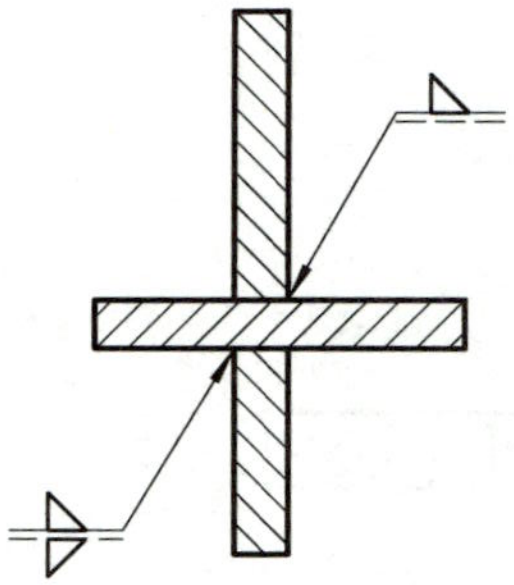
(正确、错误)

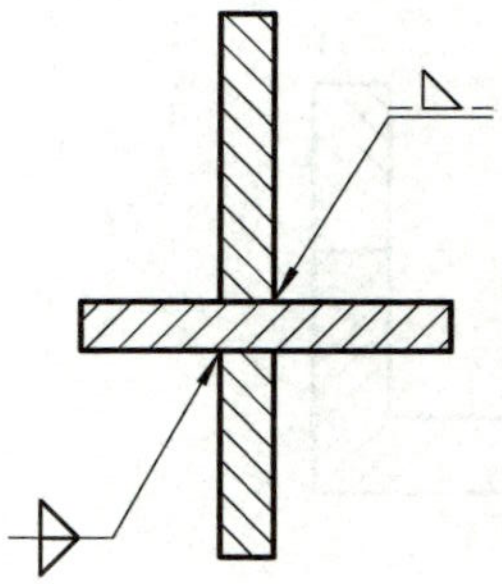
(正确、错误)

6-5-2

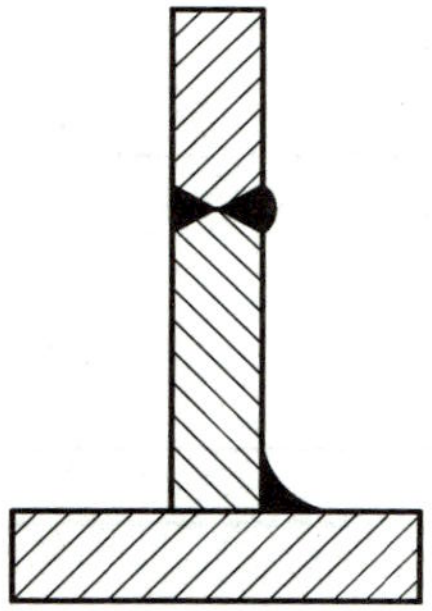
(示意图)

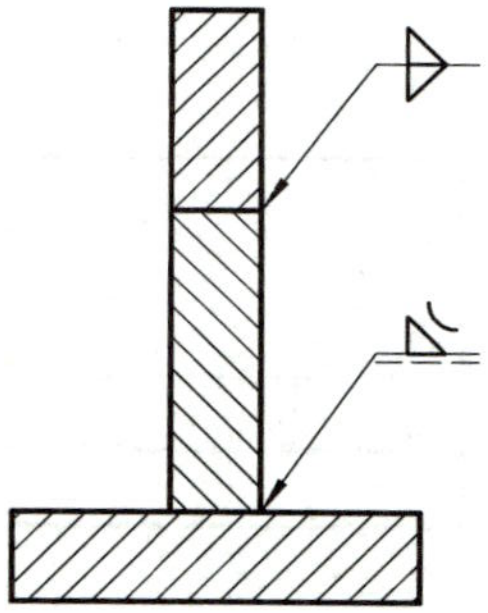
(正确、错误)

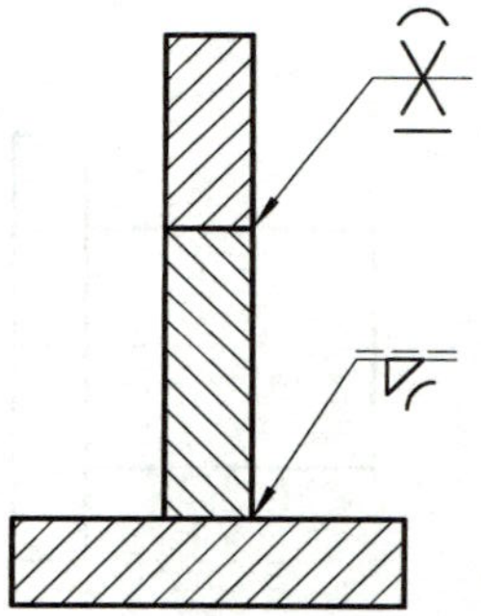
(正确、错误)

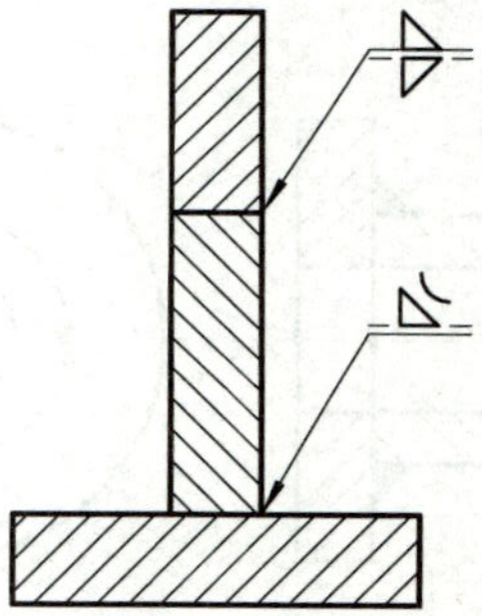
(正确、错误)

6-6 焊缝画法及标注（一）

班级　　姓名　　学号

6-6-1　标注焊缝符号。

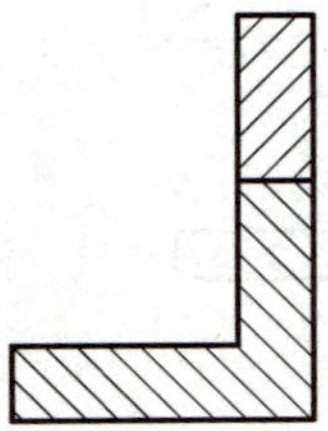

（双面V形焊缝）

（单面带钝边单边V形焊缝，坡口朝上）

6-6-2　角钢两外侧（上方和右侧）与底板在现场用焊条电弧焊进行焊接，$K=3$mm。试在图上画出焊缝，并标注焊缝符号。

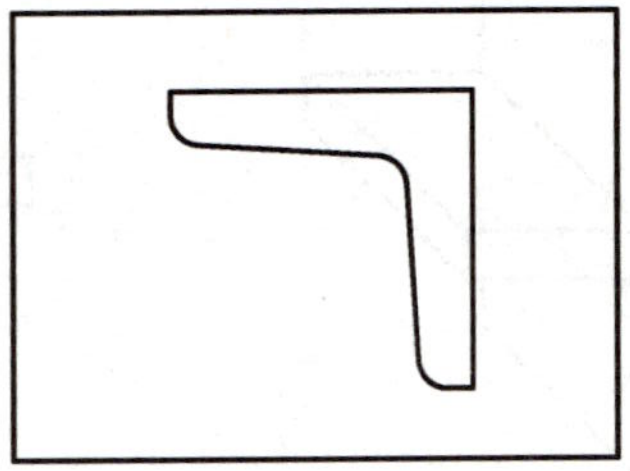

6-6-3　圆管外侧周围与底板焊接，焊接方法为氧乙炔焊，$K=4$mm。试在右图中标注焊缝符号。

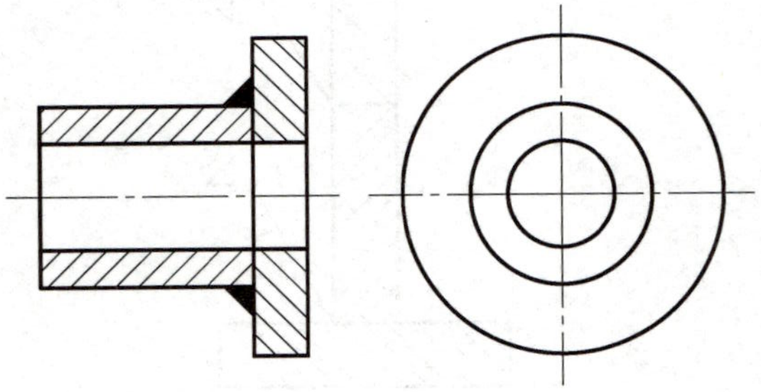

（主、左视图）

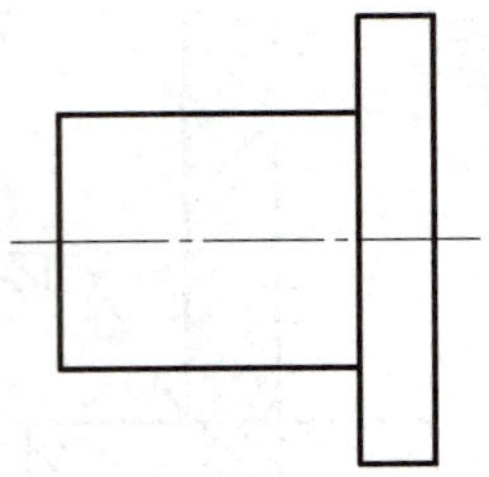

（标注焊缝符号）

6-6-4　左图所示焊缝为单面角焊缝，焊脚尺寸为 4mm，其余尺寸如左图所示，试在右图中标注其焊缝。

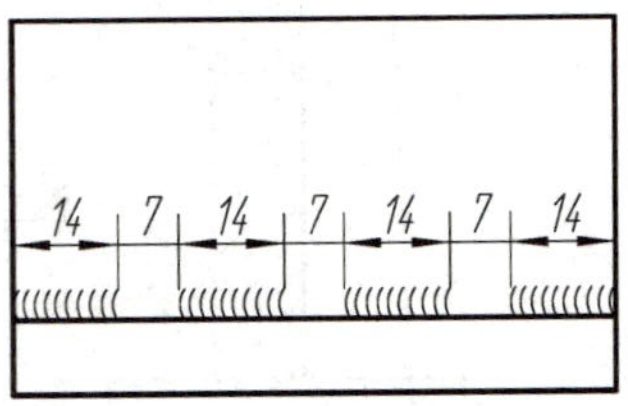

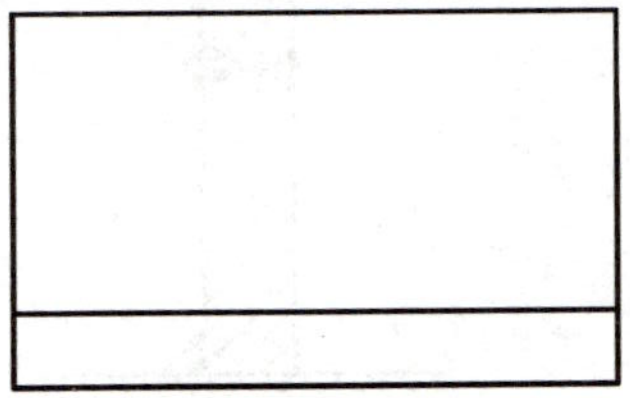

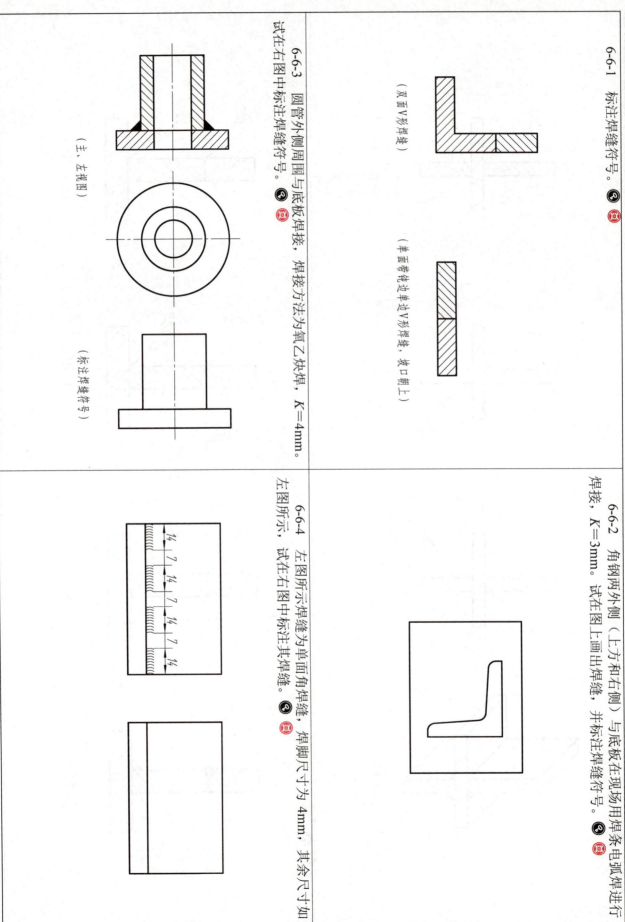

6-7-1　根据左图中的焊缝符号，在右图中画出焊缝图形，并标注焊缝尺寸。

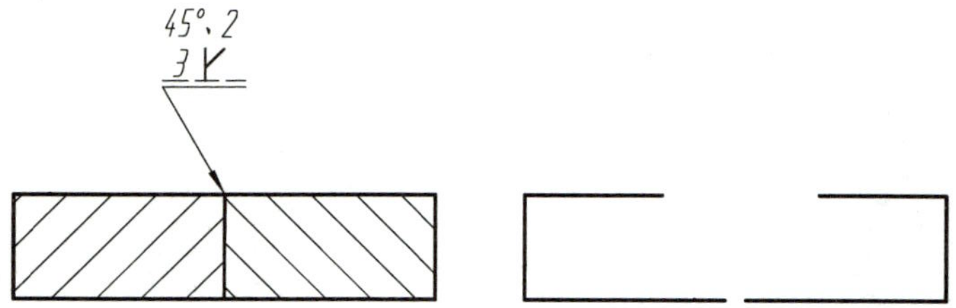

6-7-2　根据左图中的焊缝符号，在右图中画出焊缝图形，并标注焊缝尺寸。

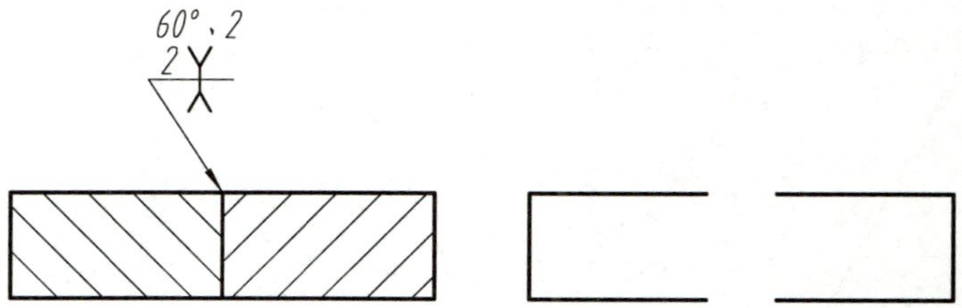

6-7-3　将焊缝符号表达的内容，用图示法表示出来。

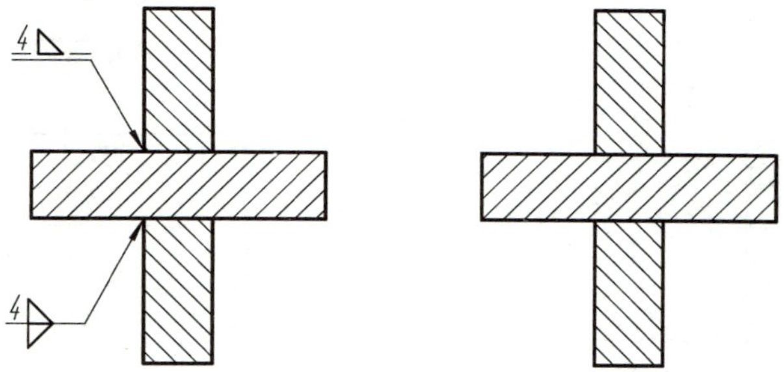

6-7-4　说明焊缝符号的含义。

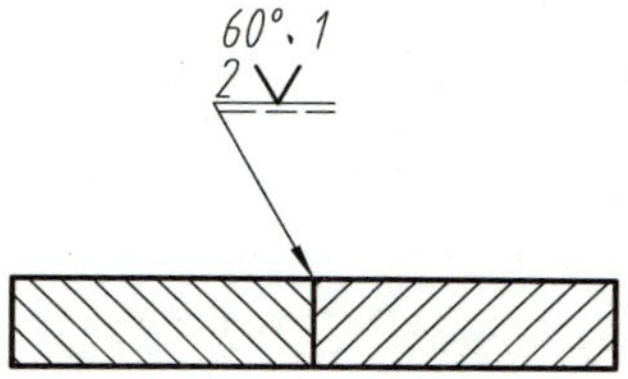

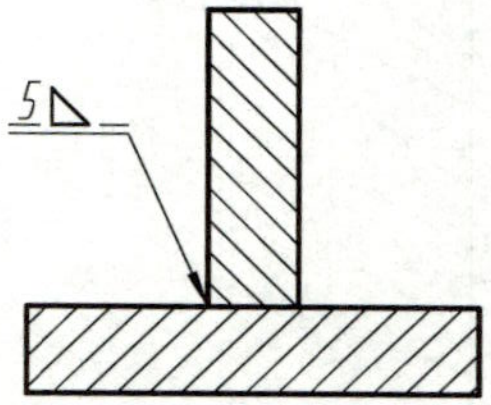

______侧______焊缝，钝边高度为____

根部间隙为_____，__________为 60°

__________侧____焊缝

焊脚尺寸为_______

6-8 冷凝器装配图（一）

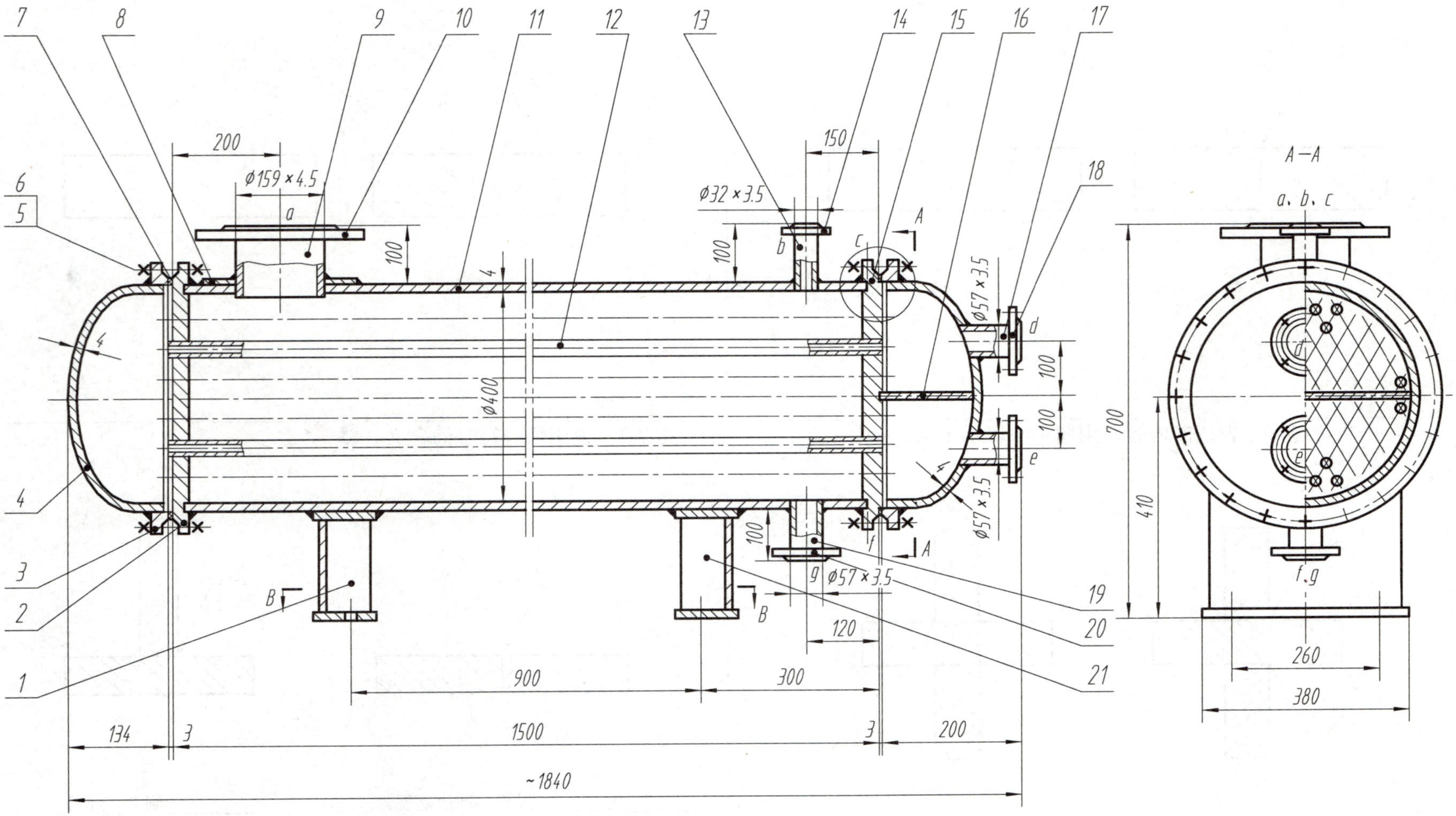

1
2
3
4
5
6
7
8
9
10
11
12
13
14
15
16
17
18
19
20
21
200
Ø159×4.5
a
100
4
Ø400
150
Ø32×3.5
b
c
A
d
e
Ø57×3.5
f
g
B
900
300
120
134
3
1500
200
~1840
A—A
a、b、c
f、g
700
410
260
380

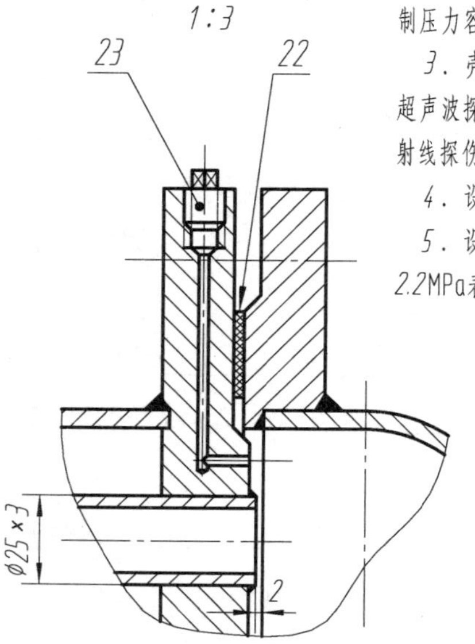

技术要求

1. 本设备按GB 150.4—2011《压力容器 第4部分：制造检验和验收》和《压力容器安全监察规程》进行制造、试验和验收。

2. 焊接采用焊条电弧焊。焊接材料、接头型式及尺寸按JB/T 4709—2000《钢制压力容器焊接规程》中规定，法兰焊接按相应法兰标准。

3. 壳体焊缝应进行无损探伤检查，检查长度为焊缝总长的100%。合格标准：超声波探伤按GB/T 3323—2005《锅炉和钢制压力容器对接焊缝超声波探伤》Ⅰ级；射线探伤按JB/T 1152—1981《金属熔化焊焊接接头射线照相》B级。

4. 设备焊接完毕后进行消除应力处理。

5. 设备制造完毕后，以2.5MPa表压进行水压试验。水压试验合格后，以2.2MPa表压进行气密性试验。

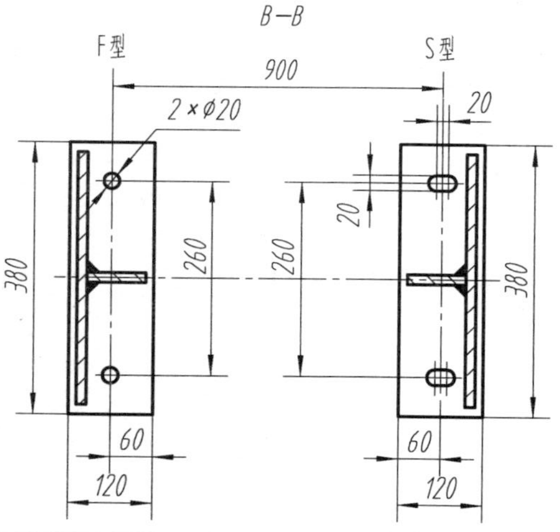

技术特性表

内容	管内	管间
工作压力/MPa	0.3	0.15
设计温度/℃	20	55
物料名称	水	料气
换热面积/m²	17	

管口表

符号	公称尺寸	连接尺寸,标准	连接面形式	用途或名称
a	150	HG/T 20592—2009	平面	料气入口
b	25	HG/T 20592—2009	平面	放空口
c		G1/4	螺纹	排气孔
d	50	HG/T 20592—2009	平面	出水口
e	50	HG/T 20592—2009	平面	进水口
f		G1/4	螺纹	放水口
g	50	HG/T 20592—2009	平面	冷凝液出口

设备总质量：850 kg

序号	代号	名称	数量	材料	备注
23		管堵 G1/4	2	Q235A	
22	HG/T 20606—2009	垫片 RF 400—1.6	1	石棉橡胶板	
21	JB/T 4712.1—2007	鞍座 BⅠ 400—F	1	Q235A·F	
20	HG/T 20592—2009	法兰 PL 50(B)-1.6 RF	1	Q235A	
19		接管 Ø57×3.5	1	10	l=110
18	HG/T 20592—2009	法兰 PL 50(B)-1.6 RF	2	Q235A	
17		接管 Ø57×3.5	2	10	l=120
16		隔板	1	Q235A	t=6
15		管板	1	Q235A	t=22
14	HG/T 20592—2009	法兰 PL 25(B)-1.6 RF	1	Q235A	
13		接管 Ø32×3.5	1	10	l=110
12		接管 Ø25×3	98	10	l=1510
11	GB/T 9019—2015	筒体 DN400×4	1	Q235A	H=1465
10	HG/T 20592—2009	法兰 PL 150(B)-1.6 RF	1	Q235A	
9		接管 Ø159×4.5	1	10	l=120
8	JB/T 4736—2002	补强圈 d_N150×4—A	1	Q235A	
7	HG/T 20606—2009	垫片 RF 400—1.6	1	石棉橡胶板	
6	GB/T 6170—2015	螺母 M16	40		
5	GB/T 5782—2016	螺栓 M16×60	40		
4	GB/T 25198—2010	封头 EHA 400×4—Q235A	2		
3	NB/T 47021—2012	法兰 RF 400—1.6	2	Q235A	
2		管板	1	Q235A	t=22
1	JB/T 4712.1—2007	鞍座 BⅠ 1400—S	1	Q235A·F	

设计				
校核			比例	1:10
审核				冷凝器
班级			共 张第 张	F=17 m²

6-10 读冷凝器装配图，拆画零件图

班级　　　　姓名　　　　学号

冷凝器工作原理

冷凝器是进行热量交换的通用设备。在化工生产中，对流体加热或冷却，以及液体气化或蒸气冷凝等过程都需要进行热量交换，因而需要冷凝器。

它的工作原理是：两种介质各自通过管内及管间进行热量交换。

固定管板式冷凝器是列管式换热器的一种。它主要由固定在管板上的管子、管板和壳体组成。这种换热器的结构比较简单、紧凑，便于清洗管内及更换管子，但清洗管外比较困难，适用于壳程介质清洁、不易结垢、管内需清洗及温差比较小的场合。

卧式换热器用鞍式支座固定在基础上。

读懂冷凝器装配图（6-8、6-9），回答下列问题③

（1）图上零件编号共有____种，属于标准化零部件有____种。接管口有___个。

（2）设备管间工作压力为__________，管内工作压力为__________，管间的设计温度为_____，管内的设计温度为_______，换热面积为________。

（3）装配图采用了_____个基本视图。一个是______视图，另一个是______视图。主视图采用的是___________的表达方法，另一视图采用的是__________的表达方法。

（4）*B*－*B* 剖视图表达了_____型和_____型鞍式支座，两种支座的__________结构不同，为什么？____。

（5）图样中采用了_____个局部放大图，主要表达了__________与__________和________与________的连接方式，同时也表达了______________的结构以及 22 号件的结构形状。

（6）该冷凝器共有____根换热管，管子的长度为________，壁厚为________。管内走______，管外（壳程）走________。试在图中用铅笔画出两种流体的走向。

（7）冷凝器的内径为_________，外径为_________；该设备总长为________，总高为__________。

（8）换热管与管板连接方式为________，而封头与筒体用____个________联接。

（9）试解释“法兰　PL　25（B）－1.6　RF”（件 14）的含义。

PL：______________________________

25：______________________________

B：______________________________

1.6：______________________________

RF：______________________________

（10）拆画件 4、件 8 零件图（比例 1∶5）并标注尺寸。

6-11 拆画冷凝器零件图

班级　　　　姓名　　　　学号

6-11-1 拆画椭圆封头（件 4）零件图。

6-11-2 拆画补强圈（件 8）零件图。

反应釜工作原理

反应釜是化工厂常用的典型设备之一，一般由釜体、传动装置和密封结构等部分组成。

釜体部分作为物料反应的空间，酸液和碱液由加料管 f、g 分别加入釜内，经搅拌器搅拌和夹套内的冷冻盐水进行冷却（由工艺条件确定），经过一定时间达到反应要求后，生成物由接管 a 放出。

反应釜由焊在夹套上的耳式支座固定在基础上。

看懂反应釜装配图（6-13、6-14），回答下列问题

（1）本设备的名称是________，其规格为________________。

（2）图中零部件编号共有_____种，其中标准化零部件有_____种，接管口有_____个。

（3）图样采用了___个基本视图。一个是_____图，采用了________的表达方法；另一个是______图，采用了______的表达方式。

（4）图样采用了___个局部放大图。其中V号放大图主要表示_______与_______的焊接结构及尺寸。

（5）罐体与上部封头通过______________连接，夹套与封头之间的连接形式为________。

（6）该釜采用四个_____式支座，支座的垫板与夹套采取______方式固定。

（7）酸液自接管____进入罐内，碱液自接管____进入罐内，中和后的溶液从接管____排出。为提高反应速度和效果，搅拌器以___________的速度对物料进行搅拌。

（8）罐体内表面采用覆层材料，其目的主要是_____________。

（9）反应釜的总高为________，总长（宽）为________。$\phi1484$ 属于______尺寸，$\phi1000$ 属于______尺寸，650 属于______尺寸。

6-13 反应釜装配图（一）

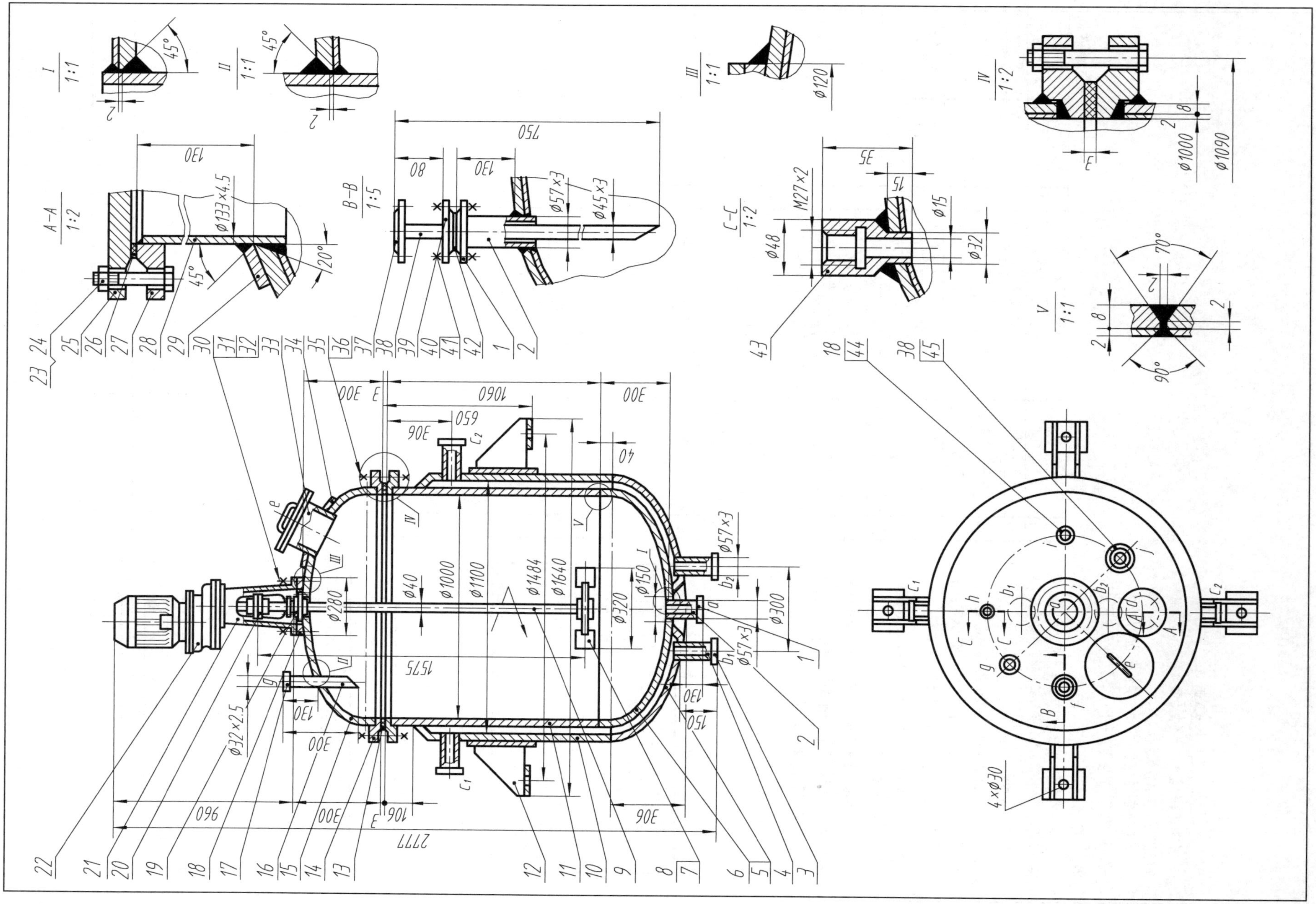
I
1:1
II
1:1
III
1:1
IV
1:2
V
1:1
A-A
1:2
B-B
1:5
C-C
1:2
45°
20°
70°
90°
130
750
80
35
15
φ120
φ133×4.5
φ57×3
φ45×3
M27×2
φ48
φ15
φ32
φ1000
φ1090
φ40
φ1100
φ1484
φ1640
φ320
φ150
φ280
φ300
φ32×2.5
4×φ30
300
1060
650
306
40
1575
960
106
2777
130
150

技术要求

1. 本设备的釜体用不锈复合钢板制造。复层材料为1Cr18Ni9Ti，其厚度为2mm。

2. 焊缝结构除有图示以外，其他按 GB/T 985.1—2008的规定。对接接头采用V形，T型接头采用Δ型，法兰焊接按相应标准。

3. 焊条的选用：碳钢与碳钢焊接采用 EA4303 焊条；不锈钢与不锈钢焊接、不锈钢与碳钢焊接采用 E1-23-13-160 JFHIS 。

4. 釜体与夹套的焊缝应作超声波和X光检验，其焊缝质量应符合有关规定，夹套内应作0.5MPa水压试验。

5. 设备组装后应试运转。搅拌轴转动轻便自如，不应有不正常的噪音和较大的振动等不良现象。搅拌轴下端的径向摆动量不大于0.75mm。

6. 釜体复层内表面应作酸洗钝化处理。釜体外表面涂铁红色酚醛底漆，并用80mm厚软木作保冷层。

7. 安装所用的地脚螺栓直径为M24。

技 术 特 性 表

内　容	釜　内	夹套内
工作压力/MPa	常压	0.3
工作温度/℃	40	-15
换热面积/m^2	4	
容积/m^3	1	
电动机型号及功率	$Y100L_1$-4　2.2kW	
搅拌轴转速/(r/min)	200	
物料名称	酸、碱溶液	冷冻盐水

管 口 表

符号	公称尺寸	连接尺寸,标准	连接面形式	用途或名称
a	50	HG/T 20592—2009	平面	出料口
b_{1-2}	50	HG/T 20592—2009	平面	盐水进口
c_{1-2}	50	HG/T 20592—2009	平面	盐水出口
d	125	HG/T 20592—2009	平面	检测口
e	150	HG/T 21528—2005	/	手　孔
f	50	HG/T 20592—2009	平面	酸液进口
g	25	HG/T 20592—2009	平面	碱液进口
h	/	M27×2	螺纹	温度计口
i	25	HG/T 20592—2009	平面	放空口
j	40	HG/T 20592—2009	平面	备用口

总质量：1100 kg

序号	代　号	名　称	数量	材　料	备　注
45		接管 ϕ45×3	1	1Cr18Ni9Ti	l=145
44		接管 ϕ32×2.5	1	1Cr18Ni9Ti	l=145
43		接管 M27×2	1	1Cr18Ni9Ti	
42	HG/T 20606-2009	垫片 RF 50—2.5 XB450	1	石棉橡胶板	
41	GB/T 6170-2015	螺母　M12	8		
40	GB/T 5782-2016	螺栓 M12×45	8		
39	HG/T 20592-2009	法兰盖 PL 50—2.5 RF	1	1Cr18Ni9Ti	钻孔ϕ46
38		接管 ϕ45×3	1	1Cr18Ni9Ti	l=750
37	HG/T 20592-2009	法兰 PL 40—2.5 RF	2	1Cr18Ni9Ti	
36	GB/T 6170-2015	螺母 M12	36		
35	GB/T 5782-2016	螺栓 M20×110	36		
34	JB/T 4736-2002	补强圈 d_N150—C	1	Q235A	
33	HG/T 21528-2014	手孔 Ib (A-XB350) 150	1	1Cr18Ni9Ti	
32	GB/T 93-1987	垫圈 12	6		
31	GB/T 6170-2015	螺母 M12	6		
30	GB/T 901-1988	螺柱 M12×35	6		
29	JB/T 4736-2002	补强圈 d_N125—C	1	Q235A	
28		接管 ϕ133×4.5	1	1Cr18Ni9Ti	l=145
27	HG/T 20592-2009	法兰 PL 120—2.5 RF	1	Q235A	
26	HG/T 20606-1997	垫片 RF 120—2.5 XB450	1	石棉橡胶板	
25	HG/T 20592-2009	法兰盖 PL 120—2.5 RF	1	1Cr18Ni9Ti	
24	GB/T 6170-2015	螺母 M16	8		
23	GB/T 5782-2016	螺栓 M16×65	8		
22		减速机 LJC—250—23	1		
21		机架	1	Q235A	
20	HG/T 21570-1995	联轴器 C50—ZG	1		组合件
19	HG/T 21537.7-1992	填料箱 DN40	1		组合件
18		底座	1	Q235A	
17	HG/T 20592-2009	法兰 PL 25—2.5 RF	2	1Cr18Ni9Ti	
16		接管 ϕ32×2.5	1	1Cr18Ni9Ti	
15	GB/T 25198-2010	封头 EHA 1000×10	1	1Cr18Ni9Ti(里)	Q235A (外)
14	NB/T 47021-2012	法兰 FM 1000—2.5	2	1Cr18Ni9Ti(里)	Q235A (外)
13	NB/T 47024-2012	垫片 1000—2.5	1	石棉橡胶板	
12	JB/T 4712.3-2007	耳式支座 A3—I	4	Q235A·F	
11		釜体 DN1000×10	1	1Cr18Ni9Ti(里)	Q235A (外)
10		夹套 DN1100×10	1	Q235A	l=970
9		轴 ϕ40	1	1Cr18Ni9Ti	
8	GB/T 1096-2003	键 12×8×45	1	1Cr18Ni9Ti	
7	HG/T 2123-1991	桨式搅拌器 320—40	1	1Cr18Ni9Ti	
6	GB/T 25198-2010	封头 EHA DN1000×10	1	1Cr18Ni9Ti(里)	Q235A (外)
5	GB/T 25198-2010	封头 EHA DN1100×10	1	Q235A	
4		接管 ϕ57×3	4	10	l=155
3	HG/T 20592-2009	法兰 PL 50—2.5 RF	4	Q235A	
2		接管 ϕ57×3	2	1Cr18Ni9Ti	l=145
1	HG/T 20592-2009	法兰 PL 50—2.5 RF	2	1Cr18Ni9Ti	

设计				
校核			比例 1:10	反应釜
审核				
班级			共　张第　张	DN1000 V_N=1 m^3

6-15 读反应釜装配图（6-13、6-14），拆画零件图

班级　　姓名　　学号

6-15-1 拆画耳式支座（件 12）零件图，比例 1∶5，并标注尺寸。

6-15-2 拆画手孔（件 33）零件图，比例 1∶5，并标注尺寸。

第七章 建筑施工图

7-1 复习建筑施工图内容，回答下列问题

班级　　　　姓名　　　　学号

（1）按房屋的用途，可将其分为________建筑、________建筑和________建筑三大类。

（2）按房屋的基本组成和作用，可将其分为__________结构、__________结构、_________结构、__________________结构、_________结构和______________结构。

（3）建筑图样是按照技术制图国家标准和____________________、____________________、____________________、____________________、____________________、____________________等标准绘制的。

（4）常以建筑物的首层室内地面作为零点标高，注写成_________；建筑标高要求注写到小数点后第______位。

（5）房屋工程施工图应包括____________图、____________图和____________图。

（6）建筑施工图中的尺寸以______为单位，而表示楼层地面的标高以_____为单位。

（7）在平面图中，门的代号用_____表示，窗的代号用_____表示。

（8）在平面图和剖面图中，与剖切平面接触的轮廓线用________线表示，其余可见轮廓线用__________线或________线表示，定位轴线用线表示。

（9）在立面图中，最外轮廓线用________线表示，门窗洞、台阶等主要结构用__________线表示，其他次要结构用________线表示，地坪线用线表示。

（10）一般房屋有四个立面，通常把反映房屋主要出入口的立面图称为__________图，其背后的立面图称为__________图，左、右侧的立面图各称为__________图和__________图。

（11）建筑物的朝向是根据房屋主出入口所对方向确定的，一般根据房屋朝向将立面图分为____________图、_____________图、__________图和__________图。

（12）建筑施工图中的____________，相当于机械图样中的主视图；建筑施工图中的__________，相当于机械图样中的俯视图；建筑施工图中的__________，相当于机械图样中的剖视图。

（13）定位轴线编号的圆圈用________线绘制，其直径为________mm。在平面图上，横向编号采用______________从左向右依次编写；竖向编号用__________________________________自下而上顺序编写。

7-2 按作业要求完成平面图　班级　姓名　学号

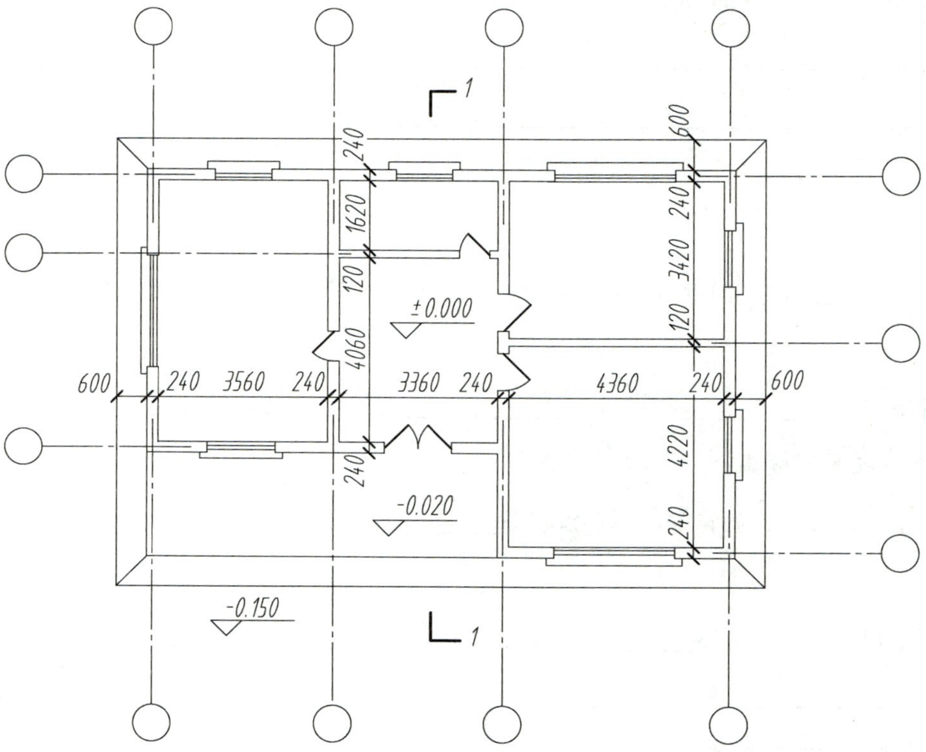

平面图 1∶100

作业要求

（1）根据建筑制图标准的规定，加深平面图中的图线；

（2）注写各轴线的编号；

（3）根据图中已有的尺寸，补全图中所缺的尺寸（轴线位于墙的中间）；

（4）注写门（M）、窗（C）的编号。

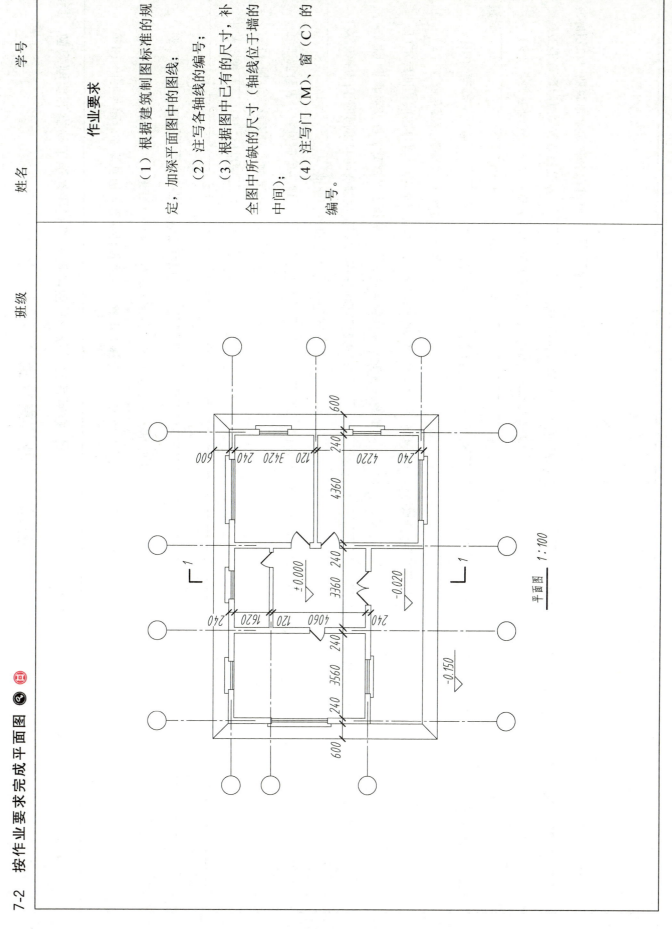

第八章　化工工艺图

8-1　阅读润滑油精制工段管道及仪表流程图（8-2），回答问题

班级　　　　姓名　　　　学号

（1）阅读标题栏及首页图（见教材图 8-1），从中了解图样名称和图形符号、代号等意义。

（2）看图中的设备，了解设备名称、位号及数量，大致了解设备的用途。

该工段共有设备_____台，自左到右分别为__________、__________、__________、__________、__________、__________、__________、__________、__________、__________、__________、__________、__________、__________、__________。其中静设备_____台，动设备_____台。

（3）阅读流程图，了解主物料介质流向。

其主流程是，原料油与介质________在设备________________内混合搅拌后，去圆筒炉加热。混合前，原料在设备____________________内与________油通过热量交换进行预热。

对影响润滑油使用性能的轻质组分，在塔顶通过设备______________和设备______________抽入集油槽进行回收。

（4）看其他介质流程线，了解各种介质与主物料如何接触和分离。

白土与润滑油混合后，吸附了润滑油原料中的机械杂质、胶质、沥青等，再通过设备________________进行分离。

（5）看动力系统流程，了解蒸汽用途。

精馏塔底吹入介质___________，携带轻质馏分到塔顶并进入冷凝器________。循环冷却水来自_____________，然后分为___路，其中一路去设备______________进行喷淋，另一路经过设备__________________后去_________塔。

（6）看仪表控制系统，了解各种仪表安装位置以及测量和控制参量。

在往复泵出口，就地安装有_____________仪表；在离心泵出口，就地安装有______________仪表。原料油与白土混合后，在设备_____________内部和出口，通过仪表测量并控制其________参量。

8-2 润滑油精制工段管道及仪表流程图

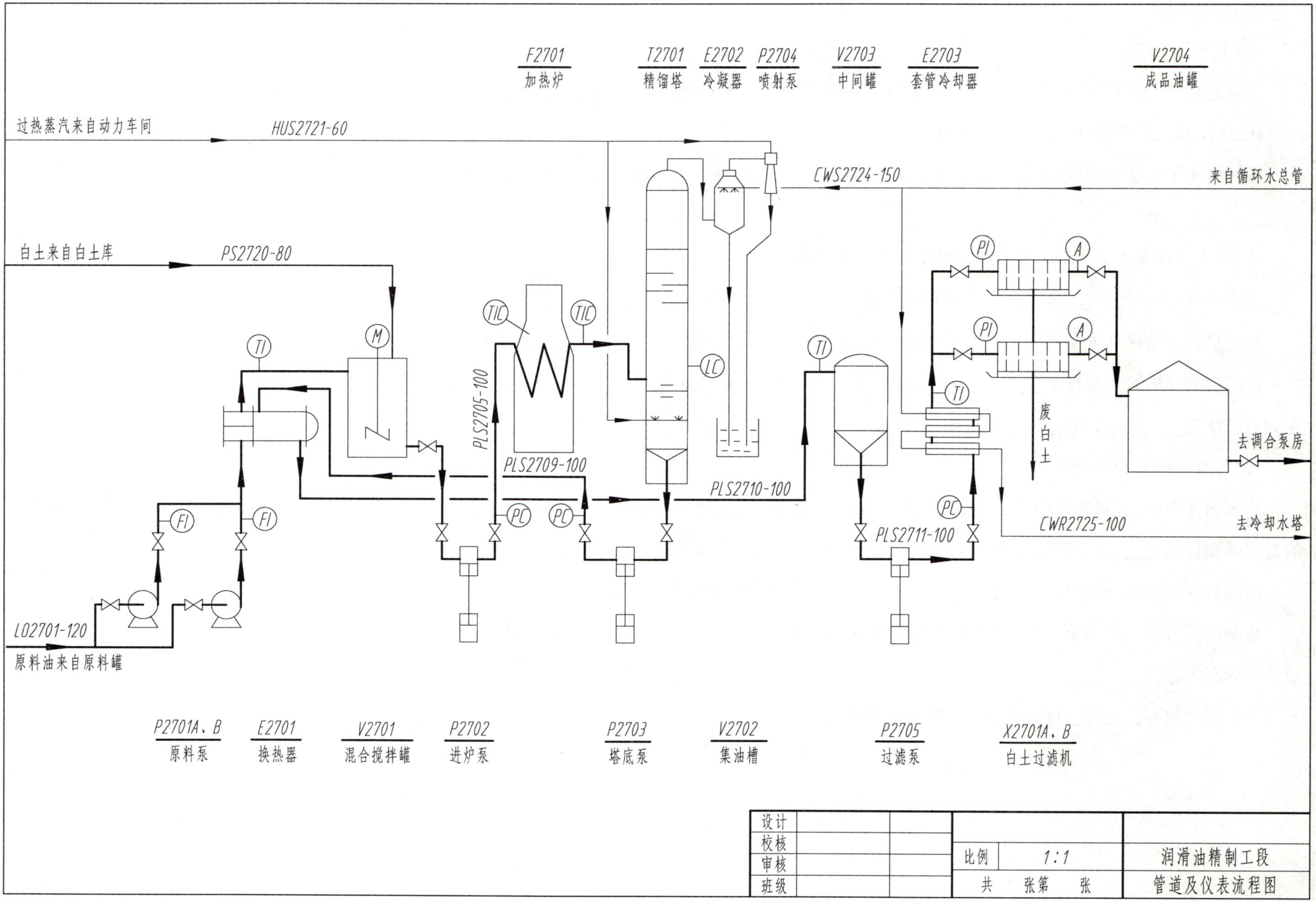

8-3 阅读润滑油精制工段设备布置图（8-4），回答问题

班级　　　　姓名　　　　学号

（1）概括了解。

由标题栏可知，该图为润滑油精制工段的设备布置图，共有两个视图：一个是________图，一个是__________图。

（2）了解建筑物的结构，尺寸及定位。

该图画出了厂房定位轴线__________和_________，其横向轴线间距为_______m，纵向间距为_______m，该厂房地面标高为_______________________m。

（3）了解设备布置情况（要求填写设备的名称和代号）。

图中一共绘制了______台设备，分别布置在编号为______的塔区和编号为______的泵区。

在厂房内（泵区）安装有_____台动设备，对照润滑油精制工段管道及仪表流程图，其中有两台_______泵和两台_______泵。

在厂房外（塔区）布置了_____台静设备；地面上设备从左到右依次是_______、_______、_______、__________、_______；塔顶平台从左到右依次是_______、_______。

（4）看平面图和剖面图。

从平面图中可知，精馏塔（T2706）的支承点标高是___________m，横向定位尺寸是___________m，纵向定位尺寸是______m。中间罐（V2711）的支架顶面标高是___________m。套管冷却器（E2713）支承点标高是___________m。

过滤泵（P2712）的基础尺寸为_____×______m，其两泵轴线间距为______m。

从剖面图可知，喷射泵（P2710）安装在塔顶附近，其标高为___________m。精馏塔下部的原料入口管口标高为___________m，中间罐入口管口标高为___________m。

图中右上角有_______标，指明了厂房和设备的_______。

8-4 润滑油精制工段设备布置图

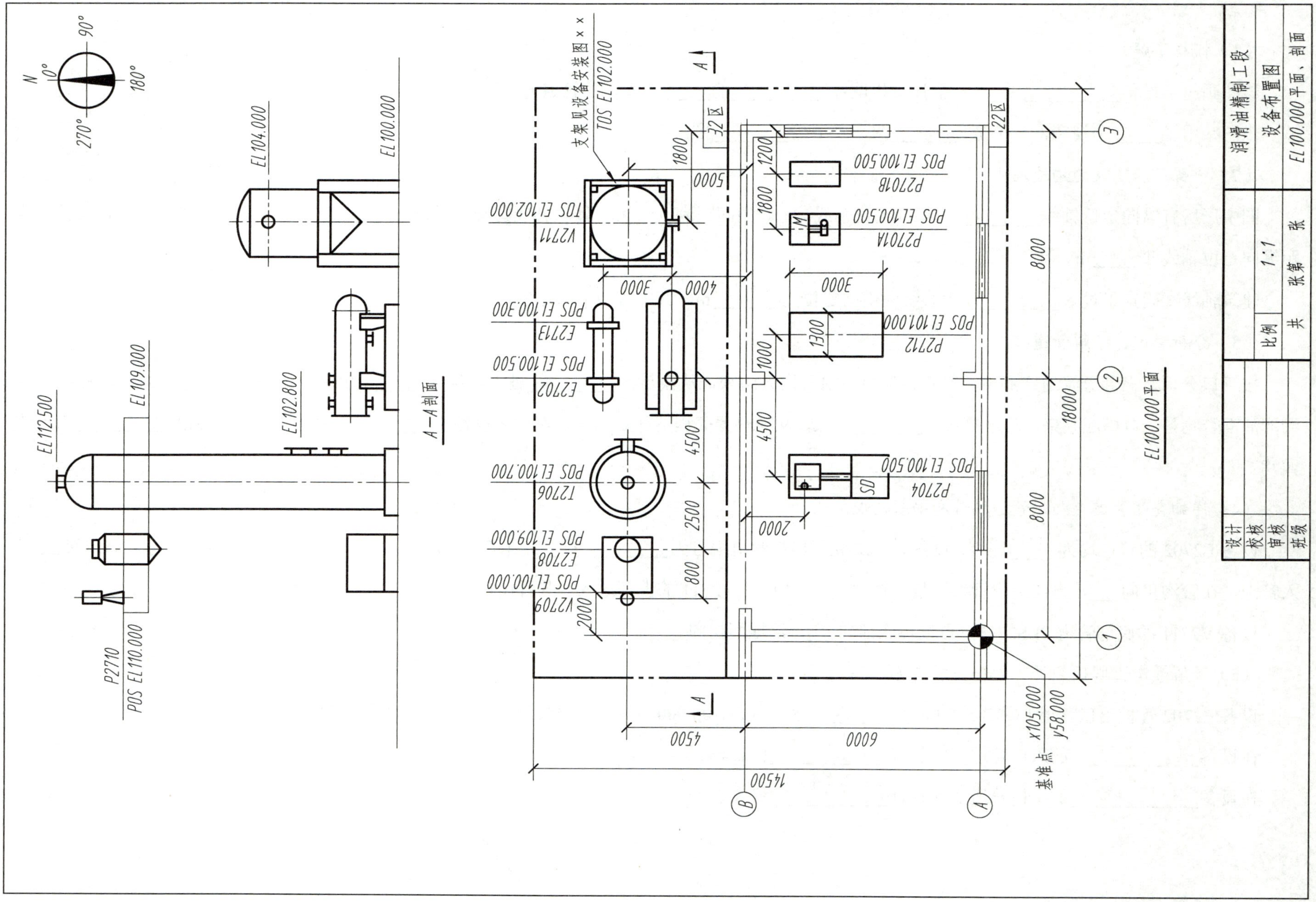

8-5 阅读润滑油精制工段（部分）管道布置图（8-6），回答问题

班级　　　　姓名　　　　学号

（1）概括了解。

该图画出了设备________的____个管口和设备________的____个管口的管道布置情况。

该图共用了____个视图，一个是______图，一个是______图。

（2）了解厂房建筑的构造尺寸。

图中厂房有纵向定位轴线________，横向定位轴线②、③的间距为____m。建筑轴线②确定了设备________容器法兰面的定位，该设备轴线距纵向定位轴线Ⓑ____m。

建筑轴线③确定了设备________中心线的横向定位为______m，其中心距纵向定位轴线Ⓑ____m。

（3）分析管道，了解管道概况。

按管口分析有三部分管道：润滑油原料自原料泵沿管沟方向来，从换热器________进入，从________出来，去__________罐；塔底白土与润滑油混合物料，自塔底泵来，从换热器________进入，从换热器壳程下部 d 出来，然后去设备________；中间罐底部管道沿________去过滤泵房。

（4）详细查明管道走向、管道编号和安装高度。

设备 E2702 的管口均为____连接，设备 E2702 壳程出口管道编号为__________，管道从出口开始，先向下，沿地面再向___，然后向___进入管沟，在管沟里向___，再向上出管沟，最后拐向___，从设备 V2711 的上部进入。其管口标高为__________m。

设备 V2711 的底部管道 PLS2711，自设备底部向___，沿地面拐向___，再向___，然后进入管沟。

（5）了解管道上阀门管件、管架安装情况。

设备 E2702 管程出口管道 LŌ2705-80 的________标高为 EL105.000 m，经过编号为________的管架去白土混合罐。

在设备__________的入口管道上安装有__________仪表。

在设备__________的出口管道上安装有__________仪表。

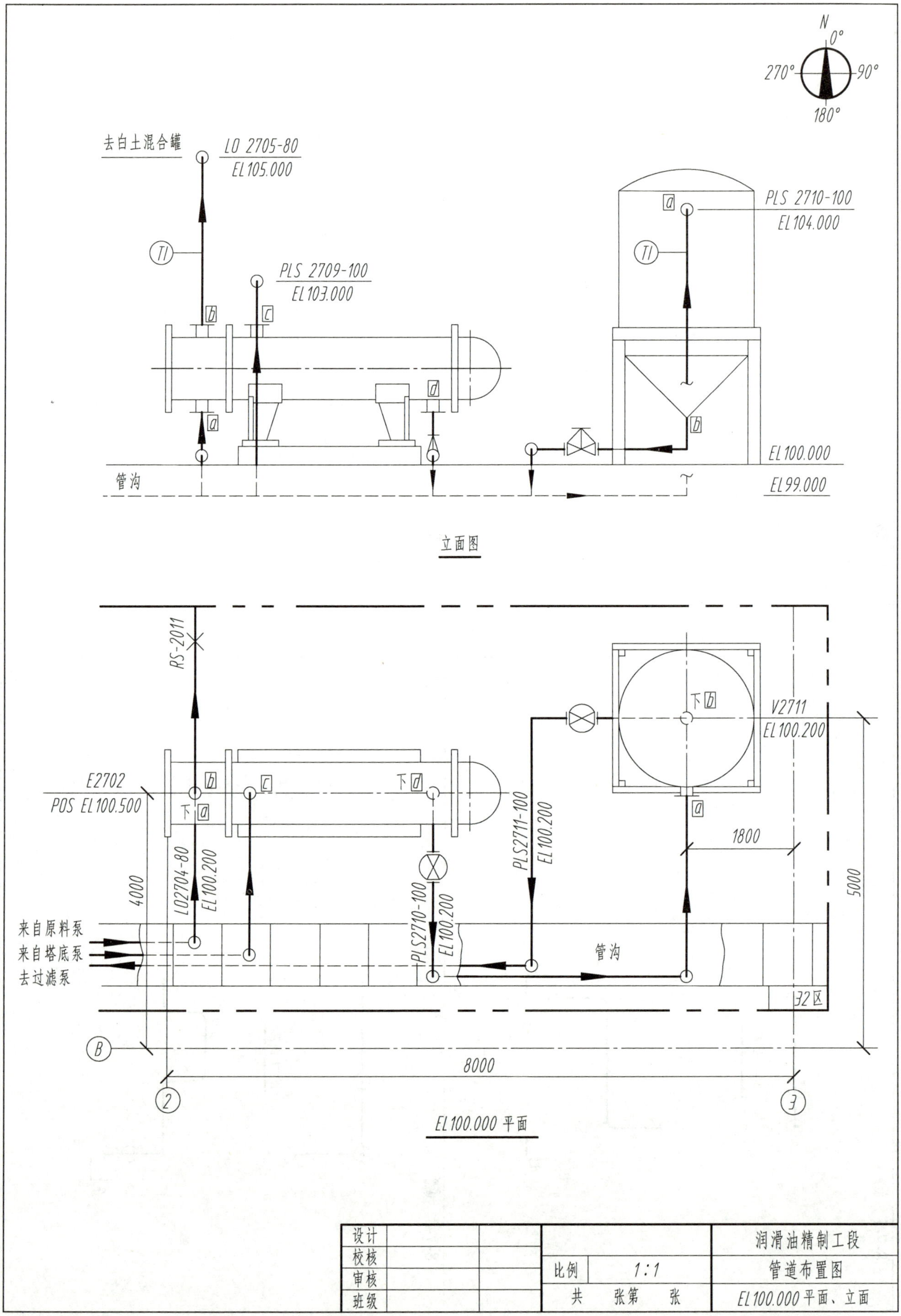
N
0°
90°
180°
270°
去白土混合罐
LO 2705-80
EL105.000
TI
PLS 2709-100
EL103.000
b
c
a
d
PLS 2710-100
EL104.000
EL100.000
EL99.000
管沟
立面图
RS-2011
E2702
POS EL100.500
V2711
EL100.200
下b
下a
下d
1800
5000
4000
LO2704-80
EL100.200
PLS2710-100
EL100.200
PLS2711-100
EL100.200
来自原料泵
来自塔底泵
去过滤泵
32区
B
8000
2
3
EL100.000 平面
设计
校核
审核
班级
比例
1:1
共 张第 张
润滑油精制工段
管道布置图
EL100.000 平面、立面

8-7 根据管道的平面图和剖面图，补画其 C 视图或 D 视图

班级　　　　姓名　　　　学号

8-7-1

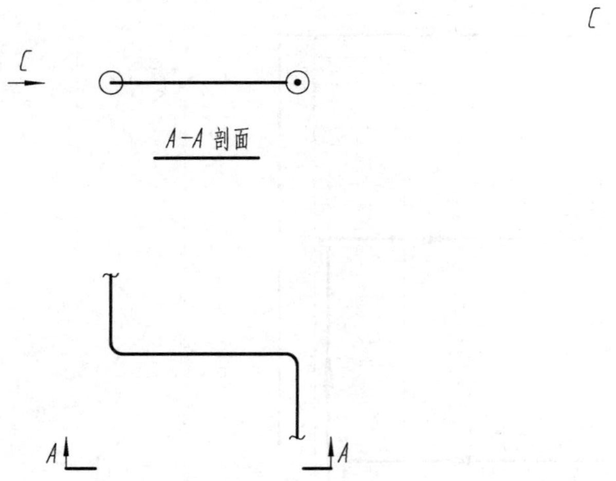

8-7-2

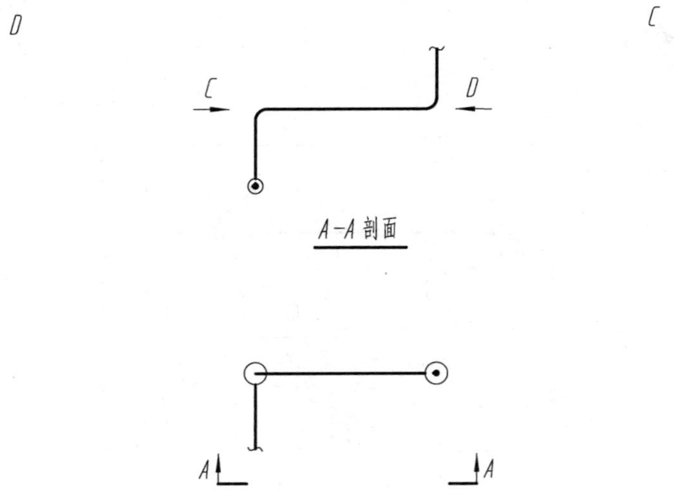

8-7-3

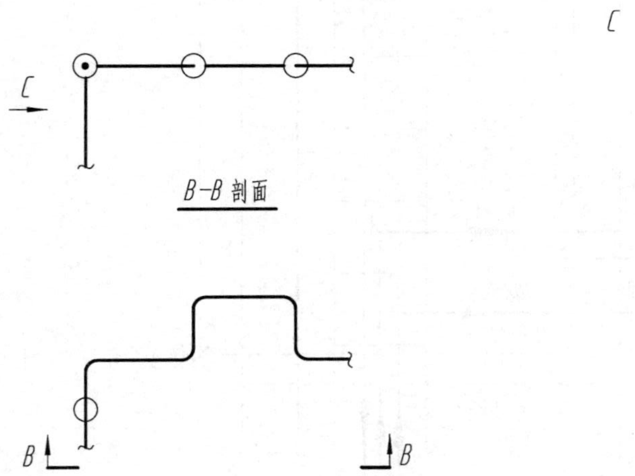

8-7-4

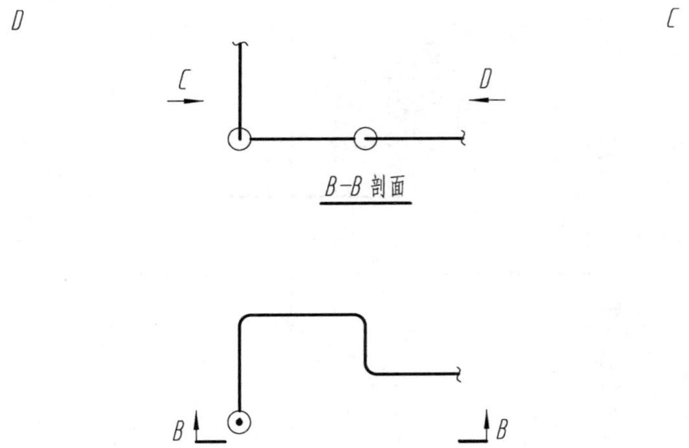

8-8 画出下列管道的正等测（尺寸由图中量取）

班级　　姓名　　学号

8-8-1

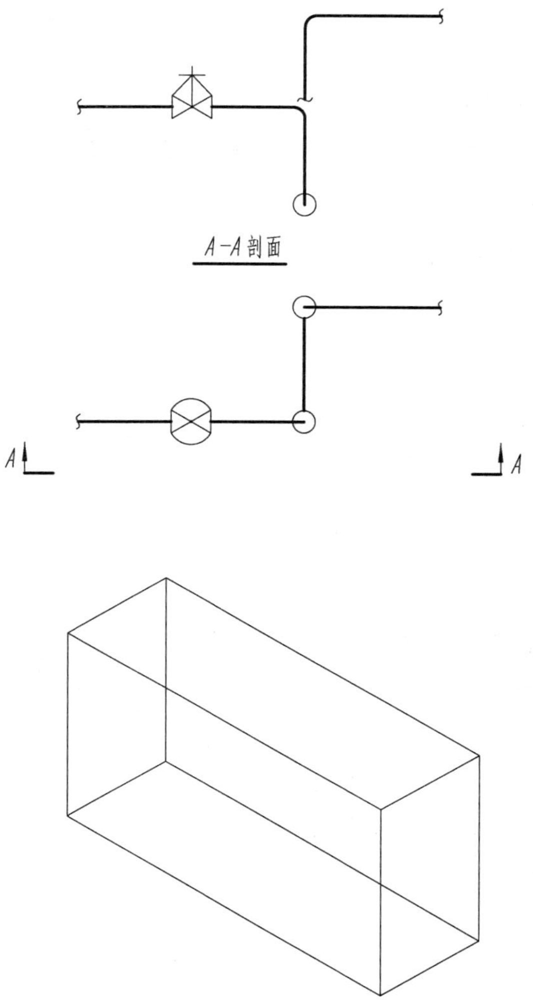

8-8-2

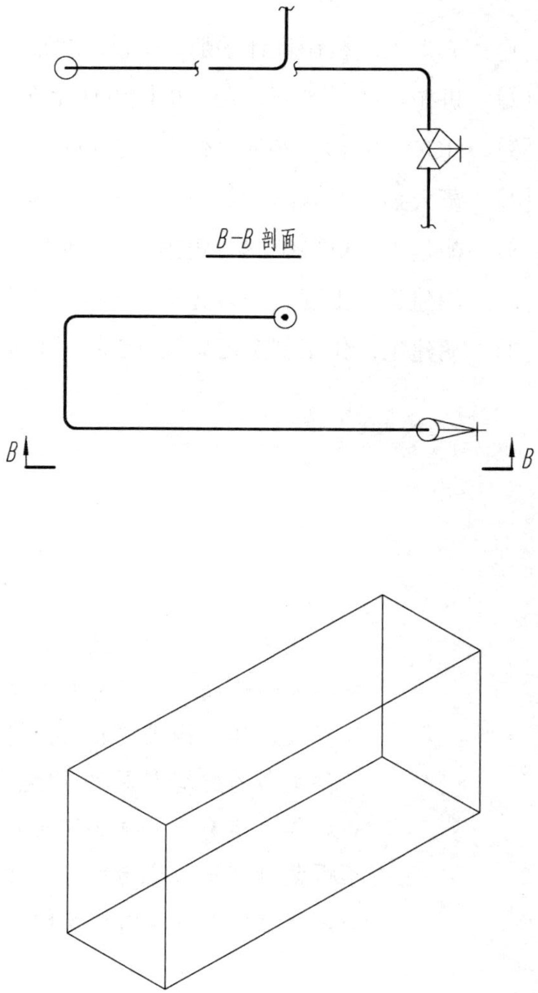

参 考 文 献

[1] 成大先. 机械设计手册. 6 版. 北京：化学工业出版社，2017.

[2] 机械设计手册编委会. 机械设计手册. 3 版. 北京：机械工业出版社，2008.

[3] HG/T 20519—2009《化工工艺设计施工图内容和深度统一规定》. 北京：中华人民共和国工业和信息化部，2009.

[4] 董大勤，袁凤隐. 压力容器设计手册. 2 版. 北京：化学工业出版社，2014.

[5] 胡建生. 机械制图习题集（少学时）. 4 版. 北京：机械工业出版社，2020.

[6] 胡建生. 工程制图习题集. 7 版. 北京：化学工业出版社，2021.

[7] 胡建生. 化工制图习题集. 5 版. 北京：化学工业出版社，2021.

郑 重 声 明